U0306468

北京市农业文化遗产
普查报告

◎ 闵庆文　阎晓军　主编

中国农业科学技术出版社

图书在版编目（CIP）数据

北京市农业文化遗产普查报告 / 闵庆文，阎晓军
主编 . —北京：中国农业科学技术出版社，2017.10
　　ISBN 978-7-5116-3077-3

Ⅰ . ①北… Ⅱ . ①闵… ②阎… Ⅲ . ①农业—文化
遗产—普查 – 调查报告 – 北京 –2016 Ⅳ . ① S

中国版本图书馆 CIP 数据核字（2017）第 099124 号

责任编辑　穆玉红
责任校对　李向荣

出 版 者　中国农业科学技术出版社
　　　　　北京市中关村南大街 12 号　邮编：100081
电　　话　（010）82106626（编辑室）（010）82109702（发行部）
　　　　　（010）82109702（读者服务部）
传　　真　（010）82106626
网　　址　http://www.castp.cn
经 销 者　新华书店北京发行所
印 刷 者　北京富泰印刷有限责任公司
开　　本　787 mm×1092 mm　1 /16
印　　张　21.25
字　　数　510 千字
版　　次　2017 年 10 月第 1 版　2017 年 10 月第 1 次印刷
定　　价　180.00 元

序

　　农业文化遗产作为弘扬优秀传统文化和增强文化自信的重要内容，具有重要的文化功能；农业文化遗产的发掘和保护工作，是建立"文化自信"的有效抓手。而北京作为中华人民共和国首都，全国的政治中心、文化中心、国际交往中心和科技创新中心，其农业文化遗产的保护和发展工作具有重要的示范作用。一方面，北京具有悠久的历史传承和农业历史，作为六朝古都也发展了具有皇家特色的农业文化；另一方面，北京作为国际化大都市，在人才、科研、信息以及交通等方面的聚集作用，作为农业文化遗产的展示窗口具有先天的优势。

　　2016 年中央一号文件明确提出"开展农业文化遗产普查与保护"，既表明了党和国家对农业文化遗产发掘与保护工作的高度认可，也指出了当前农业文化遗产工作的重点。为贯彻落实中央一号文件和农业部的要求，北京市农业局通过招标委托中国科学院地理科学与资源研究所自然与文化遗产研究中心于 2016 年开展了北京市农业文化遗产资源普查工作，最终的普查成果形成了本书。

　　课题组通过实地调查、现场座谈、文献收集等多种方式，对北京市农业文化遗产资源进行了全面普查和梳理。这是全球首个大都市地区系统的农业文化遗产资源普查，开创了从"农业文化遗产要素"入手的高效普查方法，为我国农业文化遗产资源普查积累了丰富经验。

　　课题组编制了《北京市农业文化遗产普查报告》与《北京市农业文化遗产名录》，整理出符合农业文化遗产概念与标准的系统性农业文化遗产 50 项，以及要素类农业文化遗产 485 项和已消失的农业文化遗产 316 项。在农业部发布的 2016 年 408 项全国具有潜在保护价值的农业文化遗产中（农办加〔2016〕24 号），北京市占近 1/8。相对于北京市的国土面积、城镇化及农业发展现状，可以说明课题组普查工作的细致性和全面性。

当然，北京市农业文化遗产的保护与发展有其自身的优势和劣势，一方面，面临着有限的土地面积和不断增加的人口、追求高速与效率的经济模式和专注细作与精湛的传统技艺之间的矛盾，另一方面，又具有大都市地区对健康绿色、有文化内涵的农产品和生态和谐、休闲养生的农业场地的巨大需求。

本书为全面分析北京市农业文化遗产资源状况、制定相关保护措施奠定了坚实基础，同时对于北京市农业文化遗产的保护与发展工作也提出了新的设想，包括建立农业文化遗产博览园等，利用"首都"的窗口优势弘扬中华传统文化的精髓，建立文化自信。

希望通过本书的出版发行，使更多的人了解并关注北京市这样一个大都市地区的农业底蕴和文化内涵，并为农业文化遗产的传承与弘扬作出新的贡献。

是为序。

中国工程院院士

农业部　　全球重要农业文化遗产专家委员会主任委员　　李文华

中国重要农业文化遗产专家委员会主任委员

2017 年 6 月 27 日

前　言

我有个心结，就是 2014 年申请的项目没有被批准。

2014 年 5 月，农业部办公厅发布《2015 年度农业部科研任务（专项）申报指南》。令人兴奋的是，其中有一项题目为"传统农作模式与农业技术遗产挖掘整理"。因为与一直希望进行的农业文化遗产普查工作十分吻合，迅即组织申请工作。后经专家组评议，确定我为该项目的主持人，主要成员来自 14 个单位。随后我便组织项目组成员进行《项目建议书》《实施方案》和《预算》编写。我们确定的项目总体目标是：拟用 5 年时间，编制农业技术遗产中"农业系统遗产"部分调查指南，建立农业技术遗产基础数据平台，开发综合管理系统，编制集政策与技术在内的农业技术遗产动态保护指南；全面调查北京、天津、河北、辽宁、吉林、陕西、宁夏、青海、西藏共 9 个省（市、区）的传统农作模式与农业技术遗产，并在天津、河北、辽宁、陕西和甘肃建设 6 个农业技术遗产保护与利用示范点，促进农业遗产的动态保护与适应性管理、多功能拓展与可持续利用以及遗产地的农业、农村与农民的可持续发展。评审专家认为"该项目总体思路清晰，目标明确，技术路线和主要研究内容合理。"

十分遗憾的是，该项目虽然通过了农业部组织的专家评审、科技部组织的项目查重，但最后并没有被批准。

尽管这个项目没有被批准，但我依然认为农业文化遗产普查这一基础性工作对于农业文化遗产发掘、保护、传承和利用中的重要意义，并利用各种可能的机会呼吁有关部门尽快开展这一工作。

一年多以后迎来了新的机遇。2016年中央一号文件，即《中共中央国务院关于落实发展新理念加快农业现代化实现全面小康目标的若干意见》，明确提出了"开展农业文化遗产普查与保护"的任务。在中央一号文件中明确提出"开展农业文化遗产普查与保护"，既表明了党和国家对农业文化遗产发掘与保护工作的高度认可，也指出了当前农业文化遗产工作的重点。

农业部办公厅于2016年3月30日以"农办加〔2016〕5号"文形式，发布《农业部办公厅关于开展农业文化遗产普查工作的通知》，指出：为认真贯彻落实2016年中央一号文件关于"开展农业文化遗产普查与保护"的部署要求，进一步加强对我国农业文化遗产的发掘保护利用，我部决定开展中国农业文化遗产普查工作。并进一步强调：中华民族在长期的生息发展中，创造了种类繁多、特色明显、经济与生态价值高度统一的传统农业生产系统，不仅推动了农业的发展，保障了百姓的生计，促进了社会的进步，也由此演进和创造了悠久灿烂的中华文明，成为中华文明立足传承之根基。为加强对我国重要农业文化遗产的发掘、保护、传承和利用，农业部按照"在发掘中保护、在利用中传承"的思路，于2012年部署开展了中国重要农业文化遗产发掘工作，截至2015年年底，分三批共认定了62项中国重要农业文化遗产。这项工作填补了我国遗产保护领域的空白，有力地带动了遗产地农民就业增收，传承了悠久的农耕文明，增强了国民对民族文化的认同感、自豪感，在推动遗产地经济与社会协调可持续发展方面发挥了重要作用。但因我国地域辽阔，民族众多，生态条件差异大，农业生产系统类型各异、功能多样、底数不清，在经济快速发展、城镇化加快推进和现代技术应用的过程中，大量农业文化遗产存在着被破坏、被遗忘、被抛弃的危险。

关于农业文化遗产普查的意义，农业部办公厅的文件说得很清楚：在全国范围内对潜在的农业文化遗产开展普查，准确掌握传统农业生产系统的分布状况和濒危程度，是编制国家农业文化遗产后备名录库的重要基础，是今后认定中国重要农业文化遗产的重要依据，是采取有效措施加强发掘、保护、传承和利用的重要前提，对于提升全民保护农业文化遗产意识，传承农耕文明，弘扬中华民族灿烂文化，推动农业可持续发展，在全社会营造保护农业文化遗产的氛围具有十分重要的意义。

2016年12月9日，《农业部办公厅关于公布2016年全国农业文化遗产普查结果的通知》正式发布，认为"农业部精心组织、科学安排，强化指导、扎实推进，依托专家、科学论证，着力做好普查工作。在各级农业管理部门、各传统农业系统所在地有关部门和农业文化遗产专家委员会的共同努力下，圆满完成了普查工作。"并正式公布了在各地上报基础上经过中国重要农业文化遗产专家委员会论证分析的有潜在保护价值的 408 项传统农业生产系统。

总体而言，这是一次有益的尝试，也是一次较为成功的探索。但我认为，对于农业文化遗产普查来讲，这只是一个开始。一是工作时间有限，相对于其他普查工作数年甚至数十年来讲，为期半年多的农业文化遗产普查时间太短了；二是"此次普查按照农业部部署指导、省级组织审核汇总、县级农业部门组织填报的方式进行推进"的方式，虽然确保了在较短时间内完成工作任务，但客观地说，由于各地组织工作效率、技术支撑能力、领导重视程度、遗产内涵理解等方面存在着很大差异，距离全面摸清农业文化遗产的资源底数、濒危状况和利用潜力的目标还有不小差距。

关于如何做好农业文化遗产普查工作，笔者曾撰写了《积极开展农业文化遗产普查与保护》短文，发表在《农民日报》2016 年 3 月 5 日第 3 版上。我们认为，普查是开展农业文化遗产保护的基础性工作，应当重点做好总体设计、统一实施、科学分析、系统集成四项基本工作。农业文化遗产普查不是一项简单的行政工作，而是一项系统性的技术工作。

首先，要做好总体设计，科学编制普查方案。普查对象是"活态的"传统农业生产系统，因此，应当以联合国粮农组织全球重要农业文化遗产和农业部中国重要农业文化遗产的定义和遴选标准为基础。要明确作为农业部门一项重要工作的农业文化遗产普查与保护与文物、文化、住建等部门已经开展的农业遗址、农业民俗和传统村落普查与保护工作的区别和联系，也应当明确与农业历史与考古研究中的古农书、古农具及其技术与文化的区别和联系。在充分研讨和科学论证的基础上，编制普查标准、导则、指南与行动计划。普查信息表设计，应从遗产系统及其组成要素出发，以种植业、林果业、畜牧业、渔业及其复合系统为重点，融入资源利用与生态保育等知识与技术体系及农业生态文化景观等要素。

其次，要做好统一实施，有效组织普查活动。在农业部的统一管理下，由其重要农业文化遗产专家委员会为基础，建立自上而下布置、自下而上集成的普查方法，组织一支涵盖相关学科、由有关科研人员和农业管理人员组成的技术队伍，做好组织培训、试点普查工作，再开展全面普查，确保第一手资料与信息（包括图片与影像）的收集。

再次，要做好科学分析，确保普查信息完整。普查不仅是简单文字、数据、图像信息的罗列，更是系统特征的全面反映。应提高普查的科学性与成果的应用性，在基础信息收集的同时，开展对系统特征与空间分布的分析，历史演变及影响因素的分析，多重功能与多元价值的分析，以及稳定性、濒危性与保护紧迫性的分析，力求全面摸清农业文化遗产家底。

最后，要做好系统集成，全面展示普查成果。普查成果应以图件、可视化数据库等多样化的方式呈现，需要建立包括基础地理、历史文化、生态环境、社会经济等基础信息在内的农业文化遗产数据库，编制农业文化遗产名录和分布图，完成农业文化遗产专题研究报告。同时，借助普查工作推动发掘与保护工作，通过固定和巡回等方式开展专题展览，以在全社会形成保护农业文化遗产的良好氛围。

虽然上述想法因为时间、经费等客观因素而没有在全国层面上实现，但北京市农业局给了我们尝试的机会。

在有关领导的关心和相关专家的支持下，北京的（海淀、房山）京西稻作文化系统和平谷四座楼麻核桃生产系统于 2015 年被农业部认定为第三批中国重要农业文化遗产。北京市农业局充分认识到农业文化遗产发掘及在农业功能拓展、现代都市农业发展中的重要性。借助农业部的工作要求，制定北京市普查任务，明确了"统一部署、专家为主、基层协助"的工作方式，并采用招标方式委托技术单位开展全市范围内的普查工作。

竞标成功后，我们经多次研讨确定了"理论研究与普查工作相结合、重点调查与一般普查相结合、遗产普查与科普宣传相结合"的思路，以科学研究为基础，融科普宣传于普查工作之中，力争在完成农业文化遗产普查工作的同时，提升全社会对于农业文化遗产重要性和发掘保护紧迫性的认识。根据工作需要，我们建立了一支专业人员和管理人员相结合的普查队伍，确定了普查技术路线和方法，编制了《北京市农业文化遗产普查工作方案》，举办了面向基层管理人员的培训活动，聘请了李文华院士、曹幸穗研究员等资深专家进行咨询指导，通过查阅文献、实地调查、反复论证，全面完成了项目目标，并于 2017 年 5 月 31 日通过了北京市农业局组织的专家验收。《北京日报》2017 年 6 月 13 日报导说"本市已摸清农业文化遗产资源家底儿"。

此次呈现在读者面前的，即为本次北京市农业文化遗产普查项目的部分主要成果。全书共分三部分，主体部分为北京市农业文化遗产普查报告和遗产名录。我们根据联合国粮农组织关于全球重要农业文化遗产的定义和农业部关于中国重要农业文化遗产的定义，并结合北京市农业文化遗产发掘工作的需要，将农业文化遗产分为系统性农业文化遗产、要素类农业文化遗产和已消失的农业文化遗产三大类。第一类共

50 项，建议进行适当整合后申报中国重要农业文化遗产，并实施重点保护和利用；第二类 485 项、第三类 316 项则通过发掘内涵、适当恢复等措施，注重发挥在休闲农业与乡村旅游中的作用。"普查报告"是基于普查所获得的信息进行了类型、区域的分析，并在此基础上提出了北京开展农业文化遗产发掘与保护工作的建议。此外，为便于读者了解国内外农业文化遗产发掘与保护工作进展情况，附录列出了全球重要农业文化遗产和中国重要农业文化遗产名录及有关管理文件。

本书是集体智慧的结晶。这里凝聚着项目组全体同志的辛勤汗水，也包含着北京市农业局有关领导、相关专家和相关区农业部门管理人员的智慧，更有前人在有关工作中探索和贡献。在最后编辑整理过程中，闵庆文负责全书统筹和框架设计，闵庆文、刘某承、焦雯珺、袁正负责"普查报告"部分撰写，闵庆文、焦雯珺负责"遗产名录"部分统稿，白艳莹、袁正、孙业红、张灿强、杨波则在各区有关部门负责同志的积极配合下，分别负责有关区的农业文化遗产资料甄选和名录编写。整个工作都是在有关专家和领导的指导下完成的，在此向他们表示衷心的感谢！

摸清家底是农业文化遗产深入发掘、重点保护、持续传承、有效利用的基础。农业文化遗产普查的意义重大，但又是一项十分艰巨的任务。尽管我们在不长的时间里完成了所设定的基本任务，并得到了有关部门和专家的肯定，但实事求是的说，这里面还有很多工作要做。在此希望诸位专家和读者朋友不吝赐教，特别欢迎提供更多的线索，以使之不断得到完善。

农业文化遗产保护事业的春天已经到来。习近平总书记曾经指出："农耕文化是我国农业的宝贵财富，是中华文化的重要组成部分，不仅不能丢，而且要不断发扬光大。""农业文化遗产"连续在 2016 年和 2017 年的中央一号文件中出现。在 2017 年 1 月中共中央办公厅、国务院办公厅印发的《关于实施中华优秀传统文化传承发展工程的意见》中，"农业遗产"被列入"保护传承文化遗产"这一重点任务中。

农业文化遗产发掘与保护"永远在路上"。期望本书能为北京市农业文化遗产发掘与保护提供资源基础，也能为其他地区农业文化遗产普查工作提供一些借鉴。

2017 年 6 月 20 日

目 录
CONTENTS

第 3 部分 附件

第 **1** 部分  普查报告

一、普查背景

1. 农业文化遗产保护已取得较为广泛的国际共识

随着现代科学技术的快速发展及在农业中的应用，以生物技术、信息技术、管理技术、规模化与集约化生产等为代表的现代农业获得长足进步，在保障粮食与食物安全方面发挥了重要作用，但同时也带来了一系列重大问题，如生物多样性减少，土地资源约束趋紧，能源、水分、养分等过度消耗，水土流失加剧，农业生态系统功能退化，环境污染等，严重制约着农业的可持续发展。造成这些问题的原因是多样的，其中农业的发展方向与道路成为人们思索的焦点。人们越来越认识到农业的发展目标不仅要提高产量，还须提高产品质量、确保食品安全，不仅要提高土地产出率、使农民获得经济利益，还应发挥农业生态系统的生态、文化等多种功能并促进农业与农村的可持续发展。

在漫长的历史长河中，世界各民族立足于禀赋各异的自然条件，在人与自然的协同进化和动态适应下，用勤劳与智慧创造出种类繁多、特色鲜明、经济与生态价值高度统一的传统农业系统。这些系统体现了自然遗产、文化遗产和非物质文化遗产的综合特点，是人与自然协调进化的产物，是重要的农业文化遗产。

然而，受到经济快速发展、城镇化加快推进、现代技术应用以及经济全球化的影响，人们对农业文化遗产的价值缺乏正确的认识，导致一些重要的农业文化遗产正面临着被破坏、被遗忘、被抛弃的危险。为了应对这些问题，2002 年联合国粮农组织（FAO）发起了"全球重要农业文化遗产（Globally Important Agricultural Heritage Systems，GIAHS）"保护倡议，旨在建立全球重要农业文化遗产及其有关的景观、生物多样性、知识和文化保护体系，并在世界范围内得到认可与保护，使之成为可持续管理的基础。

按照 FAO 的定义，CIAHS 是"农村与其所处环境长期协同进化和动态适应下所形成的独特的土地利用系统和农业景观，这些系统与景观具有丰富的生物多样性，而且可以满足当地社会经济与文化发展的需要，有利于促进区域可持续发展。"

2005 年，FAO 在准备全球环境基金（GEF）项目"全球重要农业文化遗产动态保护与适应性管理"时，确定中国浙江青田稻鱼共生系统以及智利、秘鲁、菲律宾、阿尔及利亚、突尼斯的传统农业系统为首批 GIAHS 保护试点。10 多年来，在 GEF 项目的支持下，各遗产地取得了显著的生态、经济与社会效益。最为重要的是，国际社会对农业文化遗产重要性和保护紧迫性的认识不断深化。截至 2016 年年底，已有 16 个国家的 37 个传统农业系统被列入全球重要农业文化遗产名录（附录一）。特别是在中国等国家的大力推动下，CIAHS 发掘与保护工作先后被写入 FAO 计划委员会、农业委员会和理事会会议报告，成为 FAO 的一项重要工作。

2. 我国农业文化遗产发掘与保护正显示其强大的生命力

我国是最早响应并积极参与全球重要农业文化遗产保护的国家。10 多年来，在联合国粮农组织和农业部的指导下，在有关地方政府和居民的热情参与下，在不同学科专家的通力合作下，各项工作均取得了显著进展，成为我国农业国际合作的一项特色工作，在农业生态保护、农耕文化传承和农村经济社会发展中发挥了重要作用，成为生态脆弱、经济落后、文化丰厚地区农业与农村工作的一项重要抓手。

自 2005 年以来，我国在农业文化遗产申报与认定、科学研究与科学普及、保护实践探索与经验分享等方面取得了显著成果。截止 2016 年年底，我国已有 11 个项目入选 GIAHS 名录，数量居世界各国之首；2012 年，农业部启动了中国重要农业文化遗产（China-GIAHS）的发掘与保护工作，参考 FAO 关于 GIAHS 的遴选标准，并结合中国的实际情况，编制了中国重要农业文化遗产遴选办法与遴选标准，使中国成为世界上第一个开展国家级农业文化遗产发掘与保护的国家，截至 2016 年年底，农业部已发布 3 批共 62 个项目（附录二）；通过 FAO/GEF 项目的执行，促进了相关的科学研究，举办了"农业文化遗产论坛"，出版了《农业文化遗产研究丛书》，初步形成了一支包括不同领域专家在内的研究队伍。在理论研究和实践探索的基础上，逐步形成了"政府主导、多方参与、分级管理"的农业文化遗产管理体系；遗产地的生物多样性、生态与文化景观及传统知识与技术等得到有效保护，传统农业方式重现活力、农业生态环境改善、农业可持续发展能力显著增强，农民收入和生活水平明显提高；管理制度不断完善，农业部先后颁布了《中国重要农业文化遗产申报书编写导则》与《农业文化遗产保护与发展规划编写导则》，规范并有效指导了农业文化遗产的申报与保护和发展工作。2015 年颁布了《重要农业文化遗产管理办法》，这是世界上第一个国家级的农业文化遗产法规，也使我国农业文化遗产的保护与利用工作有法可依；中国的农业文化遗产保护经验受到了国际社会的广泛关注，中国的科学家和农民代表先后受到 FAO 的表彰；农业文化遗产发掘与保护也极大地提高了全社会对于农业文化遗产及其保护重要性的认识，促进了遗产地生态保护、文化传承与社会经济可持续发展。

党和政府高度重视农业文化遗产发掘与保护工作。早在 2005 年浙江省青田县"稻鱼共生系统"被列为首批 GIAHS 保护试点，时任浙江省委书记的习近平同志就曾作出重要指示；回良玉、刘延东、汪洋等党和国家领导人及农业部长韩长赋等曾考察农业文化遗产展览、保护地或作出重要指示。2015 年 7 月 30 日，国务院办公厅印发"关于加快转变农业发展方式的意见"（国办发〔2015〕59 号），指出"积极开发农业多种功能。保持传统乡村风貌，传承农耕文化，加强重要农业文化遗产发掘和保护"。2015 年 12 月 30 日国务院办公厅印发"关于推进农村一二三产业融合发展的指导意见"（国办发〔2015〕93 号），提出"拓展农业多种功能。加强农村传统文化保护，合理开发农业文化遗产"。2016 年 1 月 27 日，《中共中央国务院关于落实发展新理念加快农业现代化实现全面小康目标的若干意见》正式颁布，要求"开展农业文化遗产普查与保护"。在一号文件中第一次明确提出"开展农业文化遗产普查与保护"，既表明了党和国家对农业文化遗产发掘与保护工作的高度认可，也指出了当前农业文化遗产工作的重点。

3. 开展北京农业文化遗产与普查工作的重要性

北京位于华北平原北部，背靠燕山，地形以山地为主，面积 10 200 平方千米，约占总面积的 62%，为典型的北温带半湿润大陆性季风气候，以旱作农业、山地林果业、郊区畜牧业为主。

北京具有悠久的农业发展历史，曾创造出灿烂的农耕文化。虽然作为国际化大都市地区，农业的生产功能不断减弱，但其重要的生态与文化功能依然引起各级政府和有识之士的关注，并在以休闲农业、生态农业、节水农业等为代表的现代都市农业发展方面进行了有益的探索。特别是在有关市领导的直接关心下，北京京西（海淀、房山）稻作文化系统、平谷四座楼麻核桃生产系统于 2015 年被农业部认定为"中国重要农业文化遗产"，并在都市区农业文化遗产发掘与保护、休闲农业与乡村旅游发展方面进行了积极探索。

由于农业文化遗产的发掘与保护工作起步较晚，北京也像其他地区一样，面临着底数不清、价值不清、缺乏统筹规划等问题。除了已获得认定的两个中国重要农业文化遗产外，尚没有系统的农业文化遗产资源本底资料。因此，开展农业文化遗产普查很有必要。

通过农业文化遗产普查，将有助于全面掌握全市农业文化遗产资源底数。北京农业文化历史悠久，生存地理条件多样，特别是作为六朝古都，造就了丰富多样的农业文化遗产，广泛分布于市区范围内。但由于缺乏系统调查研究，无论是系统性农业文化遗产还是不同的农业文化遗产要素，都缺乏完整记录，已成为对系统发掘整体保护、提升发展的制约因素。

通过农业文化遗产普查，将有助于全社会对于农业文化遗产价值的全面认识。植根于悠久文化传统和长期实践经验的农业文化遗产，传承了故有的"整体、协调、循环、再生"的生态农业思想，发展了宝贵的因地制宜的高效生产模式，蕴含了丰富的天人合一的生态哲学思想，与现代社会倡导的可持续发展理念一脉相承。

通过农业文化遗产普查，将有助于全面了解农业文化遗产面临的濒危状况。延续千百年的"活态"农业文化遗产，由于自然和社会的变迁，在短浅的实用主义的支配下，造成人们对其重要性及生态、社会文化价值的科学认识不足，其显著的外部经济性难以在现有的统计核算体系中得到体现，造成这些传统农业生产系比较效益相对较低，造成农业文化遗产系统的关键要素毁损或质变。

通过农业文化遗产普查，将有助于都市地区农业文化遗产可持续利用途径探索。农业文化遗产多种功能的挖掘和品牌价值的实现，可以促进遗产地经济社会可持续发展。都市地区农业文化遗产的保护面临现实困难，但另一方面，都市地区对健康绿色、有文化内涵的生态农产品和生态和谐、休闲养生的农业生产基地也有巨大的需求。农业文化遗产普查，将为打造农业文化遗产品牌，发展一批有浓郁地域色彩、有深厚文化内涵的健康农产品，通过多部门联动积极整合资源，促进都市休闲农业和乡村旅游提档升级奠定坚实的资源基础。

因此，开展农业文化遗产普查工作，不仅是贯彻落实中央一号文件精神的具体要求，对于全面摸清北京市农业文化遗产资源本底、科学评估农业文化遗产的价值、现状与利用潜力，以及在此基础上做好发掘、保护、利用与传承工作，促进现代都市农业发展都具有重要的意义。同时，还将为开展北京市重要农业文化遗产认定、申报中国重要农业文化遗产和全球重要农业文化遗产提供技术支持，并将对提升全市人民保护农业文化遗产意识，传承农耕文明，弘扬优秀传统文化，发展休闲农业，推动农业可持续发展，在全市营造保护农业文化遗产的氛围具有十分重要的意义。

二、普查方案

1. 普查目标与对象

（1）**普查目标** 摸清北京市及各区县农业文化遗产底数；明确现有农业文化遗产的分布状况和濒危程度。

（2）**普查对象** 根据农业文化遗产的概念内涵，并结合北京的实际情况，将农业文化遗产普查对象分为三类：满足农业文化遗产基本概念的系统性农业文化遗产；体现农业文化遗产某个核心要素的要素类农业文化遗产；历史上存在但由于城市化发展所造成的已消失的农业文化遗产。

为了便于调查，确定以农业文化遗产要素作为调查的切入点，这些农业文化遗产要素主要包括特色农业物种、特色农产品、传统农耕技术、传统农业工具、传统农业工程、特色农业景观、传统农业民俗、传统村落与传统美食等。特色农业物种指劳动人民在长期的生产实践中驯化和培育的具有本土特色的农作物品种、畜禽品种、水产品种以及果蔬花卉品种等；特色农产品指以当地农业物种资源的基础经过长期选育而形成的具有一定品牌价值的地方名特优产品；传统农耕技术指在漫长的农业历史发展过程中当地人发明或改进并运用的农业生产与管理技术；传统农业工具指在传统农业生产过程中所使用的工具；农业工程指在历史时期为保障农业生产顺利进行所修建的重要工程；特色农业景观指在农业生产活动中所创造的农业生态景观；传统农业民俗指关于重农的仪式、表演，求雨民俗、避灾民俗，少数民族的禁忌、自然崇拜等；传统村落指依据当地自然条件所建造的具有重要农耕文化价值的村落；传统美食指以当地食材为基础、具有明显地域烹饪特色的加工食品。

（3）**普查要求** 普查过程中，需明确以下几项内容。

地域范围：包括所辖具体村镇名称，并尽可能给出经纬度范围。

主要特征：在描述自然生态特征和人文历史特点的基础上，对于经济价值、生态价值、文化价值、景观价值与科学价值进行必要分析。

照片：2～3 张分辨率在 300dpi 以上或图片大小 2M 以上的 JPEG 格式彩色照片。

普查员信息：包括普查员的姓名、职务、工作单位、联系电话和电子邮箱。

2. 普查期限与进度

（1）普查期限　按照北京市农业局《关于开展农业文化遗产资源普查工作的通知》的要求，普查期限为 2016 年 5 月至 2016 年 12 月，资料基准时间为 2016 年 12 月 31 日。

普查范围为北京市所辖行政区域，具体为除东城、西城、石景山外的朝阳、海淀、丰台、门头沟、房山、通州、顺义、大兴、昌平、平谷、怀柔、密云、延庆 13 个区。

（2）进度安排　2016 年 5 月，开展普查人员的技术培训工作，统一对农业文化遗产概念、普查工作流程和普查对象的认识；开展北京市相关文献的收集与整理工作。

2016 年 6 月，根据农业文化遗产要素的分类，设计完成《北京市农业文化遗产资源普查分类信息表》，包括特色农业物种、特色农产品、传统农耕技术、传统农业工具、传统农业工程、传统农业民俗、特色农业景观、传统村落和传统美食等。通过普查人员填报、实地调研等方式，完成信息表的填报工作。

2016 年 7 月，各区农委审核汇总信息表，并由中国科学院地理科学与资源研究所组织相关技术人员判别、筛选。

2016 年 8 月，开展各区的补充调研工作，深入考察可能列为"系统性农业文化遗产"的所在地。开展专家咨询工作，包括农业文化遗产领域专家以及基层工作的技术人员。

2016 年 9 月，由中国科学院地理科学与资源研究所自然与文化遗产研究中心组织相关技术人员填报、汇总《农业文化遗产基本信息表》，并开展相关分析评价工作。

2016 年 10～12 月，补充调研，完成《北京市农业文化遗产资源名录》。

3. 组织实施形式

北京市农业局统一部署，委托中国科学院地理科学与资源研究所具体实施，有关区农委协助。

该工作由北京市农业局主管领导和相关部门领导亲自领导，负责协调北京农业文化遗产资源普查的政策与资金、人员调配等问题，审定北京农业文化遗产资源普查实施方案。通过招标形式，委托中国科学院地理科学与资源研究所具体负责，包括编制普查实施方案、人员培训、审核、评估等工作；聘请李文华院士和曹幸穗研究员作为项目顾问；吸纳各区农委有关人员参与普查工作。

三、普查过程

根据中央一号文件关于"开展农业文化遗产普查与保护"的要求，农业部办公厅于 2016 年 3 月 30 日发出《农业部办公厅关于开展农业文化遗产普查工作的通知》（农办加〔2016〕5 号）（以下简称《通知》），要求"各地要高度重视，精心组织，周密部署，切实做好中国重要农业文化遗产普查工作。"为此，北京市农业局于 2016 年 5 月设立专项，通过公开招标，委托中国科学院地理科学与资源研究所为技术依托单位，通过实地调研、现场座谈、文献调研等多种方式，对 13 个区农业文化遗产进行全面普查。

1. 文献查阅与资料收集

中国科学院地理科学与资源研究所接受任务后，组织相关技术人员开展了系统的文献和资料收集工作。系统收集了北京百科全书、北京地方志、北京市各区地方志以及农业历史、农业技术、农业物种、农业民俗、特色农产品等相关文献，地理标志产品名录、传统村落名录、非物质文化遗产名录、休闲农业示范点名录、北京市地情资料等相关资料。通过文献和资料的梳理，自上而下对北京市各区的农业发展及农业家底有了基本认识，基本掌握了各区系统性农业文化遗产、要素类农业文化遗产和已消失的农业文化遗产的线索。

2. 技术培训与专家论证

为有序开展普查工作，对各区基层技术人员进行了专门的技术培训。2016 年 5 月 25 日，"北京市农业文化遗产资源普查培训会"在中国科学院地理资源所举行，面向朝阳、海淀、丰台、门头沟、房山、通州、顺义、大兴、昌平、平谷、怀柔、密云、延庆 13 个区的有关管理与技术人员就农业文化遗产的概念、内涵以及普查的意

北京市农业文化遗产资源普查培训会

延庆区农业文化遗产资源普查培训会

丰台区农业文化遗产资源普查座谈会

朝阳区农业文化遗产资源普查座谈会

义和实施方案进行培训，标志着北京市农业文化遗产资源普查工作的全面启动。会上，中国科学院地理资源所牵头组成普查技术团队，介绍了农业文化遗产的概念、内涵和特点，介绍了北京市农业文化遗产资源普查方案，并与13个区进行了一一对接。

此后，随着普查的不断深入，中国科学院地理资源所不定期召开了多次专家组会议，对北京市农业文化遗产的分类进行了深入讨论，对各区上报的《农业文化遗产基本信息表》进行了科学判断、筛选和整合，并对普查的初步结果进行了专家咨询和论证。

3. 基层填报与实地调研

自下而上的基层填报与实地调研，是自上而下的文献收集和资料整理工作的有力补充，这项工作是通过技术人员与基层工作人员共同开展的。中国科学院地理资源所技术团队先后多次深入有关区域，通过培训、研讨、座谈等各种方式，确保了该项工作的顺利进行。

例如，2016年6月16日，延庆区农委在区种植业服务中心组织召开了农业文化遗产资源普查培训会，会上，区农委和区种植业服务中心领导以及普查技术团队介绍了农业文化遗产普查的背景和要求，对普查信息填报进行了动员，并与延庆区农业、园林等主管部门及乡镇40余人进行了座谈。

2016年8月31日，丰台区农委组

织召开了农业文化遗产资源普查座谈会，丰台区农委、文化局、旅游委、农业技术推广站、园林绿化局、税务局、相关乡镇以及普查技术团队人员 20 余人参会。

通州区农业文化遗产资源普查座谈会

2016 年 9 月 1 日，朝阳区种植业养殖业服务中心组织召开了农业文化遗产资源普查座谈会，中心领导及多位退休老专家、黑庄户观赏鱼养殖发展中心、各相关乡镇和洼里乡居楼的相关人员以及普查技术团队成员共 19 人参会。

2016 年 9 月 14 日，通州区农委组织召开了农业文化遗产资源普查工作座谈会，与会人员包括通州区农委产业科、潞城镇、宋庄镇、永顺镇、梨园镇、永乐店镇、于家务镇、马驹桥镇等相关乡镇以及普查技术团队人员共 10 余人。会上，普查技术团队对通州区农业文化遗产资源普查工作的方法、任务要求以及工作安排进行了讲解，通州区农委领导按照普查工作进展要求对于区内农业文化遗产资源普查工作的时间节点进行了部署。

4. 信息汇总与成果验收

在上述工作的基础上，项目组对收集的资料进行了分析和整理，并按照项目合同所确定的任务展开了相关研究工作，并及时按照农业部的要求，将普查所得到的系统性农业文化遗产进行了整理上报。

2017 年 5 月 31 日，北京市农业局组织有关专家对《2016 年北京市农业文化遗产资源普查及规划》进行了验收和评审。北京市农业局粮经处肖勇处长主持会议，地理资源所高星副所长代表项目承担单位讲话，北京市农业局阎晓军副局长作总结讲话。在专家组组长、中国科学院地理科学与资源研究所李文华院士的主持下，来自中国农业博物馆的曹幸穗研究员、中国艺术研究院苑利研究员、中国农业科学院的李先德研究员和中国环境科学研究院的张林波研究员等专家，

北京市农业文化遗产普查专家评审

听取了项目组的汇报，审阅了项目成果，进行了质询和讨论，形成了评审意见。

专家组认为，项目组通过实地调研、现场座谈、文献调研等多种方式，对北京市农业文化遗产资源进行了全面普查，编制了《北京市农业文化遗产普查报告》与《北京市农业文化遗产名录》，为全面分析北京市农业文化遗产资源状况、制定相关保护措施奠定了坚实基础；项目组以动态保护和合理利用为目标，确定了北京市农业文化遗产保护与发展的总体思路，在全面分析优势、劣势、机遇与挑战的基础上，提出了保护与发展的主要途径、措施与任务，编制了《北京市农业文化遗产保护与发展规划》，对北京市农业文化遗产保护与发展具有重要指导意义；项目组参考国内外农业文化遗产认定标准与程序，并结合北京市的具体情况，拟定了《北京市重要农业文化遗产认定标准》和《北京市重要农业文化遗产申报程序》，提出了系统性农业文化遗产遗产、要素类农业文化遗产和已消失的农业文化遗产的概念和分类标准，具有创新性。专家组一致同意项目通过验收，认为成果达到国内领先水平，建议进一步修改完善后组织发布并尽快落实。

四、普查结果

尽管时间短、任务重，但本次普查依然获得了大量重要信息。共识别出系统性农业文化遗产 50 项，要素类农业文化遗产 485 项，已消失的农业文化遗产 316 项。

1. 系统性农业文化遗产

（1）**主要类型**　此次普查共整理出系统性农业文化遗产资源 50 项（不包括已认定的 2 项中国重要农业文化遗产），包括农作物种植系统 1 项，蔬菜瓜果栽培系统 10 项，林果复合系统 32 项，中草药栽培系统 1 项，禽畜鱼虫养殖系统 5 项，水土资源管理系统 1 项。其中以林果复合系统数量最多，所占比例高达 64%。

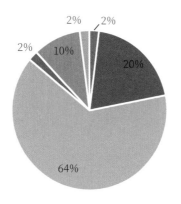

2%　2%

2%　10%　20%

64%

■ 农作物种植　　■ 蔬菜瓜果花卉栽培　■ 林果复合
■ 中草药栽培　　■ 禽畜鱼虫养殖　　　■ 水土资源管理

北京市各类系统性农业文化遗产占比

（2）**区域分布**　系统性农业文化遗产资源数量分布最多的是房山区，其次是门头沟区、大兴区和昌平区，4 个区合计大约占全市总量的 58%。不同类型的系统性农业文化遗产项目分区分布如下图所示，其中房山区类型最为丰富，包括 5 种类型。

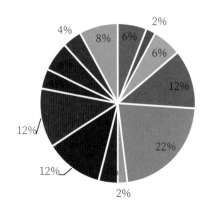

■ 朝阳区　■ 海淀区　■ 丰台区　■ 门头沟区　■ 房山区　通州区　■ 顺义区
■ 大兴区　■ 昌平区　■ 平谷区　■ 怀柔区　■ 密云区　■ 延庆区

北京市各区系统性农业文化遗产占比

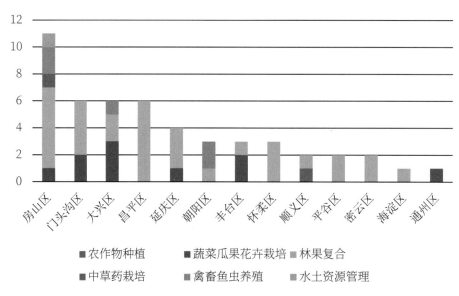

■ 农作物种植　　　■ 蔬菜瓜果花卉栽培　　■ 林果复合
■ 中草药栽培　　　■ 禽畜鱼虫养殖　　　　■ 水土资源管理

北京市各类系统性农业文化遗产的分区分布

（3）**价值分析**　这些传统农业系统符合农业文化遗产的概念与基本要求，能够反映出农业文化遗产的基本特征，在历史性、活态性、复合性和可持续性上均有较好的体现，具备申报重要农业文化遗产的条件。

首先，这些传统农业系统都具有复合性特征。比如北京顺义传统水稻栽培系统，它集自然遗产、文化遗产与文化景观的特点为一身，既包括物质部分，也包括非物质部分，体现了农业文化遗产的复合性特征，是一类典型的社会—经济—自然复合生态系统。物质部分的遗产要素包括传统的耕作农具如犁、耙子、砘子、盖叉子、轧子、钉耙、三齿、四齿等，灌溉农具如桔槔吊杆、辘轳、柳罐等；非物质部分主要是农业文化遗产系统内部和衍生出的各类文化现象，如传统的水土管理技术、杨镇龙灯会等地方农业民俗等。

其次，复合性使这些传统农业系统能够提供多种功能。它们不仅是一个生产系统，还可以为人类社会提供多种多样的服务，包括生物多样性保护、传统知识与技术传承以及生态和文化景观维持等。按照目前流行的生态系统服务评估的方法，至少具有食品保障、原料供给、固氮释氧、营养保持、固持水土、涵养水源、文化传承、景观美化、观光休闲、科学研究、科学教育等多种功能。

以北京房山旱作梯田系统为例。首先，梯田以种植旱地作物为主，区内仍保留有一些旱作农家品种，如佛子庄白马牙玉米，具有重要的遗传资源价值。其次，旱作梯田的修筑控制了水土流失，改善了当地生态环境，具有水土保持、涵养水源等重要生态价值。第三，梯田与养殖业、林果业相结合，形成一个复杂的复合农业体系，具有重要的经济价值与循环特征。第四，由于梯田不适于大规模机械化，旱作传统知识和农具得到较好的传承与保留，如佛子庄乡叉会、吵子会、大鼓会、黑龙关庙会、秧歌、银音会等传统文化活动也都保留良好（狮子会和秧歌被列为北京市非物质文化遗产），且为农闲庆典或农业祭祀时必不可少的文化活动，具有重要的文化价值。

此外，这些系统性农业文化遗产还蕴含了与时俱进的技术革新体系，为当代高效生态农业的发展提供了技术参考。以北京丰台花卉种植系统为例，按资料记载，可以追溯到元代。随着时间的推移，北京丰台花卉种植系统的物种逐渐丰富，明代开始种植芍药花，清代开始种植月季花和菊花，现代种植的奇花异草则多达3000多种；种植技术也随着社会经济和科技的发展不断进步，从最早的地窖到阳畦，并逐步发展为现代的温室栽培。

2. 要素类农业文化遗产

（1）**主要类型** 此次普查共获得要素类农业文化遗产485项。包括特色农业物种127项、特色农产

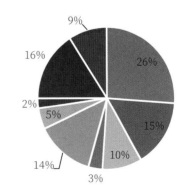

■ 特色农业物种　　■ 特色农产品　　■ 传统农业民俗
■ 传统农耕技术　　■ 传统农业工具　　■ 传统农业工程
■ 特色农业景观　　■ 传统村落　　■ 传统美食

北京市各类要素类农业文化遗产资源比例

品 75 项、传统农业民俗 46 项、传统农耕技术 16 项、传统农业工具 66 项、传统农业工程 23 项、特色农业景观 11 项、传统村落 77 项、传统美食 44 项。其中，特色农业物种所占比例达 26%，其次是传统村落（16%）、特色农产品（15%）和传统农业工具（14%）。

（2）**区域分布** 要素类农业文化遗产数量分布最多的依然为房山区，其次是门头沟区、密云区和通州区，四区大概占到北京市总量的 54%。各类型要素分区分布如下图所示，其中朝阳区、门头沟区和延庆区类型最为丰富，包括 8 种类型。

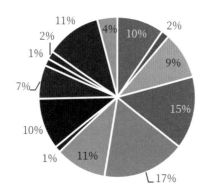

■ 朝阳区　■ 海淀区　■ 丰台区　■ 门头沟区　■ 房山区　■ 通州区　■ 顺义区
■ 大兴区　■ 昌平区　■ 平谷区　■ 怀柔区　■ 密云区　■ 延庆区

北京市各区要素类农业文化遗产占比

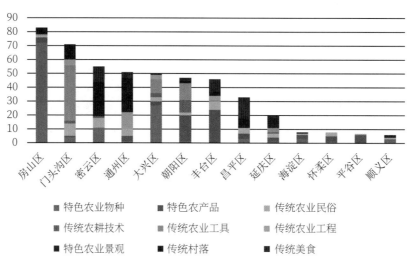

■ 特色农业物种　　■ 特色农产品　　■ 传统农业民俗
■ 传统农耕技术　　■ 传统农业工具　　■ 传统农业工程
■ 特色农业景观　　■ 传统村落　　■ 传统美食

北京市各要素类农业文化遗产的分区分布

（3）**价值分析** 从概念上讲，要素类农业文化遗产仅符合农业文化遗产概念的某一或某几方面，虽不能作为系统性农业文化遗产进行申报和认定，但可以很好的反映出农业文化遗产的某一或某些特征，依然具有保护和利用价值。

传统农业民俗、传统村落、特色农业景观等传统文化要素具有重要的保护价值。随着现代信息技术和生产技术广泛普及，城市生活方式充斥乡村，享受主义、拜金主义等价值观盛行，导致传统的节庆、民俗文化、传统手工艺、种植经验后继无人，乡村社会系统面临瓦解。近年来，传统文化的发掘和保护成为国家重要的工作内容，"文化中心"也成为北京首都功能定位之一，只有保护好这些传统文化，才能保障"乡土文化的根不能断，农村不能成为荒芜的农村、留守的农村、记忆中的故园"的要求。

特色农业物种和特色农产品具有重要的战略价值。物种资源是生物多样性保护的重要内容，特色物种资源由于其产量、对立地条件的适应性等问题被新培育的高产作物品种逐渐代替，许多传统物种资源遭到遗弃，存在灭绝的风险。但保护这些物种资源，可以为新品种的培育提供重要的遗传资源，具有重要的战略价值。

这些要素类农业文化遗产还具有发展休闲农业的资源基础。休闲农业是深度开发农业资源潜力，调整农业结构，改善农业环境，增加农民收入的新途径。但休闲农业也必须依托、利用农业景观资源和农业生产条件。要素类农业文化遗产中的特色农业物种、特色农产品、传统农业民俗、传统农耕技术、传统农业工具、传统农业工程、特色农业景观、传统村落、传统美食等都将有助于休闲农业健康发展。

3. 已消失的农业文化遗产

（1）**主要类型** 此次普查共发现已消失的农业文化遗产 316 项。其中，特色农业物种 177 项、特色农产品 3 项、传统农业民俗 18 项、传统农耕技术 2 项、传统农业工具 66 项、传统农业工程 3 项、特色农业景观 6 项、传统村落 41 项。消失数量最多的是特色农业物种，所占比例达 56%，其次是传统农业工具（21%）和传统村落（13%）。

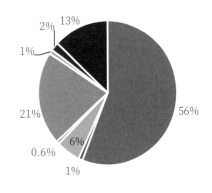

北京市各类已消失农业文化遗产资源

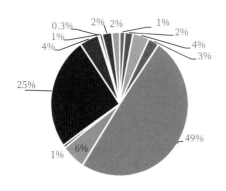

北京市各区已消失的农业文化遗产占比

（2）区域分布 在已消失的农业文化遗产中，消失数量最多的区也是房山区，大概占到北京市总量的49%，其次为大兴区（25%）。

在已消失的农业文化遗产中，消失数量最多的是特色农业物种。已消失的不同类型农业文化遗产的分区分布如图所示，其中大兴区消失的类型最多，有6种。

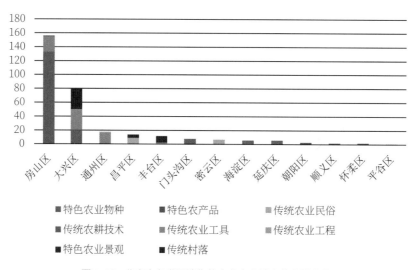

图 1-13　北京市各类已消失的农业文化遗产的分区分布

（3）价值分析 已消失的农业文化遗产均符合农业文化遗产概念的某一或某几方面，能反映农业文化遗产的某一或某些特征。只是随着北京城市建设、社会和经济发展，这一类农业文化遗产已不复存在，但在一些特定地区仍可作为休闲农业和乡村旅游的资源来发掘、恢复和利用，依然具有一定的文化价值和潜在的经济价值。

五、几点建议

作为国际性大都市，北京市农业文化遗产一方面面临着有限的土地面积和不断增加的人口、追求高速与效率的经济模式和专注细作与精湛的传统技艺之间矛盾，另一方面又具有大都市地区对健康绿色、有文化内涵的生态农产品和生态和谐、休闲养生的农业场地的巨大需求。因此，北京市农业文化遗产的保护与发展，应深入贯彻十八大提出的"建设优秀传统文化传承体系，弘扬中华优秀传统文化"和习近平总书记在中央农村工作会议上的讲话精神，落实"文化中心"的首都功能定位，以农业部门为主，重视多部门联动合作；加强农业文化遗产系统的生态保护、文化保护和景观保护，弘扬中华农耕文化的精髓；落实"一二三产融合发展"和"农业供给侧结构性改革"的要求，可持续利用农业文化遗产的资源优势，发展特色农业、休闲农业和文化农业；促进农业功能拓展、农业生态保护、农业文化传承和农业可持续发展，确保农民增收、农业增效、农村繁荣。

1. 建设传统农业文化的展示窗口

农业文化遗产作为弘扬优秀传统文化和增强文化自信的重要内容，具有重要的文化功能。而北京作为中华人民共和国首都，全国的政治中心、文化中心、国际交往中心和科技创新中心，其农业文化遗产的保护和发展工作具有重要的示范作用。一方面，北京具有悠久的农业历史，作为六朝古都也发展了具有皇家特色的农业文化；另一方面，北京作为国际化大都市，在人才、科研、信息以及交通等方面的聚集作用，作为农业文化遗产的展示窗口具有先天的优势。

一是在房山建立农业文化遗产博览园。此次普查发现，无论是系统性农业文化遗产资源，还是要素类农业文化遗产资源，乃至已消失的农业文化遗产资源，数量分布最多的区都是房山区；同时，房山区的农业文化遗产类型也是最丰富的，包括蔬菜瓜果栽培系统、林果复合系统、中草药栽培系统、禽畜鱼虫养殖系统和水土资源管理系统5种类型，说明房山区具有重要的农业文化遗产资源基础。可以考虑在房山建设一个农业文化遗产博物馆，在系统发掘、保护当地农业文化遗产的基础上，通过生产系统、影像资料、图片文字等多种形式集中展示目前的全球重要农业文化遗产和中国重要农业文化遗产，打造"房山农业文化遗产博览园"的品牌，与周口店世界文化遗产、房山世界地质公园遥相呼应。

二是依托现有资源，在各区建设特色各异的农业文化遗产展示窗口。例如，在昌平农业嘉年华活动中，增设农业文化遗产展区，集中展示传统农业智慧与特色农业产品。

2. 开展挖掘与认定工作

一是积极申报中国和全球重要农业文化遗产。市农业部门积极配合各区单位，按照联合国粮农组织和中国农业部提出的标准，认真做好申报工作。整合现有50项系统性农业文化遗产资源，重点考虑以下几个农业系统。

（1）**永定河流域沙地农业生产系统**　永定河是北京的母亲河，北京先民在永定河畔的冲积扇上生活、发展，与当地自然环境共同进化，发展了一系列防风治沙、适应沙地的农业生产技术体系和地方性名特产品，包括大兴安定古桑园、大兴西瓜栽培系统等。

（2）**京西山地复合农业系统**　山地复合农业系统是北京先民为适应太行山脉山地特点，将流域生态环境综合保护与种养殖一体化相结合发展起来的山地传统农业综合发展模式，包括房山旱作梯田、房山拒马河流域传统渔业系统、房山中华蜜蜂养殖系统以及房山和门头沟杏树、京西核桃、盖柿以及红头香椿、玫瑰花等多种果树和经济作物栽培系统等。

（3）**燕山传统林果栽培系统**　燕山山脉雄踞北京北部，其山沟及山前冲积台地上适于果树种植，为中国落叶果树重要分布区之一，盛产板栗、核桃、梨、山楂、葡萄、苹果、沙果、杏等干鲜果。北京先民采用播种、嫁接等技术进行品种选育和改良，发展出丰富多彩的传统山地林果栽培系统。包括昌平京西小枣、海棠、核桃、磨盘柿、燕山板栗，怀柔尜尜枣、红肖梨，密云黄土坎鸭梨、御皇李子，延庆香槟果、八棱海棠栽培系统等。

（4）**皇家贡品文化系统**　公元前1045年北京成为蓟、燕等诸侯国的都城，公元938年以来北京又先后成为辽陪都、金上都、元大都、明、清国都。作为六朝古都，北京发展了非常丰富且独特的皇家贡品文化系统，包括朝阳黑庄户宫廷金鱼养殖系统、密云御皇李子栽种系统、平谷佛见喜和蜜梨栽培系统、门头沟京白梨栽培系统、昌平京白梨栽培系统、怀柔板栗栽培系统等。

二是适时推进市级农业文化遗产认定工作。按照重要农业文化遗产的概念与遴选标准，根据北京市的历史特点、农业特征和都市农业发展需求，制定市级农业文化遗产的遴选标准、评估方法和申报程序，适时推动市级农业文化遗产的挖掘工作，明确农业文化遗产保护与发展的对象。

3. 抓好政策融合与品牌建设工作

一是加强部门间的交流与合作，推动农业文化遗产的整体保护。农业文化遗产是一个复合系统，其保护与发展涉及多个部门。在农业文化遗产的发掘、申报与保护、发展过程中，通过创新管理和沟通方式，促进各级政府所属管理部门间的交流与合作，整合与协调各部门间相关工作，形成联合制定各项规划和制度，联合执行各项保护与管理措施的局面，确保保护制度与措施的效果。

二是加大基础设施建设力度，促进农业文化遗产地的可持续发展。在农业文化遗产地，充分利用当地的文化特色和自然条件，进行基础设施的规划和设计，体现生态意识和生态景观、文化景观的保护和利用特点，为农业文化遗产生产发展与休闲农业发展奠定基础。

三是推动遗产地的"三产"融合发展，提高农民收入。深入挖掘农业文化遗产地农产品资源、民俗文化资源、生态与文化景观资源、特色生物资源、生态环境资源的开发潜力，发展以农业为基础，并向第二、第三产业延伸的三产融合的产业体系，吸纳当地剩余劳动力的就地就业，带动当地经济的发展和人民经济收入水平的提高。建立品牌，打造优质的高端产品；构建依赖现代信息技术和现代媒体的营销网络，拓宽农村的增收渠道；建立包括生产、经营、宣传和管理的人才体系。

项目评审现场

四是加强农业文化遗产的宣传工作，提高全民的保护意识。利用电视、广播、互联网、报刊杂志、展览、发布会、报告、专题讲座等各类宣传活动，向广大民众普及农业文化遗产知识，提高民众对农业文化遗产保护意义的认识。努力推动将重要农业文化遗产知识作为各级领导干部培训课程的重要内容，提高领导对农业文化遗产的认识。要特别重视重要农业文化遗产宣传与互联网、关注度高的媒体之间的创意合作，提高农业文化遗产的知名度。

北京全面普查农业文化遗产资源

本报讯（记者 郑惊鸿）记者在日前召开的"北京市农业文化遗产资源普查培训会"上获悉，北京农业文化遗产资源普查工作已进入全面实施阶段，通过普查科学建立北京市重要农业文化遗产认定体系，促进北京农业发展方式转型、进一步提升都市休闲农业和美丽乡村建设水平。

2016年中央一号文件提出"开展农业文化遗产普查与保护"的总体任务，3月30日农业部下发通知，在全国范围内全面部署农业文化遗产普查工作。北京市对此高度重视，通过招标方式，确定由中科院地理资源所承担"2016年北京市农业文化遗产资源普查及规划项目"。农业部全球中国重要农业文化遗产专家委员会主任委员李文华院士在培训会上特别强调，普查工作将准确掌握农业文化遗产的分布状况和濒危程度，对进一步推进北京农业文化遗产发掘与保护意义重大。中科院地理资源所党委书记、研究员刘毅表示，将发挥地理资源所多学科综合性研究优势，全力支持项目组工作，确保高质量完成任务。

北京市农业局副局长阎晓军说，北京历史悠久，农业文化遗产资源潜力巨大。2015年，"北京京西稻作文化系统"和"北京平谷四座楼麻核桃生产系统"两个项目成功入选第三批中国重要农业文化遗产。阎晓军表示，农业文化遗产发掘与保护对于北京农业转型升级意义重大。全面普查农业文化遗产资源，将有助于科学建立北京市重要农业文化遗产认定体系，有效促进北京农业发展方式转型和"三产"融合发展，希望各区及各有关部门全力配合。

北京市农业局和朝阳、海淀、丰台、门头沟、房山、顺义、大兴、昌平、平谷、怀柔、密云、延庆等各区代表，以及中科院地理资源所、北京市农村经济研究中心、北京市社会科学院、北京联合大学等单位的有关专家共80余人参加了会议。

本市列出50项农业文化遗产

洼里油鸡和宫廷金鱼最濒危

本报讯（记者 张淑玲）目前，本市已摸清农业文化遗产资源家底儿，除京西稻、文玩核桃已入选我国重要农业文化遗产外，产自海淀的玉巴达杏、丰台的白枣、门头沟的京白梨、顺义的铁吧嗒杏等50项被收入系统性农业文化遗产资源名单，有望被列入我国重要农业文化遗产。另外，共有北京油鸡、北京鸭、潮白河金翅金鳞大鲤鱼等共485项对入素类农业文化遗产名单。

随着城市化进程的加快，一些重要的农业文化遗产处于濒危境地。2002年，联合国粮农组织提出建立全球重要农业文化遗产保护体系。目前已有16个国家37个传统农业系统被列入遗产名录，我国占有11个。2012年，参考全球重要农业文化遗产遴选办法，及标准，结合实际情况，我国编制并推出重要农业文化遗产遴选办法与标准，一举成为全球首个开展国家级农业文化遗产发掘与保护的国家，并成功选出3批62个项目。

自去年开始，市农业局开展全市普查，依据我国重要农业文化遗产标准，依托本市地方特色，按照身处于濒危、对人们的生产和生活具有重要、可能适应当前环境且具有集历史、文化、经济价值于一身的农业文化遗产进行遴选，通过查阅文献与收集资料、专家论证与现场核查等方法，普查出本市农业文化遗产资源底数，其中系统性农业文化遗产资源50项，要素类485项，已经消失的为316项。

本市农业文化遗产普查名录显示，50项系统性农业文化遗产中，列在第一位的是来自朝阳区的"洼里油鸡"。"洼里油鸡"起源于朝阳区洼里乡、大屯一带，即现在的鸟巢、奥林匹克公园所在地。它是本市特有地方品种，起源于清代，距今已300余年历史，相传曾为清代宫廷御膳用鸡。洼里油鸡外形独特，全身毛羽金黄，具黄喙、黄腚、凤头、毛腿、胡子嘴，集果科研、科普、经济、文化与休闲价值于一身。后来，随着与水稻共生及菜粮间作等环境的消失，最初的散养不复存在，在洼里油鸡的生存和发展急需保护；来自朝阳区黑庄户的宫廷金鱼、海淀区的玉巴达杏、丰台区的白枣、门头沟的京白梨、妙峰山的玫瑰、顺义的铁吧嗒杏、大兴安定古桑园及昌平的京西小麦等，也一一在列。

曾获本市农产品地理标志的北京油鸡、北京鸭等，此次被列入要素类农业文化遗产名录中。而在316项已消失的农业文化遗产资源名录中，则有地方性农业物种资源洼里水稻、地方特色农产品紫菜头等，眼下均已消失。

记者了解到，本市拟制定农业文化遗产认定标准和程序，对农业文化遗产加以保护和利用。多名人大代表据议建立农业文化遗产博物馆或博览园，以向公众集中展示本市农业文化遗产的多样性及多重价值。

4. 重视能力建设与科技创新工作

一是完善北京市农业文化遗产管理机制。结合农业文化遗产保护实践，落实农业部《重要农业文化遗产管理办法》，根据北京市农业文化遗产保护与发展工作的实际情况，制定北京市相关管理规定和政策，规定农业文化遗产保护的责任、义务和权利，以促进重要农业文化的保护。制定和完善农业文化遗产遴选标准、申报程序、实施细则，规范农业文化遗产的申报工作；制定农业文化遗产标识使用管理细则，严格规定标识的使用权限，确保农业文化遗产产品的品牌价值。

二是加强交流与合作，扩大北京农业文化遗产的影响力。鼓励北京市农业部门加强对外交流与合作，组织遗产地相关行政人员和从业人员积极参加农业文化遗产相关学术研讨会、经验交流会，加强与兄弟遗产地的交流与合作；选择合适的遗产地开展农业文化遗产"结对子"，通过类型相似或互补、产业趋同或互助的农业文化遗产地之间的互动，共同推动遗产地的可持续发展。

三是加大科研投入，推动农业文化遗产科研体系的完善。推动北京市自然科学与社会科学基金设立农业文化遗产保护与发展的专项资金，构建自然、经济、社会、文化、管理、技术等多学科参与的科研队伍，开展农业文化遗产特征、保护与管理的机制、产业发展等方面的深入研究，为农业文化遗产的保护与管理提供有力的技术支持。

5. 全方位做好遗产保护与管理工作

一是开展北京市农业文化遗产监测与评估工作。对已纳入或有潜力纳入中国和全球重要农业文化遗产的传统农业生产系统，开展定期的监测与评估工作。制定并完善农业文化遗产监测评估方案与实施细则，设计农业文化遗产监测评估年度报表，将农业文化遗产监测和评估工作纳入年度日常工作，跟踪遗产保护效果。

二是推动北京市农业文化遗产的系统保护。在农业文化遗产地大力推广有机农业种植和传统作物品种种植，鼓励使用传统农业方式，发展循环农业、绿色农业，做好农产品的销售工作；建立传统农业生产方式清单，开展传统农业种植示范户认定工作，给予示范户资金支持、政策奖励和帮助宣传；建立生态环境红色清单，对破坏生态环境的农业生产行为采取一定惩戒措施；扶持农业基础设施和自然灾害防御设施建设，保障农业景观系统稳定。

三是推动北京市农业文化遗产的活态传承。鼓励和指导各区政府加强各类文化遗产的发掘与申报工作；制定各类文化的保护与传承机制，确定传统手工艺、歌曲、舞蹈、生产技术、礼仪等的传承人，颁发证书并建立全市传统文化传承人档案，给予创业资源支持和从事相关行业的优先权；推动"学生走进农业文化遗产地，农业文化遗产进校园"活动，将农业文化遗产保护与基础教育相融合，鼓励有条件的重要农业文化遗产地举办大、中、小学生夏令营和冬令营活动，培养青少年对传统农业文化的学习和研究兴趣。

第 **2** 部分　遗产名录

一、朝阳区

本次普查中，在朝阳区共发现系统性农业文化遗产 3 项，要素类农业文化遗产 47 项，已消失的农业文化遗产 4 项。

（一）系统性农业文化遗产

1. 朝阳洼里油鸡养殖系统

（1）**地理位置**　朝阳洼里油鸡养殖系统主要分布于朝阳区原洼里乡、大屯乡一带（目前则广泛分布于朝阳其他地方）。原洼里乡东邻安立路，南与原大屯乡（现在的四环路）接壤，北至昌平的立水桥，西至德外双泉堡。2005 年由于奥运建设需要而被征用，成为现在的奥林匹克公园、国奥村和奥林匹克森林公园所在地。

（2）**历史起源**　洼里油鸡起源于清代，距今已有 300 余年的历史，相传曾作为清代宫廷御膳用鸡。洼里油鸡产区位于京都的近郊，地势平坦，水源充足，土质肥沃，农业生产以粮菜间作为主，主要农作物有小麦、玉米和水稻等，为油鸡的生长提供了良好的物质基础。加之当地农民长期参与城乡间的集市贸易，为了满足消费者对鸡肉和蛋制品的需求以及观赏爱好等方面的需要，逐渐积累形成了鸡的繁殖、选育和饲养管理等经验，并经过长期选择和培育，逐渐成为外貌独特、肉蛋品质兼优的地方优良鸡种。

（3）**系统特征与价值**

① 生态价值。油鸡有着独特外形，其羽毛全身金黄，称"三黄""三毛"。"三黄"即黄羽、黄喙、黄胫；"三毛"即凤头、毛腿和胡子嘴。头上长羽称为凤头，腿上长羽称为毛腿，脸侧长羽称为胡子嘴。脚为五趾。油鸡生命力强、遗传性稳定，是

我国比较珍贵的地方鸡种，具有良好的开发和利用前景。其中，羽毛呈赤褐色（俗称紫红毛）的鸡体型偏小；羽毛呈黄色（俗称素黄色）的鸡体型偏大。此外，洼里油鸡原产地洼里村，因地势低洼，形如盆状而得名。洼里村人利用地势，广种水稻并饲养鸭、鹅、油鸡等家禽。洼里油鸡最初为散养，养殖在桃树林中。在散养过程中，鸡可以采食野草、昆虫、草籽等作为食物补充。油鸡所食粮食为玉米、稻子、谷子、高粱以及青草、蔬菜叶、昆虫、鱼虾等，其在洼里乡广为分布，保证了油鸡优良的食物来源。

洼里油鸡（1）

② 科研与科普教育价值。洼里油鸡是北京地区特有优良品种，新中国成立前，洼里油鸡剩余不多，濒临绝种。20 世纪 50 年代初期，原北京农业大学曾以油鸡为母本，开展了杂交育种的研究工作。70 年代中期以来，中国农业科学院畜牧兽医研究所和北京市农林科学院畜牧兽医研究所相继从民间搜集油鸡的种鸡，进行了繁殖、提纯、生产性能测定和推广等工作，从而使这一品种得以保留下来。

洼里油鸡（2）

洼里油鸡还具有重要的科普教育价值。洼里乡居楼开辟了专门的油鸡养殖场所，包括黑色、白色和黄色（广泛养殖为黄色），提供特色油鸡美食，供游客了解油鸡的生长与习性，已成为了解老北京特有物种的良好科普教育基地，并通过科普教育活动更好地传播了洼里油鸡悠久的历史文化。

洼里油鸡（3）

③ 经济价值。洼里油鸡肉质独特，口感细嫩、滑爽，味道鲜美，鸡汤香气浓郁，营养价值极高，并因而成为朝廷贡品，曾被乾隆皇帝誉为"天下第一鸡"。以洼里油鸡为代表的北京油鸡现为国家级重点保护品种和特供产品，也是北京市重点开发的特色农产品之一。随着该品种越来越受到消费者的欢迎，部分有实力的企业纷纷投入到洼里油鸡的专业化养殖和开发中。自 2006 年以来，北京市农林科学院畜牧兽医研究所与北京百年

洼里油鸡（4）

栗园生态农业有限公司合作，指导农户进行洼里油鸡的饲养。当前，该公司年饲养量已达 40 万只，鸡蛋及鸡肉产品已经进入北京市绝大部分超市，受到消费者的广泛青睐，目前，油鸡每只售价大约 110 元，具有很好的经济价值。

④ 文化与休闲价值。作为曾经的宫廷贡品，洼里油鸡的历史文化悠久，油鸡养殖系统也是人们不断发展传承的农业文化遗产，对于发展休闲农业、传承农耕文化具有重要的意义。

（4）主要问题

洼里油鸡原产地为洼里村，现已不复存在。由于城市化的快速发展，洼里油鸡原来适宜的地理条件大都已经消失，油鸡的生长环境逐步改变。此外，洼里油鸡最初的散养方式已逐渐被规模化养殖所取代，加之以生长环境的变化，油鸡失去了原来与水稻共生和粮、菜共育的特点，不仅影响到油鸡物种的资源，而且也影响到油鸡的肉质和鸡蛋品质。

2. 朝阳黑庄户宫廷金鱼养殖系统

（1）地理位置 黑庄户金鱼原产于朝阳区黑庄户乡大鲁店、小鲁店、黑庄户村。黑庄户乡位于朝阳区境内冲积平原中部，以地下水作为养殖池塘的水源，为金鱼提供了良好的生长环境。

（2）历史起源 金鱼起源于中国，是世界上最早的观赏鱼种，中国养殖金鱼的历史已有近千年。黑庄户地区养殖金鱼的历史，可以追溯到 200 多年前的清朝嘉庆年间。

黑庄户金鱼（黑大眼）

黑庄户金鱼（红琉金）

（3）系统特征与价值

① 生态价值。朝阳区八大河流之一的萧太后河横贯东西，海拔高度低于全区平均海拔高度近 8 米，地下水资源丰富、pH 值 8 左右，贴近观赏鱼生长习性，良好的地理环境给黑庄户乡饲养金鱼创造了条件。该地区所养殖的金鱼最早用于供奉朝廷，因此，这里是北京宫廷金鱼的发祥地之一，拥有悠久的宫廷金鱼历史文化底蕴。中国宫廷金鱼养殖第八代传人现就居住在黑庄户乡。养殖金鱼蕴含着尊重自然、以人为本的生态文明理念，因地制宜，扬长避短，是对当地特殊自然环境的长期适应，体现了人与自然的协同进化关系。

② 观赏价值。宫廷金鱼作为观赏鱼类，体态优美，

色彩艳丽，品种繁多，在观赏鱼中独占鳌头，具有较高的观赏价值，在国内外市场享有很高的声誉。黑庄户乡已培育出宫廷金鱼20多个品种，如菊花头、狮子头、鹅红头、五花虎头、五花珍珠、红白龙珠、银白水泡、琉金、熊猫等，这些不同的品种具有各自独特的观赏特点，吸引了很多喜爱金鱼的人们。

黑庄户金鱼（紫绒球）

③ 科研价值。金鱼养殖技术一直为人们所重视。黑庄户乡现有多名中高级畜牧兽医技术人员，他们大力传授金鱼养殖知识，为金鱼产业做出贡献，培养出近200名金鱼"土专家"。经养殖户和技术人员多年实践和研究，掌握了一套适合本地的成熟技术，解决了水温和食物的关系、溶解氧、金鱼饲料配方、金鱼病菌的防治等关键技术，成功选育出十二红、黑大眼等优良品种。

④ 经济与品牌价值。随着人民生活水平的提高和对外贸易的发展，国内外市场对观赏鱼的需求量猛增。黑庄户乡发挥自身的优势和特点，在全乡范围内加快宫廷金鱼产业化发展的步伐，进一步扩大养殖水面和进行设施改建。在黑庄户乡政府的支持和龙头企业的带动下，企业和养殖户构成松散型联合体，形成利益联动，带动了农民致富，提高了企业市场竞争力，形成了良好的产供销一体化链条，推动了渔业的发展，使宫廷金鱼养殖产业化为新的经济增长点，使观赏鱼产业迅速成为黑庄户乡的支柱产业和特色产业。金鱼销往国内多个省市，并出口日本、德国等多个国家。目前，黑庄户宫廷金鱼年产量3 000吨，产值达到15 000万元，推动了当地经济的发展。黑庄户金鱼以其独有的特征、悠久的历史、良好的品质成为北京市地域特色农产品，形成了独具特色的黑庄户金鱼品牌。

（4）**主要问题** 黑庄户金鱼最初使用地下水进行养殖，随着环境、气候等条件的变化，养殖条件也在不断发生变化，在一定程度上影响了金鱼的生长。随着技术的发展，在金鱼品种不断增多的过程中，一些传统品种如"黑大眼"和"十二红"等养殖规模不断减少，从最初的上千亩的养殖面积逐渐减少到现在的几亩，影响了传统金鱼品种的保护。

3. 朝阳郎家园枣树栽培系统

（1）**地理位置** 郎家园枣最初是在高碑店乡郎家园村种植，后发展到孙河乡和王四营地区种植。目前孙河乡建有郎家园枣生态园，是都市型现代农业重点项目之一。

郎家园枣（1）

（2）**历史起源** 郎家园枣源于清太宗时期，曾被列为宫廷贡品，已有 300 余年历史。清初时期，郎家园为户部尚书郎球封地，之后为郎氏坟地，故而得名。郎家园原有一片枣林，其枣果形状细长，肉质酥脆、甜蜜，故名郎家园枣。郎家园枣以其优良的品质、悠久的历史不断得到传承和发展，北京市场上曾有"无枣不郎家园"一说。

（3）**系统特征与价值**

① 营养价值。郎家园枣果实皮薄肉美，味馨极甜，酥脆多汁，风味独特，品质上乘。枣果营养丰富，鲜枣富含维生素 C（有"维生素丸"之称）和维生素 P（又称"芦丁"），是猕猴桃的 2 倍，金丝小枣的 3 倍，苹果的 10 倍。此外，郎家园枣有软化血管，预防高血压、贫血和动脉硬化之功效。鲜枣中含有丰富的环磷酸苷和环磷酸鸟苷，对癌症、冠心病、心肌梗塞、心源性休克等疾病有一定的辅助疗效，民间有"一日食三枣，百岁不显老""五谷加红枣，胜似灵芝草"之说。

② 生态价值。郎家园枣在种植过程中形成了独具特色的种植、嫁接、除虫和水肥管理等传统技术，枣园在涵养水源、防止水土流失方面发挥了重要作用，具有良好的生态价值。

郎家园枣（2）

郎家园枣（3）

郎家园枣（4）

郎家园枣（5）

③ 景观与品牌价值。大片的枣园景观，优美的枣园风光和历史悠久的枣文化，郎家园每年农历八月中旬都会吸引大批游客前来观光游览。通过举办采摘和观光活动，推动了郎家园枣文化的传播与发展，具有良好的农业休闲体验价值。郎家园枣获得了无公害认证，并在 2008 年被评为"奥运推荐果品"，是"北京市唯一特色性农产品"。

④ 经济价值。朝阳区政府为保留郎家园枣这一珍稀品种投入了大量人力、物力、财力。目前，有 40 公顷种植面积的郎家园枣生态园，年产量达 20 吨，年产值约 80 万元，枣林间种有白菜、萝卜等，每年以采摘为主。其优良的营养价值决定了郎家园枣具有良好的发展前景，对于当地经济的增长起到了推动作用。

(4) 主要问题 随着城市的扩张，原来的郎家园一带已经逐渐变成了工业区。北京仪器厂在郎家园建起了职工宿舍，郎家园枣"流离失所"，濒于绝迹。郎家园枣种植的一个难题是坐果难、产量低。一棵自然生长十几年的大树，一年的产果量大概只有 2 千克左右，所以销量也受限。冬枣等的引进和推广，也使郎家园枣受到"冷落"。

（二）要素类农业文化遗产

1.特色农业物种

(1) 高碑店草金鱼 高碑店草金鱼最早在高碑店村，目前分布在全北京。最初起源于清光绪初年，因高碑店属漕运码头，良好的地理资源优势，为草金鱼的生长提供了基础环境，所以当时很多人养鱼。高碑店草金鱼亦

高碑店草金鱼

称为小金鱼。草金鱼耐寒，冬季可留在河坑里过冬，这就大大提高了金鱼的生存优势，这也是其得以不断生长繁衍传承的显著优势。高碑店草金鱼的显著特征为遍体金红，有 2~3 个尾翼，游动起来仿若绽开在水中的金花，赏心悦目，极具观赏价值，因此具有广阔的市场需求，也是其后来广泛分布于全北京的重要因素之一。此外，草金鱼是吉祥富贵的象征，特殊的象征寓意丰富了人们的精神文化生活。每到腊月十五至正月十五上市时节，人们为了祈求新的一年吉利幸福，通常都会购买金鱼，以示吉庆有余。

2. 特色农产品

（1）棒儿芹菜　棒儿芹菜原分布于小红门、龙爪树一带，后来发展到全区。棒儿芹菜植株略短粗，叶直立抱合，好似棒形。株高 50 厘米左右，基部横径 16 厘米左右，叶片较多，每一株重 1 千克左右。叶柄组织充实，肉质脆，纤维稍多，品质中等。

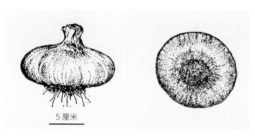

5 厘米

黄皮洋葱

（2）黄皮洋葱　黄皮洋葱初生长于小红门、将台、南磨房等地（现在全北京市都有），有 30 多年的栽培历史。主植株有管状叶 9~11 片，深绿色，叶面有蜡粉。鳞茎肉质细嫩，纤维少，辣味较小，略有甜味，品质较佳。

（3）高粱。

（4）谷子。

（5）黍子。

（6）黄豆。

（7）玉米。

（8）白薯。

（9）芝麻。

（10）蓖麻。

（11）向日葵。

（12）粉红甜肉番茄。

（13）橘黄加橙番茄。

（14）小刺黄瓜。

（15）边瓜黄瓜。

(16) 翻心黄白菜。

(17) 核桃纹白菜。

(18) 紫叶莴笋。

(19) 野鸡脖韭菜。

3. 传统农业民俗

(1) 高碑店村高跷老会　主要在朝阳区高碑店乡高碑店村。高碑店高跷老会是农闲时节的农民为了丰富生活、寄托希望的文娱活动，经过不断的传承和发展所形成的喜闻乐见的一种表现形式。高碑店高跷老会始于清光绪十二年（1886 年），距今已有 130 余年的历史。高碑店的高跷扮相角色齐全，生、旦、净、末、丑，行行都有。

高跷老会

通常民间习俗是在二月二龙抬头时，高跷表演以祈求风调雨顺，这是农民祈愿农作物的生长丰收和对生活安康的一种希望和寄托。

2006 年 5 月 20 日，高跷被列入朝阳区非物质文化遗产名录。

(2) 小红门地秧歌　主要在朝阳区小红门乡红寺村。小红门秧歌起源于清朝乾隆二年（1737 年），距今已有 280 年的历史，是国家级非物质文化遗产保护项目。小红门地秧歌又叫"红寺地秧歌"，全称来源于北京左安门外红寺村太平同乐秧歌圣会，后来因北京区划调整，更名为小红门乡红寺村太平同乐秧歌圣会，兴盛于小红门乡红寺村，因此小红门地秧歌的叫法流传至今。

小红门秧歌（1）

小红门秧歌（2）

地秧歌最初也是农闲时间人们娱乐的一种方式。小红门地秧歌是北京地区表演方法和表演风格都较为独特的一种艺术形式，如以地秧歌为表演形式、以《三打祝家庄》为表演内容的秧歌堂会。随着时代的变迁，红寺村独特的地域文化正随着农村的城市化进程逐渐消亡。现在，小红门乡政府已经开展了一系列保护工作，小红门地秧歌作为当地特色文化体育活动被引入小红门中心小学，孩子们在学校即可系统地进行学习和表演。

4.传统农耕技术

（1）木犁耕地。

（2）木耧播种。

（3）石墩墩地。

（4）盖地。

（5）脱坯盖房。

（6）压场。

（7）脱粒。

5.传统农业工具

（1）**传统农斗**　朝阳区特色农业工具传统农斗的起源年代、分布范围均不详。其主要特征是上口边长 17 厘米，下底边长 11 厘米，高 10 厘米。

（2）铡刀。

（3）石磨。

（4）簸箕。

（5）筐。

（6）犁耙。

（7）锄头。

（8）炒油麦扒子。

（9）锯。

（10）木夯。

（11）纺车。

（12）大车。

（13）小车。

传统农斗

铡刀

石磨

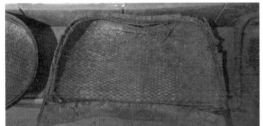

簸箕

犁耙

筐

锄头

炒油麦扒子

锯

木夯

纺车

大车

6.特色农业景观

杜仲公园

（1）三间房杜仲郊野公园　三间房杜仲郊野公园前身是千亩杜仲林。该园区面积达 800 余亩、共 28 000 多棵杜仲。杜仲是公园的主要树种，此外，辅之以樱花、丁香、黄栌、石榴、金银木等乔木或灌木，物种丰富，是具有丰富生物多样性的林业景观。杜仲林在色彩斑斓的植物映衬下，形成京郊一道靓丽的风景线，吸引了大量的游客前来观赏、游憩，也为市民提供了一处自然清新的郊野休闲场所。

7.传统村落

（1）高碑店村　高碑店乡高碑店村位于北纬 39°49′~40°5′；东经 116°21′~116°38′。高碑店村地处东长安街延长线京通快速路南，东邻五环，南通广渠路，辖区面积 2.7 平方千米。高碑店村是京郊最有名的古村落之一，有着千年的历史，是漕运文化的重要见证。古时先民依水而居，公元 960 年已成村，元朝时是漕运码头、皇粮商品集散地，曾经盛极一时。如今，古运河穿村而过，灵动而秀美，被誉为"运

河源头第一村"。据清代于
敏中等所编《日下旧闻考》
记载：通州至京城中途有高
米店，旧时为皇粮转运站，
在平津闸边设有码头。另传
说曾名高蜜店，相传有人依
靠郎家园的枣树养蜂酿蜜为
生，方圆数十里来此地购蜜
者颇多，因此而得名。又因

高碑店村

村中古刹地藏庵原有铸钟和碑上均有"齐化门（今朝阳门）外高蜜店信友"等铭刻。
清时为顺天府大兴所辖，由于特殊的地理位置和高碑店码头的商业作用，使商贾聚集，
兴建房舍和庙宇寺观。码头漕运的繁忙，天仙宫庙会的热闹，各种民间花会的兴起，使
其成为京城热闹的"港口"。

目前的建筑都是 2009 年以后重建的，恢复了原来的风貌，设有村史博物馆。
2011 年重新恢复了将军庙、龙王庙等建筑。

8. 传统美食及制作

（1）洼里贴饼子 起源于明代，距今已有 500 多年
历史。洼里贴饼子底面焦脆，上部松软暄香非常可口。
贴饼子用面是由当地上等中黄玉米面和当地部分优质黄
豆粉组合而成，营养价值很高。

（2）传统豆腐制作。

（3）轧玉米面。

洼里贴饼子

（三）已消失的农业文化遗产

1. 特色农业物种

（1）洼里水稻 洼里水稻起源于洼里、大屯一带。洼里成村于明代，至今已有
500 余年的历史。洼里原是个盆地，四周高，中间低，水资源非常丰富，地下泉水日
夜不停往外喷射，原京西著名的玉泉山泉水通过清河河道也流经洼里，丰富的泉水资
源为培育优良的洼里水稻奠定了基础。洼里水稻距今已有 500 多年的种植历史，洼

洼里水稻

里人种水稻得缘于当地的泉水。种水稻使用的肥料全部为当地的油鸡粪便等农家肥，所以洼里水稻品质优良、透明、清澈、黏性好。从清朝起洼里大米就被当地人尊称为"珍珠米"。20世纪50年代曾被当时的北京市市长彭真誉为"千亩水稻第一田"。洼里水稻拿起来对面能看见人，湛清碧绿，蒸出的米饭喷香可口，用筷子挑起近半米"米黏儿"不断。由于洼里水稻优良的品质，其价格是普通水稻价格的10倍左右。如今洼里乡已经没有水稻，但是在洼里乡居楼还有一部分种植。

2. 特色农产品

（1）**毛芋头**　毛芋头生长于八里庄，具体起源年代不详，南方引进。毛芋头植株高1米左右，开展度60厘米，叶片绿色，呈盾形。子芋肉白色，质细嫩，含水分中等，煮熟后质软面，有糯性，品质佳。

毛芋头

（2）**紫菜头**　紫菜头南方引进，引进具体年代不详。其主要特征为叶簇半直立，植株26~30厘米，开展度30~35厘米，叶片长卵形，叶缘微波，外叶绿色，叶脉紫红色，心叶紫红色。鳞茎肉质细嫩，纤维少，辣味较小，略有甜味，品质较佳。

紫菜头

3. 传统村落

（1）**龙王堂村**　龙王庙的所在地原是朝阳区洼里乡龙王堂村，始建于明万历年间。洼里由于地势低洼，水资源非常丰富，并不缺水，所以当时人们修建龙王庙是给龙王栖身用的，以保佑人们安居乐业、农业丰收、永享太平。当时燕京的北郊一带多种植五谷杂粮，一年一季或最多两季收成。但龙王堂村的农耕文化与众不同，大家齐心种菜，团结协作，技术好，品种多，种菜一年可多季收成，而且菜品价值高，因此龙王堂村的村民当时都很富裕。2005年，龙王堂村人为支持国家奥运村的建设，舍小家为国家，搬离了祖祖辈辈居住的家园。而龙王庙则作为古遗迹被保留下来，经过修缮，这座有着 500 多年历史的古刹焕然一新，被确定为"奥运村村长院"，也是奥林匹克公园著名的建筑之一。

龙王堂村

龙王庙

二、海淀区

本次普查中，在海淀区共发现系统性农业文化遗产 1 项（另有 1 项已被农业部认定为中国重要农业文化遗产），要素类农业文化遗产 8 项，已消失的农业文化遗产 6 项。

（一）系统性农业文化遗产

1. 北京京西稻作文化系统（海淀京西稻保护区）

海淀京西稻保护区牌匾

北京京西稻作文化系统于 2015 年被农业部认定为第三批中国重要农业文化遗产，包括海淀京西稻保护区和房山京西贡米保护两个项目点。

（1）地理位置

海淀京西稻保护区位于北京城区西北部的西山山前冲积平原，水稻种植以京西稻为代表。区域坐标为东经 116° 07′ 32.38″ ~116° 18′ 46.74″，北纬 39° 58′ 06.77″ ~40° 07′ 32.47″，总面积 104 平方千米，主要包括海淀区四季青镇、海淀镇、西北旺镇、温泉镇、苏家坨镇和上庄镇的部分地区。水稻种植范围主要在清代三山五园（北京西郊一带皇家行宫苑囿的总称，主要指香山、万寿山、玉泉山，清漪园、静宜园、静明园、畅春园和圆明园），其中包括今圆明园遗址公园、颐和园、海淀公园、北京大学周边等区域。

东西走向的小西山山脉横亘于区域中部，将水稻种植区分割为南北两大区块：南部东至中关村北大街、万泉河，南临巴沟路、闵庄路，西达旱河路，北至香山路和清河，为京西稻原生地，即南部原生地保护区，包括玉泉山下、六郎庄、颐和园和圆明园内外等地，共28平方千米；北部东至永丰路，西、南至

京西稻

京密引水渠，北抵沙阳路，为北部发展地保护区，共76平方千米，太舟坞村和温泉村为清代京西稻产区之一，其余区域为现代京西稻扩展区。

2015 年，水稻种植面积 2 000 多亩，种植区域包括四季青镇的北坞村，海淀镇的六郎庄、青龙桥村、功德寺村，上庄镇的西马坊、东马坊、上庄村、常乐村，西北旺镇的永丰屯，温泉镇的太舟坞等。另外，海淀公园、北坞公园、玉东公园内，玉泉山警卫团、海淀区政府周边也有零星种植。

（2）历史起源 北京地区种植水稻的历史可上溯至先秦时期，到东汉已有明确记载。曹魏嘉平二年（250 年），镇北将军刘靖修戾陵堰，灌溉蓟城南北稻田，范围包括今海淀地区。唐代幽州城西北郊为当时水稻种植的主要地区之一。金宣宗贞祐年间在中都周围开辟水田。元明时期京西水稻种植得到官府支持，曾引南方人进行耕种。特别是明代，海淀玉泉山一带水稻种植得到大规模发展，瓮山泊旁"水田棋布"，功德寺外"田水浩浩"，丹棱沜中"沈酒种稻"，米万钟的勺园北面更是"稻畦千顷"，海淀地区"宛然江南风气"。

水稻收割

清代，京西稻种植得到多位皇帝的大力推广，进入皇家御稻田时期。康熙皇帝亲自育种，设置稻田厂管理当地稻田；雍正皇帝将当地稻田转归奉宸苑管理；乾隆皇帝兴建水利工程，带动稻田开发。作为清廷的御稻田，海淀水稻种植发展迅速，成为京西稻最主要的产区。清代三山五园地区稻田面积达到 1 万亩，品种以康熙培育的"御稻米"和乾隆引进的"紫金箍"为主。其耕作、管理、习俗等共同逐渐形成海淀京西稻农耕文化。

民国时期，在传统品种的基础上，经过引进与不断复壮、提纯，水稻品种类型趋于多样，其适应性强，抗

待收稻田

病抗灾，产量稳定，且品质优良。许多稻田也由官府所有渐次转变为私人所有，园林旧址日渐荒废。其中颐和园内高水湖、养水湖等部分湖泊亦被垦为稻田。这一时期，京西稻种植面积达到1.32万亩。但由于水利设施湮废，水旱灾害随之增加。

新中国成立后，京西稻的生产受到党和政府的高度重视。国家曾经对京西稻进行统一收购，其中优质稻米进入西直门特供仓。京西稻也成为著名品牌得到社会的普遍认可。

（3）系统特征与价值

① 生态价值。海淀京西稻保护区具备较完善的河渠系统，可有效调节季节性雨洪，消减洪涝灾害，对保证山地林泉湖生态系统的完整作用巨大。此外，区内多个物种的存在与平衡共同维持了海淀西部生态系统的稳定性，可促进饮用水与农产品的安全、空气质量的改善和良好生态环境的形成等。

京西稻田作为湿地，可改善水环境，参与补充回灌地下水，提升地下水位。为种植水稻修建的渠、湖、塘、坝，可起到调节雨洪的作用。

稻田具有人工湿地的作用，可有效调节当地的湿度、温度，形成良好的微气候，对于缓解大都市"热岛效应"具有重要作用。

水稻种植需要充足的养分，通过水环境和有机肥料的施放，形成完整的养分循环过程：将稻茬留在地里化为肥料，补充土壤肥力；发展稻鱼、稻蟹等复合种养殖，使动植物及土壤之间的养分交换更加频繁和有效。

② 景观价值。海淀京西稻保护区傍依北京西山，穿插于清代御园之间，形成富

颐和园及园外稻田

玉泉山下的"御稻田"

有层次感的"山、水、田、园"景观体系。"山"为太行山余脉的大、小西山及玉泉山、万寿山;"水"为泉、河、湖、塘;"田"为以稻为主的水田;"园"为皇家园林。远山近水,稻田如镜,丹墙黄瓦,翠柏苍松,掩映于稻田之中,风景如画,独具特色。作为清代皇家园林的重要组成部分,颐和园、圆明园、畅春园、玉泉山内大片稻田,与观赏园外、园内稻田的亭、阁构成三山五园皇家园林的背景环境,形成一幅天然画卷,美仑美奂。

海淀京西稻保护区水网密布,数平方千米的水面与万亩稻田交织在一起,呈现出稻田棋布、荷花飘香、鸥鸟低飞、蛙声起伏、小桥流水的水乡景象。明人称此地为"水云乡",又赞其"全画潇湘一幅""酷似江南风景"。清人述其景象:"沿途稻田村舍,鸟鱼翔泳,宛然江南风景。"乾隆皇帝视其为"耕织图",慨然赋诗叹曰"十里稻畦秋早熟,分明画里小江南"。京西稻田虽处北国,却具江南水乡景致,这是其最重要的景观特征。

此外,适宜的生态环境还为野生动物提供了重要的栖息环境。水田常引来水鸟汇聚,濒危品种的鸟类和其他动物在系统中出没,如大鸨、金雕、遗鸥、丹顶鹤、白鹭、白天鹅、绿头鸭等珍稀野生水鸟,几乎每年都能看到,系统中出现"苹风遥雁鹜""野鹭飞翻起"的景观。

③ 科研价值。经过数百年的培养,京西稻在传统"御稻"和"紫金箍"的基础上形成众多优良品种,如"大白芒""小快稻""越富

海淀稻田白鹭

海淀区水稻育种基地

系 3""中系 8215""中作 93"等品种。因受到水土气候环境的影响，京西稻栽培中一直保留着一些较为稳定的基因，如生长期短、抗倒伏、抗病害等，特别适应京西地区特有的自然条件。为此，国家种质资源库在海淀设立基地，专门用于保存有价值的水稻品种，至今收集和保存有水稻品种 1 650 个，这些品种多是当地传统品种和引进品种中适宜海淀本土生态条件的。海淀京西稻保护区也是中国农业科学院种质库优良稻种培育基地，科研人员在上庄实验田中进行混种杂交，培育出"上香一号"等优良品种。

京西稻礼品盒

④ 经济价值。海淀京西稻保护区的产品主要为稻米，具有高产、稳产的特点，稻农收入稳定，就业机会增加。同时，还产生各种稻作副产品，包括稻草制品、稻壳，以及用水稻酿制的白酒等。稻农还发展稻田养殖，种植莲藕、毛豆、芡实等作物，丰富了京西地区的物产，满足了人民群众对于产品多样性的需求，对稻米和其他物产进行的精加工、深加工已形成多个产品系列，通过有机认证提升了产品附加值。此外，京西稻保护区依托当地优势发展休闲农业与乡村旅游，宣传京西稻作文化与京西稻品牌，延伸产业链，促进"三产"融合发展，增加产业附加值和经济收入。

⑤ 文化与休闲价值。数百年的水稻种植形成了一套完善的种植流程及技术体系，如"一穗传""异地育种""水育秧"的技术及整地、筛土、育秧、插秧、灌溉、施肥、薅草、防治病虫害、收割、晾晒、脱粒、碾米、储存等稻作生产流程，承载了皇家稻作文化的历史积淀。此外，京西稻也渗透到人们的文化习俗中。秧歌、演唱是京西稻民俗文化的具体体现，京西稻保护区内时令节庆也多与京西稻的种植有关。京西稻已成为海淀区、北京市文化产业发展的重要载体。

海淀区已连续 10 年举办京西稻农耕文化节，开展插秧、收割、稻田摸鱼钓蟹、贡米粥品尝、农庄产品定制配送等体验活动，举办京西稻专题的儿童夏令营和京西稻前世今生文化展等活动，引导市民体验耕读

巴沟山水园插秧者与摄影家

文化。

(4) **主要问题** 京西稻原生地核心区处于北京市区规划范围之内，改革开放后特别是 2000 年后，由于城市扩建、人口剧增、水资源匮乏、劳动力流失等，海淀区京西稻种植面积和产量锐减，处境濒危，村庄面临搬迁，文化传承陷入困境。在城市化的大背景下，京西稻种植区域的众多村落或已被改造，或已纳入改造规划。原有的京西稻种植区域被新建的城市社区、林木绿化带所代替，给京西稻的传承、恢复和发展造成极大困难。

2. 海淀玉巴达杏栽培系统

玉巴达杏

(1) **地理位置** 主要分布在海淀区苏家坨镇七王坟村、西埠头村、车耳营村、西山农场、徐各庄村、北安河村、南安河村、草厂村、周家巷村、聂各庄村，温泉镇白家疃村、温泉村、杨家庄村，西北旺镇冷泉村、韩家川村，四季青镇香山村（1 街坊、2 街坊），北纬 39°58′~40°06′，东经 116°03′~116°16′。

(2) **历史起源** 海淀玉巴达杏栽培历史悠久，据史料记载，清康熙年间便有栽培，至今在海淀西山一带仍有许多野杏树。光绪三十二年（1906 年），清政府农工商部准奏兴办京师农事试验场，在这个试验场内就有杏树栽植。

(3) **系统特征与价值**

① 生态地理特征。海淀区玉巴达杏主产区有北安河镇和苏家坨镇，海淀气候属温带湿润季风气候区，冬春季气温较平原高 1.5℃左右，最高时达 2℃，这种气候特征使玉巴达杏免受早春寒冷，在 4 月初开花。4 月份杏花受粉期间一般不会出现刮风下雨，杏生长期间光照充足、少雨，利于糖分积累，使杏颜色鲜艳、品质

即将成熟的玉巴达杏

玉巴达杏采摘

香甜。海淀山区土壤类型主要是褐土，土壤质地以轻壤为主，壤质偏砂，少数为中壤。土壤通透性好，排水通畅，土壤 pH 值在 6.5~8.0，有机质含量在 6 毫克 / 千克以上。海淀玉巴达杏种植选择在丘陵山地背风向阳的缓坡地带，海拔高度 70~300 米。优越的自然条件非常适合海淀玉巴达杏的栽植，气候适宜、灌溉水充分，这就使得海淀玉巴达杏果实个大，含汁液饱满，口感香味浓郁，营养丰富。

② 营养价值。海淀玉巴达杏果形较大，单果重 50~70 克，最大果重能达到 110 克。果实扁圆形，果顶微凹，梗洼广浅、肩平；成熟时果皮底色黄白，阳面有鲜红晕；果肉细腻、柔软多汁，口感香味浓郁，味酸甜；半离核，仁甜，品质优良。含可溶性固形物为 10.0%~13.0%，含酸量为 1.60% ～ 1.80%，每百克鲜果含维生素 C6 ～ 6.5 毫克。

③ 生态价值。玉巴达杏是地域性较强的果树品种，具有重要的遗传资源价值。海淀区政府十分重视玉巴达杏保护，开展了古杏树挂牌保护工作，第一次评选出老杏树 14 株，区政府为老杏树颁发了证书。此后，又进行了百年以上老杏树调查，并为 20 棵百年以上的老杏树加装了护栏，进行了 GPS 定位，还配置了专用的有机肥料，以保障老杏树生长茂盛，为后人保留了珍贵的杏树种质资源。

④ 文化价值。海淀玉巴达杏产区距离市区较近，果实成熟的季节，无须采收，仅依靠市民来采摘就可以使其销售一空。随着海淀区现代都市农业和乡村休闲旅游业的发展，通过建设果品观光园、采摘园、科普园等方式，集休闲、采摘娱乐、教育等多功能为一体，发展新型的以杏为主题的乡村文化创意产业，通过举办杏花文化节、杏树采摘文化节等活动，实现了生态、经济、社会等综合效益。

（4）**主要问题**　产量少，品牌影响力不高，市场价值和知名度有待提高。

（二）要素类农业文化遗产

1. 特色农业物种

（1）**北京油鸡**　北京油鸡是采用德胜门外洼里、清河一带"土鸡"培育出的新品种，目前在北京多地养殖。北京油鸡这一品种距今已有250余年的历史。北京是元、明、清等王朝的都城，特别是明、清两代的王公贵族，对于品质优良的禽产品的需求，是促使北京油鸡良种形成的重要因素之一。

北京油鸡 公鸡和母鸡

历史上北京郊区海淀、安定门、德胜门一带，地势平坦，水源充足，土质肥沃，农业生产以粮、菜间作为主，是北京油鸡最佳的生长环境。据文献记载，清朝时期，李鸿章曾将此鸡贡奉给慈禧太后，从此，慈禧太后非油鸡不吃。1988年爱新觉罗·溥杰为北京油鸡题写新名"中华宫廷黄鸡"。

（2）**北京鸭**　北京鸭原产于玉泉山一带，目前是北京烤鸭的主要来源，在北京多地养殖。

明成化八年（1472年），由江苏金陵一带随漕运而来的白色湖鸭在潮白河和北京玉泉山下繁殖定居，经长期选育形成北京特有的"北京鸭"，成为北京"全聚德烤鸭"的唯一原料。

北京鸭属鸟纲雁形目鸭科动物，由绿头鸭驯化而来，是家鸭的优良品种之一，驯养历史至少有200～300年。北京鸭是世界著名的优良肉用鸭标准品种，具有生长发育快、育肥性能好的特点。

北京鸭

北京鸭羽毛纯白色，嘴、腿和蹼呈橘红色，头和喙较短，颈长，体质健壮，生长快，刚出生时体重约56克。60天就可达2～2.5千克。雄鸭可长到3～4千克。雌鸭成熟早，一般长到6～7个月就开始产卵，年

香山水蜜桃

产卵 70～120 枚。北京鸭现已传至国外，在国际养鸭业中占有重要地位。

（3）香山水蜜桃 产于海淀香山一带，起源于清末，距今 100 多年。

香山水蜜桃别名早久保，树势中等，树姿半开张，果实近圆形，花粉多，平均单果重 204 克，最大单果重 290 克，果肉乳白色，皮下近核处红色，肉质柔软，汁液多，味甜，有香气，粘核，可溶性固形物含量 12%，果实发育期 91 天，采收期 7 月上旬。

2. 特色农产品

（1）水晶杏 北京郊区种植杏树的历史悠久，培育出了不少的优良品种，其中水晶杏是杏类中的珍品，现已成为北京的特产。水晶杏果实圆形，黄白色，外观宛如水晶，故名水晶杏。

水晶杏的果实球形，直径约 2.5 厘米以上，白色、黄色至黄红色，常具红晕，微被短柔毛；果肉多汁，成熟时不开裂；核卵形或椭圆形，两侧扁平，顶端圆钝，基部对称，稀不对称，表面稍粗糙或平滑，腹棱较圆，常稍钝，背棱较直，腹面具龙骨状棱；种仁味苦或甜，花期 3~4 月，果期 6~7 月。

水晶杏的营养价值高，未熟果实中含类黄酮较多，有预防心脏病和减少心肌梗死的作用。杏是维生素 B_{17} 含量最为丰富的果品，而维生素 B_{17} 又是极有效的抗癌物质，并且只对癌细胞有杀灭作用，对正常健康的细胞无任何毒害。

杏树全身是宝，用途很广，经济价值很高。杏果实营养丰富，含有多种有机成分和人体所必需的维生素及无机盐类，杏果有良好的医疗效用，在中草药中居重要地位，主治风寒肺病，生津止渴，润肺化痰，清热解毒。杏果除了供人们鲜食之

水晶杏

外，还可以加工制成杏脯、糖水杏罐头、
杏干、杏酱、杏汁、杏酒、杏青梅、杏话
梅、杏丹皮等。杏仁的营养更丰富，含蛋
白质 23% ～ 27%、粗脂肪 50% ～ 60%、
糖类 10%，还含有磷、铁、钾、钙等无
机盐类及多种维生素。杏仁可以制成杏
仁霜、杏仁露、杏仁酪、杏仁酱、杏仁点
心、杏仁酱菜、杏仁油等。

水晶杏

杏肉味酸、性热，有小毒。过食会伤
及筋骨，甚至会落眉脱发、影响视力，若产、孕妇及孩童过食还极易长疮生疖。同
时，由于鲜杏酸性较强，过食不仅容易激增胃里的酸液伤胃引起胃病，还易腐蚀牙齿
诱发龋齿。

（2）花叶心里美萝卜　主要分布在海淀的西部和北部，包括苏家坨镇北安河村、
南安河村、草场村、周家巷村、聂各庄村，温泉镇白家疃村、温泉村、杨家庄村，西
北旺镇冷泉村、韩家川村，上庄镇上庄
村、常乐村、东马坊村、西郊农场，四季
青镇香山村（1街坊、2街坊）。

花叶心里美萝卜在海淀的种植历史有
几百年，据清《康熙苑平志》物产篇记载
"萝卜有红白水旱之分"。在清朝时期，海
淀花叶心里美萝卜曾经成为皇家贡品，深
受慈禧太后的喜爱。

心里美萝卜属根菜类，十字花科，
一、二年生草本植物，原产我国。海淀区
四季青、八里庄和羊坊店生产的花叶心里
美萝卜最为著名。该地属于永定河冲积扇
砂质壤分布地区，土质对根菜类蔬菜生长
十分有利。海淀区的花叶心里美萝卜以色
泽鲜艳、甜嫩酥脆、落地易碎而著称。

成熟的花叶心里美萝卜有 1/2 以上
露出地面，上部淡绿色，下部为白色，肉
为鲜艳的紫红色，鲜艳如花。萝卜体长

田里的花叶心里美萝卜

花叶心里美萝卜

12～15 厘米，横径为 10～15 厘米，单个重 500～700 克，最大萝卜重量可达 1 300 克，花叶心里美萝卜皮薄、肉脆、汁多，口感酥脆，糖分含量高，是北京冬季的优良生食蔬菜。

随着海淀区城市进程的加快，在八里庄和羊坊店一带现在已无花叶心里美萝卜种植，其种植区域已经向海淀区的西部和北部转移。

（3）北安河大黄杏　原产海淀区北安河一带的农家品种。果实椭圆形，缝合线浅而不显著，果顶平圆，平均单果重 51.5 克，最大果重 57.0 克，大小整齐，果实底色橙黄，1/3~1/2 果面有红色斑点呈片状，果肉橙黄色，肉质细，汁多，纤维少，酸甜可口，含糖量 15.0%，离核，甜仁，果实 6 月中下旬成熟。树姿直立，树势强健，以短果枝和花束状果枝结果为主，丰产，有采前落果现象。

3. 传统农业民俗

（1）北京"面人郎"面塑　面塑俗称为面人、江米人，历史上民间有逢年过节用面粉捏"月糕""面鱼"等习俗，由此产生面塑艺术。

北京面塑艺术经过几代民间艺人的传承发展，吸收其他艺术之精华，广采众长并不断探索，逐步形成了具有北京特色的面塑艺术派别。"面人郎"是其中的一个流派，其传承人郎绍安（1909—1992）在旧社会耍手艺 30 多年，他的面塑作品题材广泛，有反映三百六十行和各种民俗的作品，如剃头的、耍猴儿的、逛庙会的等。经过多年的艺术实践，他练就了眼明手快、看得准、拿得稳、造型准确、形象逼真、装饰简洁的捏塑绝技。郎绍安之女郎志丽，随父学习面塑，继承发展了面人郎面塑艺术，并有大量作品在国内外工艺美术品展览创作比赛中获奖，被国内外博物馆收藏。

面人郎面塑集美术、雕塑、服饰、化妆及造型艺术为一体，每创作一件作品都需艺人付出智慧与心血，因此有较强的艺术欣赏和收藏价值，对老北京民俗风情方面，也具有一定的参考和研究价值。

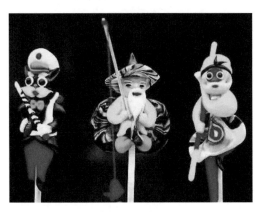

随着现代社会的飞速发展，面人郎面塑艺术受到冲击较大，原有的工艺美术厂相继转产、倒闭，从艺人员改行另谋职业。要使其技艺得以传承和发展，需要得到社会的关注和政府的支持。

"面人郎"面塑已入选北京市第二批非物质文化遗产，由北京市海淀区文化馆申报。

面人郎 面塑

4. 传统美食及制作

莲花白酒　　明代宫廷御酒，原北京葡萄酒厂生产。

莲花白酒始于明朝万历年间，徐珂编《清稗类钞》中记载："瀛台种荷万柄，青盘翠盖，一望无涯。孝钦后每令小阉采其蕊，加药料，制为佳酿，名莲花白。注于瓷器，上盖黄云缎袱，以赏亲信之臣。其味清醇，玉液琼浆，不能过也。"到了清代，莲花白酒的酿造采用万寿山昆明湖所产白莲花，用它的蕊入酒，酿成名符其实的"莲花白酒"，配制方法为封建王朝的御用秘方。

1790 年，京都商人获此秘方，经京西海淀镇"仁和酒店"精心配制，首次供应民间饮用。1959 年，北京葡萄酒厂搜集到失传多年的莲花白酒御制秘方，按照古老工艺方法，精心酿制获得成功。莲花白酒以昌平酒厂生产的优质高粱酒为基酒，加入当归、熟地、黄芪、砂仁、何首乌、广木香、丁香、川芎、牛膝等 20 多种名贵中药材，进行蒸、炼、调配，入瓷坛密封，陈酿而成。酒度 50°，酒液晶莹、透亮，芳香协调、悦人、口感甜润、醇厚，柔和不烈，回味深长。具有滋阴补肾，和胃健脾，舒筋活血，祛风避瘴等功能。

（三）已消失的农业文化遗产

特色农业物种

（1）白莲藕　　清代作为贡品，产于西苑，目前在海淀少见。

（2）麻花藕　　农家品种，原产于海淀的部分泽淀，现在可能已消失。

（3）对儿桃　　原生长在香山樱桃沟，已退出生产，被引进品种替代。

（4）毛樱桃　　原生长在香山樱桃沟，已退出生产，被引进品种替代。

（5）北京小刺瓜　　农家品种，传承至 20 世纪 80~90 年代，后被新品种替代。

（6）北京大刺瓜　　农家品种，传承至 20 世纪 80~90 年代，后被新品种替代。

三、丰台区

本次普查中，在丰台区共发现系统性农业文化遗产 3 项，要素类农业文化遗产 46 项，已消失的农业文化遗产 12 项。

（一）系统性农业文化遗产

1. 丰台长辛店白枣栽培系统

（1）**地理位置**　长辛店白枣，又称长辛店脆枣，据《北京果树志·枣篇》记载丰台区长辛店镇为其原产地。最初主要分布于长辛店镇李家峪村、张家坟村一带，目前在太子峪地区。

（2）**历史起源**　长辛店白枣起源于元代，距今约 700 余年的历史。

（3）**系统特征与价值**

① 营养与药用价值。长辛店白枣果皮深红色，光滑平整，皮薄汁多核小，果肉细嫩，酥脆甜酸。白枣富含铁和维生素 C，鲜枣维生素最高达 243 毫克/100克，有预防缺铁性贫血、促进伤口愈合、预防过敏、降低胆固醇等作用。白枣果皮和种仁可药用，果皮能健

长辛店白枣（1）

脾，枣仁能镇静安神，果肉可提取维生素C 及酿酒，核壳可制活性炭。长辛店白枣具有良好的营养和保健功能。据我国元代的《析津志》记载，北京地区有 4 个优良的枣品种，长辛店白枣就是其中之一。

长辛店白枣（2）

② 生态与经济价值。枣园内生物多样性丰富，枣树具有涵养水源、保持水土的功能。长辛店白枣树姿半开张，树势强健，具有较强的生命力，丰产性极强。长辛店白枣采用庭院种植技术，给其他果树庭院种植技术提供了借鉴，推动了果树种植技术的发展。目前，长辛店白枣种植面积约 66 公顷，年产量 20 吨，年产值 40万元。

③ 品牌价值。长辛店白枣堪称果中佳品，深受消费者的喜爱。在第二、第三、第四届中国国际农产品交易会上，"长辛店白枣"获得"最受消费者欢迎产品奖"和"畅销产品奖"，还获得了农业部颁发的无公害农产品证书。2006 年，在北京

长辛店白枣（3）

奥运果品推荐评选中，"长辛店白枣"获得了一等奖，同年被中国果品流通协会等 4家单位评为"中华名果"。2012 年，"长辛店白枣"取得了国家工商行政管理总局授予的地理标识证明商标权。长辛店镇还通过开展特色活动，以"首都园林文化休闲镇"的特色定位，大力传播白枣文化，提高了长辛店白枣的知名度，让更多的游客了解长辛店白枣的悠久历史和文化内涵。

(4) **主要问题** 长辛店白枣最初采用庭院式种植，在长期的过程中形成了独具特色的种植技术。随着对枣果数量需求的增加，枣树的种植面积扩大，大面积的种植逐渐取代了最初的庭院式种植方法。长辛店白枣种植离开了最初的种植环境，在种植过程中积累的庭院式种植技术的传承面临威胁。危害枣树的枣疯病时有发生并造成较大的经济损失，也成为枣树产业可持续发展的制约因素。

2. 丰台花乡芍药复合种植系统

（1）**地理位置**　丰台花卉物种丰富，最有代表性的为芍药花、月季花、茉莉花、菊花等，形成了花乡芍药复合种植系统。最初主要分布于花乡草桥、白盆窑、黄土岗、樊家村等地，新中国成立以后集中在郭公庄和白盆窑。目前，世界花卉大观园位于花乡草桥村。

（2）**历史起源**　丰台花乡优越的自然条件比较适宜花卉生长，元代这里就有种植花卉的花农，古时称为京城"南花园"，沿袭700余年。目前有证可考的芍药花种植起源于明代，月季花和菊花均起源于清代。2003年，在明清时期花卉既有历史的基础上，成立了北京世界花卉大观园。

（3）**系统特征与价值**

① 品种资源特征。北京世界花卉大观园占地41.8公顷，珍惜花木，奇花异草达3 000多种。芍药具有重要的价值，其种子可榨油供制肥皂和掺合油漆作涂料用，根和叶富有鞣质，可提制栲胶，也可用作土农药，杀大豆蚜虫和防治小麦秆锈病等。月季花四季开花，且花色种类繁多，曾作为宫廷御用。菊花花茎直立，多分枝，叶互生，呈卵状圆形，边缘有粗锯齿或深裂；头状花序顶生或腋生，花序大小、颜色和形状因品种而异。菊花9月初见花蕾，10月开花，适应性较强，耐寒、稍耐旱，对于优良品种的培育具有一定的生态研究价值。

② 文化价值。丰台芍药在明代已享誉京城，乾隆皇帝命名"芍药居"沿用至今。《北京风俗杂咏》有诗言道"买得丰台红芍药，铜瓶留供小堂前"，由此可见丰

丰台花香月季

丰台花乡茉莉花

丰台花乡芍药

台芍药的文化价值与悠久的历史。花乡人文荟萃，文化积淀深厚，非物质文化遗产十分丰富，有房家村开路、孟村旱船等 8 项区级非物质文化遗产保护项目。

③ 景观与科普价值。优美的花卉景观为人们提供了赏花的好去处。游客在赏花的同时，还可以直接参与花卉组培技术的空间活动和各种娱乐项目，花卉文化和花卉巧妙地融合，促进了北京花卉系统的不断发展。2005 年世界花卉大观园被评为"精品公园"；2008 年被评为国家 4A 级旅游景区。花乡积极开展花卉科普、花卉培训和信息交流活动，通过举办"把绿色带回家"系列种苗活动、多肉组合盆栽 DIY 课程、花艺知识大课堂、妇女节花艺培训等活动，让参与者发挥创意才能自己动手制作并可以带回家。以中国插花艺术博物馆为主体，在中小学开展花卉相关知识及艺术的课程，促进了花卉知识的传播与发展。

(4) **主要问题**　在花卉产业形成和发展过程中，与之相对应的文化也逐渐得到发展。逐渐积淀了极具特色的花卉文化，但由于城市建设需要，原来的花乡有很多相关的文化传统和建筑设施，如花神庙等已被拆除，影响了系统的完整性。

仙人球

3. 丰台桃树种植系统

(1) **地理位置**　丰台桃树种植系统位于丰台区侯家峪村，北纬 39.84°，东经 116.14°。

(2) **历史起源**　丰台桃树种植起源于民国初年，距今约 100 年的历史。

迷你玫瑰

（3）系统特征与价值

① 物种特征与经济价值。丰台桃树桃叶为窄椭圆形至披针形，长 15 厘米，宽 4 厘米，先端成长而细的尖端，边缘有细齿，暗绿色有光泽，叶基具有蜜腺，表面有毛茸，肉质可食，为橙黄色泛红色。

② 营养与药用价值。丰台桃个头大、颜色艳、甜度高。桃子含有蛋白质、脂肪、糖、钙、磷、铁和维生素 B、维生素 C 等成分，营养丰富。桃子含铁量较高，在水果中几乎占居首位，具有防治贫血的效用。丰台桃不仅营养丰富而且产量可观，目前年产量 800 吨，年产值 640 万元，推动了地方经济的发展，为农户带来了丰富的经济收益。

③ 景观与休闲价值。丰台桃树在生长过程中，形成了独具特色的景观，每逢桃树开花季节，成片的桃花犹如粉红色的海洋，飘逸的花香让人沉醉其中，成为一道亮丽的风景。桃子成熟季节，游客可以前去采摘、观赏，极大地丰富了当地农民的生活，也为游客带来了愉悦的体验。

丰台侯家峪大桃（1）

丰台侯家峪大桃（2）

丰台侯家峪大桃（3）

丰台侯家峪大桃（4）

④ 科研与品牌价值。在种植过程中，形成了苗木定植、树体控制、土肥水管理、病虫害防治等技术。丰台桃以其极高的营养和美学价值，加之以悠久的历史，成为北京市地域特色农产品，形成了北京市独具特色的品牌。

(4) **主要问题**　随着城市化进程以及种植面积的不断扩大，传统种植技术受到冲击。此外，桃树在生长过程中，根茎叶果实受病虫害的影响比较严重，从而影响桃的品质和产量。

(二) 要素类农业文化遗产

1. 特色农产品

(1) **西庄店清汤柿子**　西庄店清汤柿子生长于丰台区王佐镇西庄店村，起源于民国初年。在保留 200 多棵百年柿子树特有资源的基础上，西庄店村建起了柿子林。

(2) **蒿子秆**　蒿子秆生长于丰台区南苑乡，具体年代起源不详。蒿子秆为北京农家品种，食用嫩株高 27 厘米左右，叶片长椭圆形，具三回羽状深裂，绿色，有不明显的白绒毛，嫩株有清香味。

清汤柿子

蒿子秆

(3) **长山药**　长山药分布在丰台区黄土岗、白盆窑及通州区马驹桥一带。长山药茎为藤蔓性，心脏形叶片，叶片基部有小紫斑，叶质较硬，无毛有光泽。地下薯块长棍棒形，外皮淡褐至深褐色，密生毛根。极具营养和药用价值。

(4) **黑梢瓜**　丰台区黑梢瓜为北京农家品种，距今已有百余年种植历史，主要分布于丰台区黄土岗南半部及朝阳区一带。其植株匍匐生长，叶片为五角心脏形，叶缘浅波状，叶片绿色，有微皱及短刺毛。子蔓结瓜，瓜型大，微短圆筒形，瓜肉呈绿白色肉质脆，不甚致密，含水中等，味淡薄，宜腌制酱瓜。

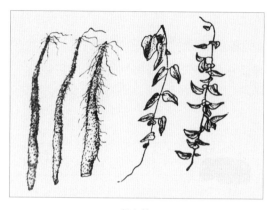

长山药

黑梢瓜

（5）**灯泡茄**　灯泡茄主要分布于丰台区右安门。植株生长势较强，株高80~90厘米，开展度可达1米左右，在主茎第十到第十二叶上方生第一果，果肉浅绿白色，肉质略松，含种子较少，果实呈长卵形，似灯泡，故名灯泡茄。

（6）**线茄**　线茄主要分布于丰台区右安门，植株生长势强，株高70~80厘米，开展度90厘米。果为细长条形，或略弯曲，长38~44厘米，果肉浅绿白色，肉质细、嫩、松、软，含种子少，不易老，早熟，果实生长快。

灯泡茄

线茄

（7）**柳子蒜**　柳子蒜主要分布于北京丰台区太平桥一带，植株高40厘米，开展度36厘米，假茎高25厘米，成株有7~9片叶。蒜头质脆，味略淡。柳子蒜植株的耐寒性较强。

（8）**五缨萝卜**　五缨萝卜主要分布在丰台区黄土岗一带，叶簇直立，有大叶

5~6 片，叶片板叶，长倒卵形，深绿色。肉质根圆锥形，一般长 8 厘米，横径 3 厘米，外皮红色，柔白色，细嫩，肉质好。

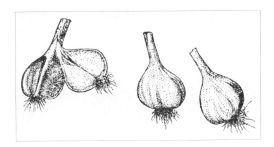

柳子蒜

（9）四缨萝卜 四缨萝卜主要分布在丰台区西铁营、三路居一带，叶簇直立，有大叶 5~6 片，叶片板叶，长倒卵形，叶柄背面浅绿色，正面浅紫红色。早熟，耐寒，外皮浅红色，肉白色，嫩脆，质细，水分多，品质好。

五缨萝卜

四缨萝卜

（10）六叶茄。

（11）九叶茄。

（12）三缨萝卜。

（13）大糙皮芹菜。

（14）细皮白芹菜。

（15）麻叶大头青。

（16）鼓棒芥菜。

（17）紫菜苔。

（18）广东菜苔。

（19）毛芋头。

（20）丰收白马铃薯。

（21）核桃纹白菜。

（22）心里美萝卜。

（23）鞭杆红胡萝卜。

（24）苹果青番茄。

核桃纹白菜

心里美萝卜

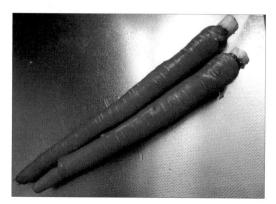

鞭杆红胡萝卜

苹果青番茄

2. 传统农业民俗

米粮屯高跷老会

（1）米粮屯高跷会　高跷是古时人们农闲的重要娱乐活动之一。"米粮屯高跷会"创建于清朝乾隆年间，曾受过皇封，距今已有250余年的历史。最早是由家住米粮屯、在北京打工的马四爷带领本村几个人创办的。米粮屯高跷作为丰台区享有盛名的花会，有着其独特的风格和动作特点。米粮屯高跷上的角色有13人，旗手伴奏25人及演出保卫勤杂人员数人，共计45人。全程表演分大场引入、头跷指挥，分跑大场、个人献计亮绝活（上大跳、旱地拔葱）等高难动作；后面接着清场逗俏，小戏表演，最后以麒麟送子收场。其独腿高为1.6

米，动作险，技巧多，难度大。有"夜叉探海""苏秦背剑""蹲裆""弹跳""怀中抱月""鹞子翻身""蝎子摆尾""挟麦个""端盘子"等绝活。米粮屯高跷会在北京各地区的高跷会中独树一帜，受到同行和广大群众的普遍尊崇，具有较深厚的历史底蕴和群众基础。它具有独特的表演形式和风格特点，在表演技法、人物设置、音乐伴奏、会礼会规和高跷的制作工艺上保持了传统风貌。其表演自然风趣，技巧较高，是流传在民间的优秀传统文化表演艺术。

怪村太平鼓

（2）**怪村太平鼓** 太平鼓源自教派的祭祀仪式，出现在唐代，清代流传到民间，且非常盛行。人们为了祈盼风调雨顺，农业增产增收，歌颂太平盛世，以打起鼓、载歌载舞的形式来表达自己的心情，因此被人们称为"太平鼓"。在京郊一带，王佐乡怪村的太平鼓表演最为出色，家家有鼓，人人能打。在很早以前就应邀到良乡、通县、河北等地区进行表演，深受观众喜爱。作为一种汉族民间艺术，太平鼓有着别具一格的伴奏形式。伴奏乐器有：板胡、二胡、鼓、锣、号等乐器。同时还有伴唱的歌词，伴唱的歌曲有"四季歌""十二月歌"等曲目。表演套路上有斗鸡、串花琵琶、大圆鼓等，绕八字、圆鼓、两头忙、扎花篱笆、卧娃娃等几十套动作，十分风趣，滑稽幽默；太平鼓表演可边打边舞，也可间打间舞，舞离不开鼓点，鼓点又随舞而变化，达到鼓和舞的和谐统一，形成清脆多变的影响效果。怪村太平鼓动作小巧，感情含蓄，节奏明快，具有较高的技术水准和艺术价值；怪村太平鼓的表演内容多取自村民日常生活，散发着浓郁的生活气息，表现了歌唱美好生活的思想感情。

（3）**西铁营花钹、挎鼓** 丰台区西铁营村的"花钹大鼓"，原称"大鼓老会"，是农闲时节人们消遣娱乐形式。清朝晚年曾受过"皇封"，因此被称为"神胆"，也因此将相关服饰颜色改为黄色，并使用龙的图案，以显示此会的尊贵。在表演风格上受其影响，首先是规模威严壮观：在"走会"表演中，第一组排列，是由四名男子各挑一副"笼晃（圆形盒，有五层，内装食品、供品和服装）"，在笼晃上沿儿插有四面黄地儿蓝边儿的三角旗，旗头用绳子对角连接，绳上系有小铃铛，铃铛随扁担

西铁营花钹、挎鼓

的颤动发出悦耳的响声，以此来显示皇威；第二组由八名男子左手持金龙形"沉子（一种将铜锣挂在木拐上的传统民间乐器）"，右手握木槌，迈着四方步，边走边敲击铜锣，声音清脆明快，以示明锣开道。第三组是十六名舞钹儿童，边行进边击钹表演，他们身后是六名男青年手挑"新文账"为孩子们遮荫，以显示舞钹儿童如皇太子一般金贵。第四组是十名青壮年，各挎一面大鼓，边行进，边击鼓，鼓声如雷，壮胆扬威。这四组构成的浩浩荡荡走街队伍，充分体现了皇家的威严庄重及盛气豪派。如今，舞钹儿童均换为女孩儿，在原有沉稳庄重的风格上又平添了一分古朴柔美的风韵。

（4）**孟村旱船**　旱船会又称跑旱船，因表演时用纸做的船形挂在表演者身体两侧，表演者的双手如同在水中划船行走，让人看了犹如真在水中行船之感，故而得名旱船。旱船是古代民间花会风行的游艺活动，它常常夹杂在大鼓阵中表演，是农闲时期人们重要的休闲方式。约在400多年前，明代永乐年间，皇帝旨意，将山东隋龙上来建都的各路技艺人才，安排在京南一带。这些工匠按家族或亲缘择地而居，于是就形成刘家村、孟家村、樊家村等十八个村落。其中孟家村一些喜爱花会表演的技艺

小车会

北岗洼高跷

能人创建了本村花会队伍——旱船会。旱船在相互学习中不断发展，后来在表演时增加了端午节龙舟竞技的一段孟公子与月娟小姐跳船相会、私定婚约的爱情故事。到清代后期，朝廷举行献艺活动，为慈禧太后庆贺六十大寿时，孟村旱船会的表演曾受到过慈禧的赞赏，还赐给表演旱船的旗、棚、围道具等赐品，上写有"万寿无疆"四个大字，村民们欢喜异常。此后，旱船会的表演又不断丰富完善，名气也越来越大，村中一代代地传承下来。现在已经传到第六代人。

（5）**小车会**　丰台区长辛店镇辛庄村的小车会起源于明清时期，是在农闲时节农民消遣娱乐的一种表演活动。单人表演坐车、有车架子、两侧画有车轮，表演者胸前两条腿宛如盘坐在车上，实际为自己的双脚着地，上下左右摇摆表演，赶车人

滑稽搞笑，将生活场景融入表演之中，为观众带来欢乐。

（6）北岗洼高跷　北岗洼高跷起源于清代道光年间（1821年），由崔、魏、韩三姓人家发起，现已传至第五代，高跷会前档表演角色有12位，有陀头、和尚、渔翁、药先生、傻公子、小二哥等，通过翻跟头、跨越马车、叠罗汉等，边舞边唱，曲调为河北高腔调，高跷队后档为打击乐伴奏，可演奏百余种单曲。

3. 传统农业工具

铡刀　铡刀起源于金代，现存于花乡大葆台。是一种铁质工具，手柄可接木柄。

铡刀

4. 传统农业工程

（1）金中都南城垣水关遗址　金中都南城垣水关遗址起源于金（约公元1151—1153年），遗址位于右安门西南，南距凉河水20米，北距右安门桥约1千米。遗址于1990年被发现，金中都水关修建在永定河冲击地带的沙层之上，跨城墙而建，水关是古代城墙下供河水进出的水道建筑，是农业灌溉、生活用水的来源之一。考古人员研究发现，建造水关这一宏大工程使用了大量的木、石、铁、砖、砂石等材料。水关建筑整体为木石结构，最下层基础密植木桩，木桩之间用碎石和碎瓦沙土夯实。木桩上放置排列整齐的衬石枋，上又铺设过水地面石木桩使用榫卯结构相连，石板用铁银锭榫相接，整体坚固紧密。遗址上半部已毁，遗留下来的基地部分保存完好。水关遗址的发现，不仅确定了金中都南城墙的方位，而且通过考古钻探的方法通过向北追寻古河道的方向，大致明确了金中都城内水系东流过龙津桥后，其中的一支向南的走向和其入护城河的准确地点。金中都水关遗址是已发现的中国古代都城水关遗址中规模最大、保存最完整的一处，与宋《营造法式》的规定一致，为我们提供了中国古代水利和建筑设施的重要实例，具有极高的文物价值。2001年被确定为全国

金中都南城垣水关遗址

南岗洼古桥

重点文物保护单位。

（2）**南岗洼古桥** 南岗洼古桥建成于明代以前，位于丰台区南岗洼南500米处。由于永定河水泛滥，这座桥被淤泥覆盖在两米多深的地下，1991年在京石高速公路施工中发掘出土，由花岗岩石料砌成，桥长44.45米，宽9.55米，为五孔洞式，桥面为石块砌成，桥墩与卢沟桥相似，前尖后方，呈船型迎水面砌成分水尖，用于抵御洪水对桥墩的冲击伤害。桥体古朴、壮观。两侧各22根方形望柱，石栏板21块，望柱高1.3米，顶部雕莲瓣状花纹，栏板高0.86米，宽1.6米。虽然桥面、桥上的栏杆以及桥孔等已损坏，但是桥的整体构造清晰可见。1992年北京市文物局对其进行修复，恢复原貌。南岗洼古桥是丰台区发掘的第一座古代石桥，彰显出我国古代劳动人民的智慧以及高超的建筑技术，为我国研究古河道的变迁提供了实物依据，也是重要的农业水利遗产。

（3）**金中都砖井** 金中都作为北京城历史上王朝都城的开始，其历史原貌一直为世人所关注。该水井为青砖制成，修葺得十分整齐，还发掘出土了一些典型的金代瓷片和夯土层的建筑材料。金中都砖井是古代劳动人民解决生产生活中用水需求所形成的，是长期农业生产生活发展过程中的智慧结晶，是重要的农业水利遗产。

金中都砖井

5. 特色农业景观

（1）**花乡百花园** 位于丰台区花乡白盆窑村，白盆窑村早自明代已开始花卉种植，村名"盆窑"源于其烧制花盆。历经数百年，现今该村已发展成远近闻名的花卉生产基地，是首都草花供应的重要来源。

占地 600 亩的百花园内有木本花灌木品种上百个，包括六大主题花园，通过科学合理的配置，百花园可以实现三季赏花。北部牡丹芍药园、月季园、菊园特色鲜明，原先的牡丹芍药园，配以花灌木丰富层次，步步芬芳，株株华贵。南部呈"春花、夏馨、秋叶"三季景观。

（2）王佐柿子园　位于丰台区王佐镇西庄店，是在 200 多棵百年柿子树的基础上发展起来的，不仅形成了优美的自然环境，也为发展休闲农业和乡村旅游奠定了基础。

花乡百花园

6. 传统村落

草桥村　花乡草桥村起源于春秋战国时期。古时，草桥花红、草绿、水清的美景使许多文人墨客所陶醉，留下了许多名文史书。其中"草桥十里百花艳"等著名

柿子园

的赞美诗句，是草桥人的自豪。草桥村被评为 2006 年度"北京最美乡村""北京美丽乡村联合会会员村"。

草桥村

7.传统美食及制作

（1）**苏造肉**　老北京的汉族传统小吃之一，也称"苏灶肉"，起源说法不一，但多指向苏州。原来是由清宫传出的做法。用多种中药和香料配合，有开胃健脾之功效。

（2）**冰花酥**　冰花酥是北京市汉族传统风味小吃，经过面、和油、包酥三个步骤，具有口感香脆无杂质、表面沾糖均匀、甜酥可口、桂花香味浓郁的特色。

（3）**白煮肉**　传统名菜，肉质香烂、肥而不腻、味道醇厚、最宜卷着荷叶饼或烧饼食用。创始于明末的满族，约有 300 多年历史，清入关后从宫中传入民间，为肉类最本色的烹饪方法，肥而不腻、瘦而不柴、嫩而不烂、薄而不碎。

苏造肉

冰花酥

白煮肉

（4）**豆面酥糖**　北京市的汉族传统名点。细甜香腻，富有豆粉的芳香和玫瑰花香味。采用颗粒饱满的黄豆，经炒熟以后磨粉，与饴糖坯制成酥糖，其工艺和黑芝麻酥糖相同。

（5）**白汤杂碎**　著名京城清真传统名菜，极受老北京人欢迎。具有肉质软烂浓香，汤色洁白，酸辣咸香味全的特色。以前多在立秋后供应，重要原料为羊肚、羊肺、羊肠、羊心、羊头肉等，是如今很常见的小吃。

（6）**墩饽饽**　又称硬面饽饽，旧时一般夜间出售。"饽饽"一词源于满语，清朝较为盛行。一般称点心为饽饽，称水饺为"煮饽饽"。

豆面酥糖

白汤杂碎

墩饽饽

（7）**北京金糕**　金糕就是山楂糕，制做金糕始于清代中叶，是北京传统风味食品。曾是慈禧太后喜爱的小吃。

（8）**奶油炸糕**　北京小吃中富有营养的小吃品种。呈圆形，外焦里嫩，香味浓郁，富有营养。

（9）**肉末烧饼**　肉末烧饼是一道由发面和肥瘦猪肉末为主要材料做成的菜品，属于特色传统小吃。

北京金糕　　　　　　　　　　奶油炸糕　　　　　　　　　　肉末烧饼

（三）已消失的农业文化遗产

1. 传统农业民俗

（1）**汾庄高跷**　汾庄高跷会建会有 200 多年历史。200 多年前，有一位高跷老艺人卖艺到花乡南部一带，组建并创办了"汾庄高跷会"，并传授技艺和指导练习，当地百姓对高跷非常感兴趣，将其作为当地农闲时节的一种休闲娱乐方式。汾庄高跷属于文跷，文跷着重于踩、扭和人物细节的表演，在表演时还有唱词，在锣鼓停止时，场下队员开始清唱或群唱，场上队员表演也十分自由，队员可以即兴发挥，可以创造许多新颖的动作。在表演中讲求做到"稳中浪"，浪就是"舞得活""舞得俏"的意思，就是要在稳的基础上，舞得活而美，浪而俏。呈现出"锣鼓声中转一遭，老男少女乐陶陶。超尘把戏凭双棍，你也高来我也高"的景象。如今汾庄高跷已失传。

（2）**杠官**　杠官表演是用一根直径 15 厘米左右、长 3.5~4 米的竹竿，在中间绑好一个椅子，表演者扮作当官的坐在椅子上，前后有两个人抬着，还有四个人在两侧做保护，前边有个敲铜锣的开道，表演官员下乡。最后一次表演为 1952 年，现已失传。

2. 特色农业景观

（1）**花乡花神庙**　北京地区历史上有多处花神庙，以坐落在丰台花乡的花神庙最为知名。花乡的花神庙有西庙、东庙之分。以种植花卉为生的花农们每年都期望鲜花产销双丰收，故在明代，花乡一带的花农们集资先后建成东西两座花神庙，以祈求花神庇护，并相信只有虔诚供奉花神，才能使花卉生产和收入越来越好。位于花乡夏家胡同的花神庙，俗称西庙，建于明代万历年，清道光二十三年重修。该庙南北长约22丈，东西宽约10丈，前殿3间，后殿3间，东西配殿各有14间。后殿供奉真武像，前殿供奉着13位花神像及牌位，有梅花神、桃花神等，也就是说，即便是闰月也有花神执事。在庙门上端悬有"古迹花神庙"的匾额。这里是花农们祭祀花神的场所，也是丰台附近各处花行同业公会的会址和会馆。每年旧历二月十二花神诞辰之日，花乡丰台一带的花农都到此进香献花。三月二十九，附近各档花会照例到此献艺，谓之"谢神"。清末民初时该庙的香火不再旺盛，庙会也逐渐消失。新中国成立后，该庙改为学校，而今踪迹全无。

3. 传统村落

（1）张郭庄村　张郭庄村成村于元代，距今有近千年的历史，位于长辛店镇，是在人们在长期农业生产过程中所形成的。该村地理位置优越，是通往京西潭柘寺、戒台寺的必经之处。此外，还拥有福生寺、娘娘庙、武圣寺（老爷庙）等多处文化古迹，历史悠久。该村正被拆迁中。

（2）东河沿村　东河沿村位于丰台区西北部，永定河以西，北与门头沟区、石景山区交界，西南与王佐镇相邻，隶属丰台区长辛店镇管辖，是典型的丘陵地区，有着800余年的历史。古属幽州，春秋时为燕国地带，原为永定河西一片荒漠沙滩，元代后，开始有人居住。村里存有大量文物古迹，包括一处丰台区文物保护单位（和尚坟），内有汉白玉塔4座，雕刻精美。该村正被拆迁中。

（3）大灰厂村　大灰厂村起源于明代，坐落在马鞍山脚下，位于长辛店镇最西部，距市中心18千米，西邻千年古刹戒台寺，南接青龙湖风景区，东临抗日战争纪念馆，北望八大处和香山公园。优越的地理位置以及丰富的矿产资源，为人们的生产发展提供了物质基础，在生产过程中，人们逐渐在此聚居。明代以来，大灰厂村便成为重镇，开采、烧制石灰至少有700~800年历史，成为北京乃至华北地区重要的石灰产地，大灰村

东河沿村

由此得名，此外，这里拥有娘娘庙（天仙圣母碧霞元君行宫）等文物古迹和北宫国家森林公园等。该村正被拆迁中。

大灰厂村

（4）**长辛店村** 长辛店村历史悠久，起源于明代，长辛店村地处丰台区长辛店镇，位于丰台区西部，永定河西岸，距卢沟桥 2 千米。其行政区域范围是东起京石高速公路，北边与太子峪村接壤，西边与张家坟村、太子峪村相连，南边与赵辛店村相接，东边是大宁水库。京周公路、107 国道和京广铁路均途经此地，十几条公共汽车线路纵横于此，长期以来长辛店被视为首都西南方向的门户，曾是明清时期的交通关隘和重镇。早在明代就建有门楼等，新中国成立初期曾隶属于北京市长辛店区。现已被拆迁。

（5）**太子峪村** 太子峪村现分布于长辛店镇，起源于明代。相传明代太子埋葬于此，由此得名。村内有千亩梨枣园、太子峪高新果品示范基地，是农耕文明不断发展进步的产物，是在长期生产生活过程中所形成的农业村落。该村历史悠久，现仍保留部分明代达官显贵的墓志铭、石碑、三观庙等文化古迹。该村现被拆迁中。

长辛店村

太子峪村

（6）**张家坟村** 张家坟村属长辛店镇，起源于明代。原名大老庄，为明代武将张辅的庄园，并因其葬于此而得名。该村现存有不少文化古迹，其中最著名的为金代的镇岗塔、清代大学士、嘉庆帝师的朱圭墓以及保存石刻的连山岗石刻园。该村已被拆迁。

（7）**赵辛店村** 赵辛店村的形成最早可追溯到明代，在明著《宛署杂记》中就有记载，称赵村，在清代《宛平县志》称赵村店，到民国时逐步改称赵辛店，延续至今，现属长辛店镇。该村现被拆迁中。

张家坟村

赵辛店村

（8）**辛庄村**　辛庄村起源于元代，现分布于长辛店镇。早在元朝时，忽必烈就曾在南沟建立营盘，该村拥有丰富的文化底蕴，比如南营少林武会、太平鼓、辛庄小车会等多项非物质文化遗产，以及南营护国万行寺的建寺碑等区重点文物保护单位。该村现被拆迁中。

（9）**李家峪村**　李家峪村位于丰台区西南部，隶属长辛店镇，东邻太子峪，西与云岗相接，南邻张家坟，北接辛庄村。李家峪村起源于明代，相传为李自成的残部经此地留居下来。该村现被拆迁中。

辛庄村

李家峪村

四、门头沟区

本次普查中，在门头沟区共发现系统性农业文化遗产 6 项，要素类农业文化遗产 71 项，已消失的农业文化遗产 8 项。

（一）系统性农业文化遗产

1. 门头沟京白梨栽培系统

（1）**地理位置** 门头沟京白梨主要分布在军庄镇，妙峰山镇南庄村、桃源村，桥子沟开发区下苇店村。

（2）**历史起源** 京白梨起源于门头沟军庄镇东山村青龙沟一低洼地，已有 400 多年的历史，东山村庙洼一带目前仍保留有 200 年以上的老梨树百余株。京白梨在清朝已闻名于世，据《宛平杂谈》记载，京西白梨自清朝同治年间成为朝廷贡品，至慈禧太后掌权时，更是必备名果。1954 年，在北京市梨品品种评比会上，京白梨荣获"最优产品奖"，并在原来的名称"白梨"前冠以"京"字，也就成了今

枝头上的京白梨

将要成熟的京白梨

京白梨挂果

收获的京白梨

天的京白梨。由于京白梨品质好，风味独特，口感和营养俱佳，逐渐被当地人广泛栽植，种植的数量越来越多，产品的名声也越来越响。目前京白梨种植面积达到 260 公顷，其中老梨树面积 107 公顷，新梨树 153 公顷，共计有京白梨树 16 万余株，年产京白梨 46 万千克。2012 年，京白梨正式成为地理标志产品。

（3）系统特征与价值

① 品种资源特征。京白梨果树树势中庸，枝条纤细，成年树以短枝结果为主，丰产稳产，抗寒能力强，喜冷凉的栽培环境。京白梨果实呈扁圆形，平均单果重 93 克，果皮黄绿色，果面平滑有蜡质光泽，果点小而稀，果肉黄白色，汁多，味甜，有香气，果心中大。果实成熟期较早，北京 8 月中下旬即可采收，贮存期约 20 天。

② 营养与药用价值。京白梨是京郊唯一带"京"字的地方特色果品。京白梨营养价值高，经测定，果肉含糖量为 10.81%，含酸量为 0.34%，每百克果肉中蛋白质 0.1 克，脂肪 0.1 克，钙 5 毫克，磷 6 毫克、铁 0.2 毫克，尼克酸 0.2 毫克、抗坏血酸 3 毫克、胡萝卜素、硫胺素和核黄素各 0.01 毫克。京白梨果肉乳白细腻，含石细胞少，汁液丰沛，酸甜适口，香气袭人，可食率达 93%，品质极佳。

京白梨味甘微酸、性凉、入肺、胃经，具有生津、润燥、清热、化痰、解酒的作用。用于热病伤阴或阴虚所致的干咳、口渴、便秘等症，也可用于内热所致的烦渴、咳喘、痰黄等症。京白梨鲜食和蒸煮食用均有利人体健康。

③ 景观与休闲价值。京白梨起源地东山村是一个古老的村庄。据史料记载，东山村成村于明代，因位于军庄镇的最东边，得名东山村。该村风景优美，村庄周围两面环山，整个村庄就坐落在沟谷的两侧。每逢雨季，山水和泉水交汇在一起形成小河顺山而下。村内及四周山上林木茂密，有大面积的京白梨和枣、核桃、栗子等果树。东山村历史上周边曾建有大小庙宇 10 余座。

随着军庄镇休闲农业的发展，每年来军庄镇观光采摘的游客约 10 万人次，京白梨栽培示范园区，已形成集名人古迹、京白梨采摘、民俗观光、科普教育、休闲度假为一体的综合产业发展格局。每年 4 月上旬，为梨花最佳观赏时期，夏秋两季为观光、休闲、游览的好时节，9 月则进入京白梨成熟采摘期。随着当地春季观赏梨花、秋季采摘京白梨等乡村休闲活动的开展，未来的京白梨产业发展潜力巨大。

（4）**主要问题**　产量少，难以满足市场需求。

2. 门头沟龙泉雾传统杏树栽培系统

（1）**地理位置**　龙泉雾传统杏树位于市门头沟区龙泉镇龙泉雾村，东经 115°56′10″~115°56′40″，北纬 40°04′11″~40°05′30″。

（2）**历史起源**　龙泉雾传统杏树中香白杏和骆驼黄杏最为著名。龙泉雾香白杏最早种植于明朝，距今近 800 年的历史，清代曾是朝廷贡品。龙泉雾骆驼黄杏最早也种植于明代。

（3）**系统特征与价值**

① 生态地理特征。龙泉雾地区土质为黄土，土壤中伴有大量的烧窑灰渣（这里历史上出产辽瓷，瓷品上乘），土壤成分独特，呈偏碱性，这为龙泉务香白杏的生产提供了独特的土壤环境。龙泉雾村西北是山坡，东南是永定河冲积台地，背风向阳，冬暖夏凉，昼夜温差较大，适宜杏的养分积

香白杏

骆驼黄杏

累，从而造就了龙泉雾香白杏和骆驼黄杏独特的品质特色。

② 品种资源特征。香白杏是普通杏树经果农长期选择嫁接的变种，龙泉雾村村北有段山叫"瓦密"，这里出产的香白杏品质最佳。龙泉雾香白杏果实扁圆形，淡绿黄色，皮薄，肉厚，汁液多而浓甜，纤维少，味甘甜，一般单果重 60 克，熟后核肉分离。

骆驼黄杏树冠自然圆头形，树姿半开张。主干粗糙，纵裂，灰褐色。多年生枝灰褐色。1 年生枝斜生、粗壮、红褐色、有光泽；枝条直立，密度中等；皮孔小、少、凸，圆形。芽基部呈突起状。叶片椭圆形，叶长 10.5 厘米，宽 8.1 厘米。先端渐急尖，叶基圆形，叶缘锯齿圆钝，叶面平展，叶色深绿，有光泽。

③ 营养与药用价值。龙泉雾香白杏含有丰富的营养物质以及微量元素，而且人体极易吸收。据测定，香白杏含有 17 种氨基酸，其中包括人体所必需的 7 种氨基酸。果肉可溶性固形物含量为 18%，有机酸含量为 1.53%，糖酸比为 5.7∶1，每百克鲜果肉含有胡萝卜素 1.79 克，其中目胡萝卜素比重为 74.4%，每百克鲜果肉含有维生素 C 为 12.42 毫克。

④ 产业发展。龙泉雾村通过嫁接移栽树苗，加强了对香白杏的种子研究，基本克服了产量"大小年"的弱点，使香白杏产量稳中有升。2012 年，龙泉雾香白杏获得农业部"农产品地理标志认证证书"，进一步提升了香白杏的市场价值和品牌认知度。近年来，该村在各级政府和有关单位的扶持帮助下，已经恢复了 33.33 公顷栽培面积，每亩栽种香白杏 40～50 棵，现已有近万株开始结果，其中的 5 000 棵香白杏树已经进入盛果期，年产鲜果近 6 万千克。

目前龙泉雾村骆驼黄杏栽植面积约 200 余亩，年产鲜果上万千克。

(4) **主要问题** 龙泉雾村香白杏产量有限，大部分由市民前来采摘，没有多余的产品投放市场。由于龙泉雾村土地面积有限，而移栽到别处果实品质又会改变，因而在栽培面积上潜力不大。

3.门头沟京西核桃栽培系统

（1）**地理位置** 京西核桃栽培系统主要位于门头沟区斋堂镇灵水村、雁翅镇碣石村。

（2）**历史起源** 京西核桃中灵水核桃最为出名，清代就曾作为朝廷贡品。灵水村、碣石村是重要产区，两村历史悠久，均入选"中国传统村落"。

灵水村历史悠久，形成于辽金时代，不仅村落古老庞大，辽、金、元、明、清时的古民居多，而且过去民间所信仰的诸神尽有。京西核桃的另一重要产区碣石村，历史悠久，文化底蕴深厚。据十三陵碑文记载，碣石村原名"三叉村"主要有高、何、于三大姓氏。并且这三大姓氏都是名声显赫，有"高知府，何知县，于家三翰林"之说。

（3）**系统特征与价值**

① 生态地理特征。门头沟是我国重要的核桃出口基地之一，该区独特的自然条件，孕育了灵水核桃等名特果品，核桃产量为首都各郊区县之首，曾占到我国北方港出口总量的1/4。

燕家台村有一株300年树龄的核桃树，最高年产

京西核桃（1）

达1 000多公斤，被称为京郊"核桃王"。

② 品种资源特征。灵水核桃外皮光滑，个大，皮薄，仁饱满，含油量高，每公斤80个左右，出仁率45%，含油量75%，沟浅，香味浓，皮薄绵软易剥，产仁率高。

③ 营养与药用价值。核桃不仅可以食用、榨油、还可入药。据中国医学科学院卫生研究所分析，京西核桃每个在10克以上，出油率在45%~65%。每百克核桃仁含蛋白质15.4克，脂肪63克，碳水化合物10.7克，

京西核桃（2）

钙 108 毫克，磷 329 毫克，铁 3.2 毫克，胡萝卜素 0.17 毫克，维生素 B_1 0.32 毫克，维生素 B_2 0.11 毫克，尼克酸 1 毫克。特别是脂肪含量占干果之首。核桃仁榨油后，剩渣可作核桃酱；干炒或油炸核桃仁更是特色小吃；青雀牌核桃乳独具特色，倍受欢迎。此外，核桃还是祛病健身的药膳佳品，具有健身、补血、健脑、润肺、益胃之功效。

（4）**主要问题**　其他地区核桃的竞争压力，削弱了京西核桃的品牌优势。

京西核桃（3）

京西核桃

4. 门头沟妙峰山玫瑰花栽培系统

（1）**地理位置**　主要分布在门头沟区妙峰山镇涧沟村、禅房村。

（2）**历史起源**　妙峰山一带玫瑰花栽培，已有几百年历史，自宋代至今已繁衍数千亩，其更以品种纯正而驰名华夏，妙峰山则被誉为"中国的玫瑰之乡"。

（3）系统特征与价值

妙峰山玫瑰花

① 生态地理特征。玫瑰花，属蔷薇科，落叶灌木，原产我国，栽培历史悠久。据《西京杂记》记载，汉代即有栽培，南宋以来已广泛用于制作糕点。涧沟一带坐北朝南，呈簸箕形盆地，受热排水条件好；夏至日照时数不少于 13 小时，花期雨少，光照充足，有利于芳香油的形成和积累；土壤腐殖层较厚，呈微酸性，铁、锰、铜、锌等微量元素含量高。自然条件得天独厚，所产玫瑰花有独具特色

的香气和品质。

② 品种资源特征。妙峰山玫瑰花以其朵大、色艳、味浓、含油量高、品质优异、经济价值高而驰名中外。妙峰山的涧沟又称作玫瑰谷。北京已把妙峰山定为玫瑰花生产基地，涧沟村已成为生产玫瑰花的专业村。涧沟村的玫瑰因花型大、颜色深、花瓣厚、香味浓、含油高等优良品质而远近闻名。

妙峰山玫瑰种植基地

③ 经济价值。玫瑰花有多种用途。涧沟村围绕玫瑰花，先后开发了玫瑰饼等糕点，炸玫瑰花、玫瑰酱等特色菜肴，玫瑰酒和玫瑰茶等饮品，玫瑰系列化妆品等特色产品，成为广受欢迎的特色旅游纪念品。玫瑰种植专业合作社利用品牌战略和玫瑰文化带动旅游观光，通过玫瑰花种植及进行玫瑰花深加工打开致富渠道。玫瑰花茶能降火气、调理血气、促进血液循环、养颜美容，且有消除疲劳，愈合伤口，保护肝脏胃肠功能，长期饮用亦有助于促进新陈代谢，是广受女性朋友青睐的饮品。玫瑰花与黄芩配制的玫瑰黄芩茶，茶汤金黄，口感绵软，具有清肝解瘀、祛火、美容之功效，是老少皆宜的时令饮品。

（4）现存问题　产品加工是短板，产业链有待延伸。

5.门头沟陇驾庄盖柿栽培系统

（1）地理位置　门头沟区妙峰山镇陇驾庄村。

（2）历史起源　陇驾庄盖柿已有200余年的栽培历史。为我国柿种中的佳品。

（3）系统特征与价值

① 生态地理特征。陇驾庄村位于妙峰山镇政府所在地，地域面积2.88平方

门头沟陇驾庄盖柿

千米。现有 975 户、1 661 人，满族人口约占全村人口总数的 30%，是门头沟区唯一一个满族民族村。

陇驾庄村南临永定河，北靠大山，这里形成天然背风向阳、温暖潮湿的小气候。土质为河道冲积形成的黏壤土，水利条件优越，引永定河水自流灌溉。这里的土质，非常适宜盖柿生长，现有盖柿果园 1 000 亩。

② 品种资源特征。陇驾庄盖柿果实大、外形方正、扁平、皮薄，平均单果重在 300 克以上，最重达 500 克。盖柿果肉呈黄红色，含纤维较少，后熟，软柿果汁清澈透明，如同蜂蜜，营养丰富，口感极佳，历史上在北京市场很有知名度，并曾作为贡品供奉朝廷。

③ 营养与药用价值。盖柿含有丰富的蔗糖、葡萄糖、果糖、蛋白质、胡萝卜素、维生素 C、瓜氨酸、碘、钙、磷、铁。未成熟果实含鞣质。新鲜柿子含碘很高，能够防治地方性甲状腺肿大。性寒，味甘涩，归肺经，功效润肺生津，清热止血，涩肠健脾，解酒降压。盖柿的营养成分十分丰富，尤其在预防心脏血管硬化方面的功效较高，堪称有益心脏健康的水果王。

6.门头沟泗家水红头香椿栽培系统

（1）**地理位置**　泗家水红头香椿主要分布在门头沟区雁翅镇泗家水沿线，包括松树村、高台村、淤白村和泗家水村 4 个自然村。东经 115°52′30″～115°57′43″，北纬 40°04′0″～40°08′14″，区域面积 2 508 公顷。泗家水村坐落在雁翅镇东北部深山区，海拔 410 米，村域面积 3.36 平方千米。特殊的山区小气候地理环境，使泗家水村非常适宜香椿生长。目前栽植面积 115 公顷，年产鲜食香椿 55 吨。

（2）**历史起源**　泗家水红头香椿历史悠久，明清时期即成为宫中贡品。至清朝晚期，当地香椿树已繁衍数百公顷，年产数万斤。

（3）**系统特征与价值**

① 品种资源特征。泗家水红头香椿具有"头大抱拢、色泽红润光亮，味香浓郁、汁多鲜嫩、食后无渣"的优良品质。香椿嫩芽呈红色或紫红色，色泽红润光亮，其头大抱拢，呈小径 1～2 厘米，大径 6～8 厘米的锥形，椿叶长椭圆形，叶柄有小绒毛，香气浓郁。当地

泗家水红头香椿

泗家水红头香椿栽培基地

保持只采顶芽、不采侧芽的传统采摘方式，保证了红头香椿的优良品质，其更为独特之处在于刚采下的顶芽香椿具有丁香花的清香。

② 营养与药用价值。香椿头含有极丰富的营养。据分析，每 100 克香椿头中，含蛋白质 9.8 克、含钙 143 毫克、含维生素 C115 毫克，都列蔬菜中的前茅。另外，还含磷 135 毫克、胡萝卜素 1.36 毫克，以及铁和 B 族维生素等营养物质。香椿有补虚壮阳固精、补肾养发生发、消炎止血止痛、行气理血健胃等作用。凡肾阳虚衰、腰膝冷痛、遗精阳痿、脱发者宜食之。

泗家水红头香椿

香椿中含维生素 E 和性激素物质，具有抗衰老和补阳滋阴作用，对不孕不育症有一定疗效，故有"助孕素"的美称。香椿是时令名品，含香椿素等挥发性芳香族有机物，可健脾开胃，增加食欲。香椿的挥发气味能透过蛔虫的表皮，使蛔虫不能附着在肠壁上而被排出体外，可用治蛔虫病。香椿含有丰富的维生素C、胡萝卜素等，有助于增强机体免疫功能，并有润滑肌肤的作用，是保健美容的良好食品。

③ 经济与品牌价值。香椿木材黄褐色而具红色环带，纹理美丽，质坚硬，有光泽，耐腐力强，不翘，不裂，不易变形，易施工，为家具、室内装饰品及造船的优良木材，素有"中国桃花心木"之美誉。树皮可造纸，果和皮可入药，还可作为蔬菜栽植，价值很高。

2013年，泗家水红头香椿获得了"门头沟区知名商标"认证。2014年，获得了农业部地理标识保护认证。同年7月，泗家水获得第四批"全国一村一品示范村"荣誉称号。

（二）要素类农业文化遗产

1. 特色农产品

（1）**火村红杏**　主要分布在门头沟区斋堂镇火村、杨家村、杨家峪等。

相传清代康熙年间，灵水村举人刘懋恒在山西临汾当知府时，有一年夏巡视民情，发现一个村中的红杏特别好吃。翌年早春遂责成衙役到上述村中取强壮树码子数百支，将其插在大鸭梨中，再令驿站遣快马送到家乡。分发到本村及周边的村，实施嫁接。后灵水村未能留传下来，而东岭、杨家峪、火村，尤其是火村，因水土条件适宜和栽培技术得当而留传至今，扬名京西。

刚摘下的火村红杏　　　　　　　　　　　　　　火村红杏

火村红杏是红杏中的精品, 在曾经的红杏评选中名列三甲, 它具有抗寒、抗旱, 适应性强, 极丰产、稳产, 果个大, 外观美, 耐贮运, 是鲜食和加工兼优品种。产品具有营养丰富、品质优良等特点, 富含多种营养成分和人体必需的微量元素, 可用于鲜食、深加工。产品有杏茶、杏脯、杏浆、杏干、杏酱、杏丹皮、杏汁、杏罐头等, 有防癌抗癌、延缓衰老之功效。

禅房玫瑰花

(2) **禅房玫瑰花**　主要分布在门头沟区妙峰山镇禅房村。

禅房村海拔 700 多米, 生态良好, 植被覆盖率高, 空气好, 负氧离子含量较高, 适合种植玫瑰, 夏季凉爽, 适宜避暑。禅房村村域面积虽小, 但资源丰富。该村有 3 000 亩玫瑰种植基地, 年产玫瑰花 450 吨, 开发产品有玫瑰化妆品、玫瑰食品, 每年 6~7 月玫瑰花盛开季节, 园内景色绮丽。

(3) **黄岭西花椒**　主要分布在门头沟区斋堂镇黄岭西村。

黄岭西村属弱水区, 多栽植耐旱树种, 已有花椒基地 200 多亩, 注册了"黄岭西"牌花椒。

晒干的黄岭西花椒

黄岭西花椒树

花椒树属落叶灌木, 高 3 ～ 7 米, 茎干通常有皮刺; 枝灰色或褐灰色, 有细小的皮孔及略斜向上生的皮刺, 当年生小枝被短柔毛。奇数羽状复叶, 叶轴边缘有狭翅；小叶 5～11 个，卵形或卵状长圆形，无柄或近无柄，先端尖或微凹，基部近圆形，边缘有细锯齿，表面中脉基部两侧常被一簇褐色长柔毛，无针刺。聚伞圆锥花序顶生，子房无柄。果球形，通常 2～3 个，红色或紫红色，密生疣状凸起的油点。花期 3~5 月，果期 7~9 月。喜光，适宜温暖湿润及土层深厚肥沃壤土、沙壤土，萌蘖性强，耐寒，耐旱，抗病能力强。不耐涝，短期积水可致死亡。

（4）**军庄马牙枣**　主产区为门头沟区军庄镇。

军庄马牙枣

马牙枣因果实长锥形至长卵形，下圆上尖，上部歪向一侧，形似马牙而得名。军庄马牙枣大小较均匀，果皮鲜红色，完熟期暗红色，果面光滑，果核细长呈纺锤形，果皮脆，果肉脆，处熟期果肉呈白绿色，完熟期果肉呈黄绿色，果肉致密、酥脆、汁液多。军庄马牙枣 8 月下旬至 9 月上旬成熟，较其他枣类成熟期要早。

军庄马牙枣在完熟期果实风味极甜，鲜枣含糖量高达 35.3%，含果酸为 0.67%，每百克果肉维生素 C 含量为 332.86 毫克，堪称"维 C 之王"。枣果实的可食率为 92.94%，营养丰富，品质上等。

（5）**京西白蜜**　门头沟不仅具有独特的地质条件和气候环境，而且蜂农保持传统的养蜂生产技术方式，蜂蜜通过蜜蜂自身酿造转化成熟，其品质优于其他人为熬炼的蜂蜜，具有浓郁的地方特色。

京西白蜜

门头沟京西白蜜色泽为浅琥珀色，结晶后为乳白色或灰白色，气味略香，口感甜润细腻无异味，常温下呈透明、半透明黏稠流体或结晶体，易结晶，结晶细腻，不含肉眼可见杂质。

2. 传统农业民俗

（1）**妙峰山庙会**　妙峰山庙会每年农历四月初一至十五和七月二十五至八

月初一举办春香和秋香各一次，以春香为最盛。活动区域分娘娘庙和香道茶棚两部分，庙会的主要活动在山顶的娘娘庙内。

妙峰山庙会（1）

妙峰山庙会（2）

历史上妙峰山香客遍及华北，为华北最重要的庙会之一。据记载，庙会始于明朝中后期，清代香火最盛，香客数十万。香会 300 余档，门派不同，会首是香会组织和指挥者，也是主要传承者，仅北京市就有 200 多人。会首传会腕儿（拔旗）于徒，各种规矩、礼仪、技艺均为师徒相传。日本侵华期间庙宇损坏严重，庙会逐渐衰落，新中国成立初期，庙会停办。1985 年修复庙宇，1987 年对外开放，1990 年恢复庙会。

妙峰山庙会保留了华北地区以民间信仰为特点的传统民间吉祥文化，是研究华北地区民众世界观和生活情况的重要根据，在民俗学研究中具有重要的作用。香会是民间的文化活动组织，保留和传承了许多的民间艺术、体育竞技活动，民间手工艺的原生态，是中国乡土社会基本社会构成之一。香会活动是群众自娱自乐的活动，具有凝聚力，充分体现了民众的自治能力和祈福禳灾、公益助善、谦和互助的精神。庙会形成的精神品质和行为规范营造了安定祥和的社会风气和精神价值，对构建和谐社会和促进精神文明建设能够起到促进作用。

（2）**千军台、庄户幡会** 千军台、庄户幡会始于明朝，兴于清朝。它是山村古庙会的产物，以请神、送神、祭神为主要内容，每年正月十五、十六两天都要举行庙会活动。

为了祈求风调雨顺，全体村民每年正月十四晚上都要到古刹龙泉庵朝拜各姓氏祖先牌位，并在庙前供上大表，请各路神仙共度正月十五、十六元宵节。正月十五早晨，幡会会档大鼓会、音乐会、秧歌会集聚古刹，先由音乐班吹奏，后吵子班进行打

千军台、庄户幡会

击乐演奏。随后各会档依次表演完毕，幡会开始。

千军台、庄户古幡盛会是京西地区独有的民俗画卷，反映了当地百姓的民间信仰。幡会规模庞大，内容丰富，在华北地区是绝无仅有的，对研究其文化内涵和形式构成具有重要价值。此外，幡会作为人们喜闻乐见节日娱乐形式，其凝聚力之强在民间也是少有的，这对于改善人际关系，加强人们之间的交流，构建和谐社会也具有重要意义。

由于历史的原因，千军台、庄户幡会曾经中断过，后经村里老人组织又重新恢复，但已经不复当年盛大的场面，有些班子甚至已经消失，而了解各种会规，能熟练演练各种仪式的人更是寥寥无几，古老的民间习俗在现代社会的冲击下，开始陷入危机的境地。

千军台、庄户幡会已入选第二批北京市级非物质文化遗产。

（3）苇子水秧歌戏　苇子水秧歌戏是门头沟区较为古老的民间戏曲剧种，它是由秧歌与其他歌舞、戏曲等艺术形式结合而形成的。秧歌戏起源于明代嘉庆年间前后，迄今至少 400 余年历史。而从当地的家谱也可看出，苇子水村的秧歌戏（苇子水大秧歌）至今也有三四百年的历史。

苇子水村由于 90% 以上都姓高，所以别名"高家村"。高家的家谱目前已排至纪、士、成、明、福、永、凤、连、增、瑞十个字了，由此可见苇子水村秧歌戏已世代相传达十辈之多了。

苇子水秧歌戏伴奏以

苇子水秧歌戏

打击乐为主，主要有单皮鼓、檀板等，整场戏只用锣鼓、不用丝竹；演出时打一阵"家伙"，唱一段戏文；伴奏铿锵有力、节拍鲜明，唱腔苍劲豪放，高亢激昂。另据考证，秧歌戏很像明清时期盛行的高腔戏（以一人独唱、众人帮腔，只用打击乐伴奏，音调高亢，富朗诵意味的特点），而苇子水村的秧歌戏的唱腔及伴奏均有明代高腔戏的特色，主要唱腔为"摔锣腔""大秧歌调"等，有些近似湖南花鼓调音韵。剧目有《赵云截江》《张飞赶船》等。

苇子水村秧歌戏具有浓郁地方民间戏特色，其剧目内容保留完整，历史悠久，风格古朴，对于研究京西民间戏曲有一定历史价值；同时也为研究历史上京西地区与外界的文化交流、商贸往来提供了历史资料。此外，苇子水的秧歌戏还丰富了当地人民的业余生活，成为一种独特的地方戏种。

苇子水秧歌戏已入选第二批北京市级非物质文化遗产。

(4) 西斋堂山梆子戏　山梆子戏起源于清代道光年间，距今已有 200 多年的历史。主要分布于斋堂川一带，其中西斋堂村的山梆子戏最富盛名，历史上以"六合班"为代表，是西斋堂村专从艺事的戏班。

西斋堂村山梆子戏以"六合班"为传承主体。道光年间，在姓史兄弟俩班主带领下盛行几十年。光绪末年，戏班日益衰落，传至第二三代时开始有了两支分组戏班。历史上"六合班"的知名演员很多，像王存秀、杜洪禄等。目前尚在的后代传人有九辈之多，第一辈都已七八十岁了。戏曲的传承

西斋堂山梆子戏

主要是戏班师傅指导、口传心授，在本村辈辈相传。

山梆子戏的唱腔和板式是旧时"山陕梆子"的韵调及原始形态与当地小调、民歌、方言的融会贯通，戏中的道白既不是山陕话，也非京韵话，而是地道斋堂地方话，属于板腔体；音乐特点主要是主韵循环体、主曲变腔体，音区多以女性唱腔音区为准，板式丰富，音乐伴奏分文、武场。

山梆子戏是京西门头沟特有民间地方特色的戏曲，它起源于祭祀祈福的需要，同

时满足老百姓自身对文化娱乐的需求，具有一定的广泛性和实用价值。山梆子戏历史悠久，唱腔风格古朴，传统剧目丰富，对于研究山乡戏曲文化和民间文学戏曲以及民俗文化等有很大价值。

（5）淤白村蹦蹦戏　蹦蹦戏又名"评腔梆子戏"，据传由东北二人转发展而来，又与西路评剧有渊源，是门头沟主要的民间戏曲剧种，至今有百余年历史了。

淤白村戏班成立于民国二十年（1931年），取名"义和班"。淤白村蹦蹦戏唱腔脉络清晰，易于上口，板式明了流畅、套路简洁，蕴含评剧原始唱腔素材。目前采录板式有"慢板""原板""安板"等，武场锣鼓点有"慢板""安板"等。伴奏乐器上，文场有板胡、笛子等；武场有单皮、云板等。戏曲内容以山村习俗、轶闻趣事为多，且规矩也多。本村戏班上演剧目达

淤白村蹦蹦戏

三四十出，有《老少刘公案》《夜宿花亭》《蜜蜂记》等。但由于山区交通闭塞、与外界沟通较少，现只有代表剧《老少刘公案》尚能上演。

淤白村蹦蹦戏唱腔原始，化妆粗犷，乡土特色浓郁，是当地农民自娱自乐的方式，具有一定的娱乐欣赏价值，淤白村蹦蹦戏传统剧目内容丰富，保留完整，对于研究现代评剧的发展有一定参考价值，同时它具有一定的艺术表演魅力，作为一种当地特色习俗，吸引国内外游客，给京西民俗旅游发展增添了亮丽的风景。

淤白村蹦蹦戏已入选北京市第二批市级非物质文化遗产。

（6）柏峪燕歌戏　柏峪村位于门头沟区，地处北京西山。西山区域岭峻水美，各类文化种类集聚于此，多种戏曲形式蔓延于村里乡间。柏峪村就是有代表性的村庄之一，古老独特的燕歌戏在此传承下来。柏峪村曾有过的戏曲有柏峪燕歌戏、河北老调、山陕梆子、蹦蹦戏等，其中，燕歌戏在人们心中的地位最高，为首批北京市级非物质文化遗产。

柏峪燕歌时代久远，由于当地口音之故，也俗称"秧歌""燕乐"。"燕乐"始见于《周礼·春宫》，指天子与诸侯宴饮宾客使用的民间俗乐。《元史》载：元代有宫县登歌，分文、武，舞于太庙，称"燕乐"，民称"燕歌"，雅俗兼备。在清代、民国

时，经常应邀外出"卖台"，曾到过天桥、矾山、怀来、涿鹿、蔚县和周边村落，据《清史》记载，乾隆帝庆祝六十大寿时还跳过燕歌戏。1981 年柏峪燕歌参加区文化部门在斋堂举办的大戏调演活动。1982 年柏峪村从正月初三直唱到"龙抬头"。戏曲题材丰富，无事不记，无事不唱。大到皇帝老子，小到平民小偷，死鬼赃官。

柏峪燕歌戏

从小草到太阳、从狼虎到天神……戏词深奥，雅俗兼备；在戏词中，有诗人的名句，有百姓心里话，也有俚语番情，之乎者也。可谓南北九腔十八调，颇具雅俗共赏的综合性。

（7）京西幡乐　京西幡乐是门头沟西部山区传承了 400 余年的民间吹打乐，是古幡会祭祀佛道儒等教时演奏的祭祀音乐，已入选北京首批非物质文化遗产。

京西幡乐依托京西古幡会而产生，古乐曲主要由祭祀孔子的音乐组成，以颂神、祭神为主要内容，现已发展成为人们喜闻乐见的娱乐形式。

京西幡乐的演奏形式分为吹奏乐和打击乐两部分。吹奏乐器由笙、管、笛、唢呐、云锣、大鼓、小钹组成。打击乐器由大铙数个、大钹数个、铛子一个、大鼓一面组成。古幡乐曲吹打乐代表作是《柳公宴》《焚火赞》等；打击乐曲代表作有《颜回三省》《秦王挂玉带》等。

京西幡乐的传承基本上以口传心授的方式，并且以学习单一乐器为基本的传承单位。京西幡乐具

京西幡乐

有"四老"的特点，即曲目老、乐班老、乐器老、艺人老。京西幡乐是珍藏在北京西部山村的不多见的儒家音乐，在某种程度上反映了明代以来人们尊崇儒教的历史现实，其中部分古乐曲具有较高的艺术欣赏和研究价值。此外，围绕幡乐存在的一些古乐器，也具有一定的文物价值。

（8）**京西太平鼓** 太平鼓是门头沟区门城镇、妙峰山、军庄一带老百姓自娱自乐、集体传承、集体发展的民间舞蹈形式。太平鼓自明代即在北京流传，清代在京城内外极为盛行。因清代宫廷中旧历除夕也要击打太平鼓，取其"太平"之意，所以北京也称太平鼓为"迎年鼓"。清末，在门头沟地区打太平鼓已很普遍。太平鼓在每年的腊月和正月最为活跃。

京西太平鼓

太平鼓至今保留了多种套路、打法和风格各异的流派，目前流传下来的动作套路有 12 套之多。太平鼓有两种表演形式，既可边打边舞，也可间打间唱。太平鼓具有一套完整的民间肢体语言，其中妇女的基本动律是"扭劲""颤劲"（一种说法认为与封建时代妇女缠足习俗有关）；男性舞者的动律特点是"搧劲"和"艮劲"。

太平鼓音乐主要由两部分组成，即"鼓点"和"唱曲"。太平鼓的"鼓点"既是套路名称，又是音乐曲牌，以四分之二拍为多。鼓点节奏以四分音符为主的，艺人们称"单鼓点"；以八分音符和十六分音符为主的，被称为"双鼓点"。当地艺人把"唱曲"又称"唱绳歌儿"或"唱绳调儿"。唱词一般以人物、典故、时令花草及大实话为主，曲子是当地流行的民间小调。演唱时，先唱序，后唱主段。

（9）**龙泉雾童子大鼓** 门头沟区龙泉雾村"中心合义童子大鼓老会"是由童子击钹舞蹈、成人击鼓伴奏，融舞蹈、音乐、武术、技巧于一体的传统民间艺术形式。心合义童子大鼓老会是在 1934 年由村里开白灰窑的李福旺等十几户出资成立的。龙泉雾童子大鼓已入选北京市首批非物质文化遗产。

童子大鼓的表演是由大鼓和锅子（花钹）两部分组成，大鼓的击打表演是整个会档的核心。龙泉雾童子大鼓老会的鼓点有 40 多套，目前留存的花鼓点套路有：震天雷、震地雷、慢三锤、小鬼推磨、喜鹊登枝、猴儿剔牙等。

童子大鼓在走会时，队伍的排列顺序非常讲究，大体的排列形式、走会的顺序为：小蓝旗、门旗、前领框子、甩子、锅子队伍、大鼓队伍、小黄旗。走会过程中，会头指挥全队的鼓点变化，一般都是通过一面"头鼓"发出暗号。

龙泉雾童子大鼓

锅子表演有两种形式：一是"站锅子"，是指童子站立在原地，手中的锅子随着大鼓鼓点打出各种节奏；二是"花锅子"，即"舞钹"（耍锅子）表演。

龙泉雾童子大鼓传承脉络比较清晰，由发起到现在打大鼓的会员传承了六期，打锅子（花钹）会员传承了八期。现在龙泉雾村的童子大鼓已经显现出青黄不接的现象，原来的人员年龄偏大，而表演花钹的孩子们由于学习任务繁重的原因，练习技巧的时间已经少之又少，传承问题亟待解决。

3.传统农耕技术

（1）**坑田** 为门头沟山区抗旱保苗的一项有效措施，1969年曾在黄塔村5亩旱地试种，亩产535.5公斤。1970—1971年又在双塘涧村试种11亩玉米，在连续干旱的情况下，亩产650.5公斤。此后10年，全区坑田种植面积2万亩左右，一般增产幅度在1～1.3倍，解决了山区"十年九旱不保产"问题。其具体做法：隔一米挖一坑穴，上冻前制成长宽1.5尺，深7寸的坑，回填土时混入10千克左右有机肥，冬春坑内积雪（雨）增墒，化冻后按三角直接点种（株距7～8寸），每株点种2~3粒，覆土踩实，每亩700～800穴，留苗2 100~2 400株。坑田具有省工、保墒、保种、保收、集中发挥肥力、通风好、便于管理等优点，这种技术后来被朝鲜人民共和国引用推广。

（2）**沟田** 是把土壤耕作和种植技术综合一起的旱地耕作方式，在东北部山区应用较多。具体操作是把梯田耕作带的耕层熟土起出，深翻生土层，回填熟土后田块呈现带状条沟。每年轮流深翻1/3，3年内耕地全部深耕施肥，有利于改良土壤、培肥地力、保水保土、增强抗旱能力。沟田内高、矮秆作物相互间作有利于通风透光、抗灾稳产。1970年冬，北京山区挖沟田达60多万亩。原平谷县南岔大队在70年代挖沟田总长9万多米，局部深翻，集中施肥，挖沟田比不挖沟田增产76%。1973年，全村粮食亩产达312千克，比1970年增长37%，成为综合治理、粮食增产的先进典型。

4.传统农业工具

门头沟区的传统农业工具有运输工具、翻耕工具、播种工具、收获工具、脱粒工具、加工工具、灌溉工具等，以下所列即为常用农具。

（1）背篓。

（2）挑筐。

（3）扁担。

（4）铁轮大车。

（5）手推车。

（6）胶轮手推车。

（7）胶轮大车。

背篓

挑筐

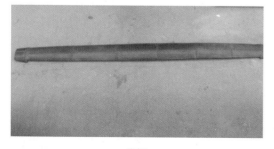

扁担

铁轮大车

手推车

胶轮大车

胶轮手推车

(8) 木犁。

(9) 弓形铁臂犁。

(10) 镐头。

木犁

镐头

(11) 锹。

(12) 镢头。

(13) 7 寸步犁。

锹

镢头

7寸步犁

（14）双铧犁。

（15）3号山地犁。

（16）铁锨。

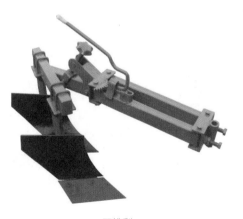

双铧犁

铁锹

（17）木耙。

（18）钉齿耙。

（19）铁耙。

木耙

铁耙

钉齿耙

（20）锄头。

（21）耧耥子。

锄头

耧耥子

（22）木耧。

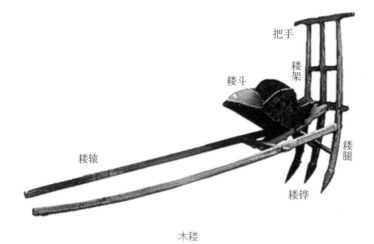

把手

耧架

耧斗

耧辕

耧腿

耧铧

木耧

（23）爪镰。

（24）镰刀。

（25）碌碡。

爪镰

镰刀

碌碡

（26）石礤。

（27）连枷。

石礤

连枷

（28）**水碾** 据《析津志辑佚》载，"京西斋堂村有水磨，日夜可碾三十石"。灵岳寺碑（元至元三十年立）记载，"斋堂村南马栏口有水碾一所，碾房大小七间。出水游渠东至河心，南至河北"。两说是否为同一建筑无考。19 世纪末时，东胡林至军响村有两个水碾，在上游的是东斋堂村贾子会的，在下游的是西胡林村石改顺的。东大成及其以下，各有

水碾

水碾 1 个，分别为灵水村名医谭大斋的二弟三弟所有。上述水碾都在清水河右岸，引水渠的长度、流量及水头落差均无可考。加工物多为灌木根茎，碾成细末，用以制香。目前唯东大成水碾遗迹尚存。

（29）扇车。

（30）木杈。

（31）木耙。

（32）木锨。

扇车

木耙

木锨和木杈

（33）铡刀。

（34）辘轳。

（35）水车。

（36）管状水车。

（37）机压水井。

（38）桔槔。

（39）石磨。

（40）纺车。

铡刀

辘轳

水车

桔槔

石碾

石磨

5. 传统农业工程

(1) **三家店渠** 三家店渠始建于明代，时称兴隆坝，民国期间柳园子外称兴殖水利渠，1948 年后称现名。该渠入口处位于永定河左岸军庄村下，流经三家店村至老店一分为三，两条流入石景山区，一条灌溉三家店菜田 1 600 亩。该渠 1956 年因建三家店水库（未成）被毁，后修复，

三家店渠

1965 年修建三（家店）雁（翅）公路时为上段加了盖板，下段仍为明渠。

(2) **城龙渠** 城龙渠位于永定河右岸，北起城子村北，南到永定镇卧龙岗，直线距离 10.5 千米。据《再行续水金鉴·永定河编》所记，该渠建于清光绪八年（1882 年），有主干渠及东支渠、东一支和东二支渠，由王德榜率军施工，后成为王氏家族的私有财产。1924 年，部分渠道被洪水冲毁，因无力恢复使灌渠闲置 10 余年。"七七事变"前，石门营村刘洪瑞联合王德榜后代王道本组织兴殖水利公司，使渠道恢复通水，灌溉 2 059 亩。1948 年年底，人民政府接管城龙灌渠，组织各村村民对渠道进一步修复，使灌溉面积达到 5 200 亩。1956 年，为解决因建三家店拦河闸而被切断的自永定河引水的大峪官公渠、稻地渠，在城龙总干渠上，修 10 条 300 米长的倒虹吸穿过永定河西河叉，与上述两渠接通，从此变为由城龙干渠供水。此后灌渠总灌溉达到 1.3 万亩，被列入北京市万亩以上灌区行列。

1963 年，国家投资 10 万元，农民投工两万多个，建成自拦河闸至葡萄嘴一段 4 050 米总干渠的防渗工程，将土渠全部改造为水泥砂浆砌块石或现场浇筑混凝土板，使渠道中水的利用系数从 0.6 提高到 0.92。为防止大旱时地表水缺乏，20 世纪 70~80 年代在永定地区曾开挖大口井、打机井共 74 眼，使灌区成为井渠双保险式灌区。至 1995 年，城龙灌渠共有总干渠一条和分干渠 4 条，长 7 132.2 米；支渠 12 条，长 35.5 千米，控制灌溉面积 1 万亩。

(3) **傅家台渠** 傅家台渠位于傅家台村，长 4 000 米，灌溉 950 亩。清光绪二十九年（1903 年）村民傅有元、傅有遥、傅成瑚、傅成宝 4 人首倡修渠。次年借

白银1 500两，"卒因勘测不精，修筑无法"未获成功，而为借银"破家荡产"的已十数家。时有乡绅张永福"目睹心伤"决心续完前贤之志，于1920年请来某煤矿技师细测，又以6 000元估价同某煤矿签订承建合同，但因"修不如法"，承建单位不想再修，后几经交涉"责令补修"，才于1921年勉强修成。不巧又遇洪水，使工程受到重大损失。后张永福又经过疏通，得到当局"议、参两会同仁辅助，从赈款内拨补粮石百余"，用以工代赈的方式，支持村民于1925年最后将该渠修成。日军侵华战争时期，此渠遭到破坏，抗战胜利后宛平县人民政府帮助修复。1956年修珠窝水库，1974年珠窝电厂修路，此渠均受到一定影响，但因及时采取了补救措施，使灌溉照常运行。1969年，对渠下段400米进行浆砌，至1995年该渠使用状况良好。

（4）**永定河整治工程**　永定河原为浑河，经过清代的六次修治，变成永定河。

永定河流域夏季多暴雨、洪水，冬春旱也严重。上游黄土高原森林覆盖率低，水土流失严重，河水混浊，泥沙淤积，日久形成地上河。河床经常变动。善淤、善决、善徙的特征与黄河相似，故有"小黄河"和"浑河"之称。因迁徙无常，又称无定河。清康熙三十七年（1698年）大规模整修平原地区河道后，始改今名。1954年建成蓄水22亿多立方米的官厅水库，才基本控制了上游洪水。

永定河

妙峰山玫瑰谷

6. 特色农业景观

妙峰山玫瑰谷　位于门头沟区妙峰山镇涧沟村一带。

已有几百年历史，具备了花型大、颜色深、花瓣厚、香味浓、含油高的优良品质，自宋代至今已繁衍数千亩，年产数万千克，更以品种纯正而驰名，妙峰山被誉为"中国玫瑰之乡"，妙峰山玫瑰花以其朵大、色艳、味浓、含油量高、品质优异、经济价值高而驰名中外。因此，人们把妙峰山的涧沟又称作"玫瑰谷"。

7. 传统村落

（1）琉璃渠村　琉璃渠村为龙泉镇辖村，位于镇域北部，背靠九龙山，面临永定河，依山傍水，景色宜人。全村 360 余户，1 000 余人。从元代起，朝廷即在此设琉璃局，清乾隆年间北京琉璃厂迁至此地，后又修水渠至此，村子因此得名。琉璃渠村作为琉璃之乡而声名远扬，素有"中国皇家琉璃之乡"美誉，已入选第三批中国历史文化名村。

琉璃渠村

琉璃渠村保存有规模完整的琉璃厂商宅院、北京唯一一座黄琉璃顶清代过街天桥、万缘同善茶棚、古道，西山大道古道遗址以及数十套清代民居院落等建筑文物。

琉璃渠是北京最大的琉璃品生产基地。在封建帝王社会，琉璃品属于皇家御用品，百姓不能使用。所以琉璃渠窑厂一直为官办，官方在这里设立了琉璃有六品监造官。乾隆二十一年，在村东入口处建起三官阁过街楼，专门供奉天官、地官、水官，以保一方平安。

琉璃渠村明清时期被称作"琉璃厂"。自 1263 年起，该村就是皇家建筑材料琉璃的重要生产地。琉璃渠村烧制琉璃制品具有严格的规程和标准，制作琉璃要掌握抠、铲、捏、画、烧、装、挂、配、看、返十字诀，同时还要掌握绘画、雕塑、用色、火候等几十种工序，该村里的琉璃烧造技艺已经列入北京市非物质文化遗产名录。

琉璃渠村还保存龙王庙、古戏台、三教庵、白衣庵、五道庙、老君堂、山神庙、三合院和四合院等传统建筑和文物古迹，这些遗迹大部分骨架尚存，少部分遭受破坏。村内民居依山势而建，西高东低。村子不大但历史悠久，保留众多老宅等古

三家店村

建筑。

（2）**三家店村** 地处京西古道的永定河渡口，是连接京城和西山的京西门户，因地理位置的特殊性，有数条古道交汇于此。

三家店村明代成村，原村有三家店铺，故名。村西旧有行宫一座，为清康熙驾幸热河首站。目前全村总户数 186 户。

明清以来，三家店是该地区最主要的货物集散地，村内店铺林立。村中现存文物古迹众多，雍正皇帝的次女怀格公主墓就坐落在村东。天利煤厂、龙王庙、白衣观音庵、二郎庙、关帝庙铁锚寺和山西会馆等都是村内保留完好的建筑。

（3）**爨底下村** 位于门头沟区斋堂镇，距京 90 千米，海拔 650 米，村域面积 5.3 平方千米。因在明代"爨里安口"（当地人称"爨头"）下方得名。爨底下村属清水河流域，温带季风气候，年平均气温 10.1℃，自然植被良好，适合养羊，养蜜蜂，

爨底下村

爨底下村距今已有 400 多年历史，现保存着 500 间 70 余套明清时代的四合院民居，是我国首次发现保留比较完整的山村古建筑群，布局合理，结构严谨，颇具特色，门楼等级严格，门墩雕刻精美，砖雕影壁独具匠心，壁画楹联比比皆是。

"爨"原意有灶的意思，当年在建这个山村时，主人为其取名"爨底下"，意为躲避严寒，或许有避难之意，观景寓意，让人大有世外桃源之感。爨底下村有财神的化身关公庙，有盼子的娘娘庙，有保佑太平的观音庙，村民们世代相安而息。爨底下村民俗旅游业蓬勃发展，农家乐旅游、服务已成为村民的一种时尚。爨底下村又是京西传统教育基地、影视创作基地。

（4）**黄岭西村**　位于门头沟区斋堂镇，有 500 年的建村历史。黄岭西幽静自然、物产丰富，具有悠久的历史和丰富的文化内涵，自然景观与人文景观为一体，有诸多的文物古迹和传说故事，发展利用空间非常广阔，现已开发以回归记忆、体验民俗生活为内容的古山村旅游项目。

黄岭西一村三涧，现有 138 户、370 人，村落面积 6 万平方米，村域面积 9.74 平方千米，黄岭西村曾是斋堂镇的重点产煤村之一，煤炭开采业是村中的主导产业。2000 年贯彻国务院关闭乡镇小煤矿精神，黄岭西村关闭了村里所有煤矿。

黄岭西村

黄岭西村紧依中国历史文化名村——爨底下村，与民俗旅游村柏峪村、双石头村同属斋堂西北沟旅游带，六村一望之隔。斋堂镇政府重组爨柏线六村资源，捆绑式发展沟峪特色经济的旅游大环境已初步形成。黄岭西作为爨柏线的组成部分，立足实际，率先发展，挖掘整理文化资源，发展生活体验游。

（5）**灵水村**　为门头沟区斋堂镇辖村，位于镇域西北部，距镇政府 12 千米。

自明清科举制度盛行以来，村中考取功名的人层出不穷，曾有刘懋恒、刘增广等众多举人出现，因此灵水被当地人冠以"举人村"。灵水村自然风光秀美，文物古

灵水村全貌

灵水村小景

迹众多，其中东岭石人、西山莲花、南堂北眺、北山翠柏、柏抱桑榆、灵泉银杏、举人宅院和寺庙遗址等景点自古有"灵水八景"之称。2005年11月，灵水村被列为第二批"中国历史文化名村"。

正是对文化的认同，让灵水村颇有儒雅之风。自大明永乐八年（1375年）村中即有社学，私塾更是众多。灵水只有200余户人家，但自古有崇尚文化的遗风。在明清科举制度下，出过22名举人、2名进士和10余名全国最高学府国子监的监生，到了近代，民国初年有6人毕业于北京燕京大学，得名"灵水举人村"，村前所立影壁"灵水举人村"为全国著名书法家杨再春先生书写。

（6）**苇滋水村**　苇滋水村为北京市门头沟区雁翅镇辖村，位于镇域东部，东距北京城55千米。

村域面积9.76平方千米，其中耕地960亩，林地620亩，荒山12 388亩。现有人口420户720人，其中农户225户495人，居民195户225人。

苇滋水村是明清时期的古村落，村子民居分布在九龙八盆之中，依山建有46座明清四合院，有5座基本完好。村中有一条东西走向的河，河上架有13座桥，其中5座水泥桥，8座石桥。随河沟宽窄变化，桥身的长短随之变化。石桥的建筑材料均为石头、沙子、大灰，形状多为拱桥。材料简单，一般就地取材，石头块头不大，经过能工巧匠之手的雕琢而形状各异。

苇滋水村

苇滋水村文化活动丰富，其中该村秧歌戏 2007 年被列入市级非物质文化遗产。

主要物产有香椿、柿子、核桃、山杏等，尤以香椿和核桃比较出名。林业和养殖业是当地的支柱产业。目前苇滋水村利用保存完整的民俗文化和南北合璧的人文景观，积极打造民俗旅游。

（7）**马栏村** 乃明代圈放马匹之地，故此而得名。马栏村地处太行山余脉，位于门头沟区斋堂镇南部，距离 109 国道 6 千米，村域面积 16.34 平方千米，现有户籍人口 810人，396 户。

村内文化底蕴深厚，资源丰富，有继承红色革命传

马栏村

统的冀热察挺进军司令部旧址陈列馆，展示古朴民风的乡情村史陈列室，保持寺庙文化的龙王观音禅林大殿，原生态的水湖岗景区和马栏林场。

村庄环境优美，古朴典雅，古庙、古树、古石桥星罗棋布，在 2013 年被评为中国传统村落。

（8）**千军台村** 隶属于门头沟区大台办事处，东与庄户村为邻，西邻大寒岭，早在宋朝以前就已建村。村西的大寒岭，史称"大汉岭""摘星岭"，俗称"大和

千军台村

岭",曾经为汉朝与北方民族的交界。五代时期,在大安山当"土皇帝"的刘仁恭,多次越"摘星岭"袭扰契丹,还曾与李克用军队发生过"木瓜涧"(今木城涧)之战。

千军台早期是军队的驻地,后才慢慢发展成村庄的。在抗日战争时期,千军台的村民积极抗战,英雄辈出,也正因为如此,全村的房子先后被日本鬼子和"还乡团"烧了四次。如今千军台仍有110多户、200余人居住在这古老的山村里。

千军台是北京市非物质文化遗产"京西古幡会"的传承之地。山石墁砌的西山大路盘山而上,附带瓮城的大寒岭关城仍然屹立在山口之上;其旁的毗卢寺早已不见踪影,一些古井、文昌阁古碑、水槽遗迹,还能勾起人们对历史的记忆。村东台下公路旁那座已被淤埋半截的古桥,是当地"十里八桥"最西头的一座,人称老桥。

(9) 碣石村 碣石村位于门头沟区雁翅镇西部,距镇政府9千米,距109国道6千米,东有公路直通镇政府,南、西两侧与斋堂镇相接,北有公路可达珍珠湖。

碣石村村域面积12.56平方千米,全部坡耕地都已实现退耕还林,有林地16 909亩。聚落四面环山,海拔600米。土壤为碳酸盐褐土,植被有杨、柳、桃、杏等,山场多覆盖荆条灌丛。户籍人口156人。

碣石村是门头沟区古村落、北京市乡村民俗旅游村。碣石村历史悠久,文化底蕴深厚。据十三陵碑文记载,碣石村原名"三叉村",主要有高、何、于三大姓氏,并且这三大姓氏都是名声显赫,有"高知府,何知县,于家三翰林"之说。因为村前有很多躺倒的大石头,根据"立石为碑、卧石为碣"的说法,村号就叫"碣石村"。现存一级古槐2棵,

碣石村

二级古槐 1 棵，二级油松 9 棵，二级古柏 2 棵。72 眼古井交错分布在村中各处，造型富于变化，风格各异，很多古井都蕴含着一段动人的传说。村中东西走向的中街长 200 米，六条南北走向的胡同与主街次第交错，保存完好的明清古民居院落错落分布其中，院中各种陈设雕饰都保持着古朴风格，石雕题字随处可见，具有浓厚的古风韵致。还有重修圣泉寺碑一座、龙王庙一座。高家坟出土的金代定窑花碗碟、十二生肖的铜镜、铜灯已由区博物馆收藏。

（10）沿河城村　沿河城村在区政府西北 35 千米、斋堂镇政府东北 15 千米，永定河南岸，海拔高度 384 米。地域面积为 81.2 平方千米，其中耕地面积 1 326 亩，林地面积 6 000 亩，草场 3 000 亩，水域面积 1 351.35 亩。沿河城村主要物产为苹果、核桃。

沿河城村历史悠久、文化底蕴深厚，在明代修建的山地军事古城一直保留到现在，是长城保留最为完整的古城。

沿河城村

（三）已消失的农业文化遗产

1. 特色农业物种

（1）灯笼红　为原产山楂品种。

（2）对儿樱桃　为妙峰山樱桃沟的野生品种。

（3）毛樱桃　为妙峰山樱桃沟的野生品种。

2. 传统村落

（1）赵家合村　已被整体搬迁，仅存一些村落痕迹。

（2）岳家坡　仅残存有过街楼、戏台等古迹。

（3）东辛房。

（4）西辛房。

（5）书字岭。

五、房山区

本次普查中，在房山区共发现系统性农业文化遗产 11 项，另有 1 项已被农业部认定为中国重要农业文化遗产，要素类农业文化遗产 83 项，已消失的农业文化遗产 156 项。

（一）系统性农业文化遗产

1. 北京京西稻作文化系统（房山京西贡米保护区）

北京京西稻作文化系统于 2015 年被农业部认定为第三批中国重要农业文化遗产，包括海淀京西稻保护区和房山京西贡米保护区两个项目点。

（1）地理位置　房山京西贡米保护区位于房山区西南部的长沟镇、大石窝镇和十渡镇境内，地处北京市西南，太行山与华北平原过渡地带，国土面积 424 平方千米，耕地面积 32 642 亩。

核心区位于房山区西南，包括长沟镇的东良村、坟庄村、沿村、东甘池村、西甘池村，大石窝镇的岩上村、高庄村和十渡镇的西河村 3 镇 8 村。2014

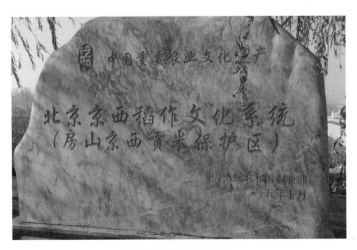

房山京西贡米保护区石碑

房山传统水稻品种（红、白二种）

年水稻种植面积 156.3 亩，涉及农户 47 户。

（2）**历史起源**　房山是北京文化的源头。西周时，燕国就建都于此，并始有水稻种植。此后，史书对于北京地区的水稻种植多有记载，如《后汉书·张堪传》记载了东汉始有北京开垦种植水稻历史；明·孙承泽编撰的《天府广记·水利》记载了金宣宗贞佑年间在中都周围开辟水田的状况等。

到明清时期，房山稻米开始具备显著的品种与地域特色。首先是地产的御塘稻，产于高庄、石窝村一带。石窝稻，且因其田以白玉塘代水，又称玉塘稻。《燕山丛录》记载："房山县有石窝稻，色白粒粗，味极香美，以为饭，虽盛暑，经数宿不馊。"明成祖朱棣迁都北京后，御塘稻即为贡品。清雍正四年（1726 年），于京师设营田府，组织京师以永定河水淤土肥田，大量植稻。即为清初朝廷建的"御米皇庄"，派专人监督御塘稻的生产。据咸丰年间编纂的《房山志料》记载，"房邑西南广润庄、高家庄、南良各庄、长沟村四处营田二十顷有奇。……白玉塘水田自昔有之，其地不足两顷，产米坚白珍贵，以其源高水洌漫灌无缺故也。"这些资料记载了明清时期，以石窝御塘稻为代表的房山水稻传统品种，虽种植面积不大，但因其品质优越，是为贡米。

房山也是京西稻的种植区域。据康熙《几暇格物编》下之下《御稻米》记载，康熙还亲自选种，培育出米色微红、气香味腴的御稻米，在京西稻田推广，后又推广至其他地区。而据吴庆邦《泽农要录》记载，"宛平、房山有种名御稻米者，微红，粒长而微腴。"这一"御稻米"记录则有可能指房山亦是康熙推广京西稻的地区之一。而后，乾隆皇帝从江南引种在北京地区种植，其中就包括了直到 20 世纪 50 年代房山仍有种植的"紫金箍"。现在，提起房山传统稻作品种，仍有"房山水稻有红、白二种，百姓尤珍之"的说法。

(3) 系统特征与价值

① 生态价值。房山京西贡米保护区除了能够提供多种多样的产品，还具有保护生物多样性、涵养水源、调节气候、保持水土等生态功能，为当地居民提供了良好的生态环境。区内保育的以稻田为核心的湿地使首都西南生态脆弱区湿地生态系统、京津冀海河流域上游水源地得到有效的保护，对保障首都生态安全起到重要作用。

房山京西贡米保护区是一个开放的系统，也是一个物种丰富的生态系统。区内保留有丰富的粮食作物传统品种和多种多样的农林牧渔种类，并具备丰富的稻田生物多样性和相关生物多样性。良好的生态环境为生物的生存和繁衍提供了优越的栖息条件，独特的气候条件和湿地环境也为特殊动物提供了栖息地。

区内现有淡水泉、河流、湖泊、草本沼泽、库塘、稻田等湿地资源，而稻作的发展与稻田的恢复还能够建设新的湿地。稻田的生物多样性可以实现湿地保护、种植业、养殖业及休闲观光业相结合，通过优势互补促进生态农业发展。放养鱼类与河蟹后，鱼、蟹可将杂草、水生昆虫、底栖生物作为饲料，其排泄物、残饵可作为肥料肥田，促进水稻的生长。同时稻田的环境也是河蟹隐蔽、降温、躲避敌害、安全脱壳的良好场所，也为鱼类提供了较好的生存环境，有利于鱼蟹的生长，实现一种良性的生态循环。鱼、蟹、水稻的共养使得湿地生态功能得以充分发挥。此外，该模式还可以吸引更多游客前来游赏、体验，并提高土地的利用与产出效率。稻田养鱼和养蟹还能够节省劳动力和生产成本，改善水域环境与水产品质量，稻田放养鱼蟹还具有除草除虫的作用，可以少用或不用农药，减少人工投入。

房山京西贡米保护区地处海河流域上游，是下游白洋淀重要的入湖资源。区内稻田属于太行山潜水汇集而成的泉水补给型湿地，水源涵养功能显著。作为自然界水文循环的一部分，稻田土壤与其他使用土地类型相比，具有较强的保水和渗透性。以稻田土壤水分平均入渗量6毫米/日、稻田平均淹水

房山京西贡米保护区

房山区长沟镇湿地与村落

天数 180 天来计算，房山京西贡米保护区每亩稻田可涵养地下水源约 7 200 立方米。

稻田作为典型的湿地系统，其蒸发和蒸腾作用可使得稻田空气相对湿度比旱地高 6%；湿地水分通过蒸发成为水蒸气，然后又以降水的形式降到周围地区，保持当地的湿度和降雨量。稻田生态系统能够吸收大气中的有害气体，净化空气和水体。研究表明，稻田生态系统平均每公顷吸收粉尘、SO_2、HF 和 NO_x 平均分别为 33.2 千克／年、45 千克／年、0.57 千克／年和 33.3 千克／年。监测数据显示，长沟湿地地区秋季雾霾天 PM2.5 平均含量为 380 微克／立方米，低于城区 433 微克／立方米。

② 营养价值。房山京西贡米保护区生产多种农产品。其中，稻米是最为主要的农产品，也是当地居民的主要食物来源之一。在水稻种植区内，农民所食用的大米均产自自家稻田。房山水稻生长条件得天独厚，所产稻米色、香、味俱全，具有蒸煮七遍而不失其质的特点。高庄玉塘稻富含营养物

大石窝镇围绕淡水泉眼分布的稻田

高庄"御塘泉"注册商标与产品包装

质、维生素 B_1、维生素 B_2、葡萄糖、麦芽糖、蛋白质、钙、磷、铁等营养物质，并富含人体所需的 18 种氨基酸，且蒸煮时稻米中的蛋白质、维生素、矿物质等营养物质的流失少。

③ 经济价值。水稻在区域农业生产中占有非常重要的地位，是当地农民主要的收入来源之一。房山区水稻平均亩产 300～375 千克，按稻米 20 元 / 千克计算，除去管护成本，每亩稻田纯收益为 4 700～6 200 元，比种植玉米平均每亩多收入 3 600 元以上。此外，水塘养鱼、稻田养蟹的开展也为农户增加了经济收益。

京西贡米不仅为当地人民的生计提供了保障，而且是农民重要的农业收入来源之一。同时，随着京西稻作文化的挖掘及景观农业的发展，水稻栽植的经济效益会越发显著。

④ 社会与文化价值。京西贡米与当地居民社会文化生活密切相关，与水稻相关的物质文化、风俗习惯、行为方式、历史记忆等文化特质及文化体系渗透到当地传统生产、知识、节庆、人生礼仪等重大社会、个人的文化行为中。稻米不仅是当地重要的粮食来源，也是节庆民俗与人生礼仪中必不可少的元素。稻田是北京人历史记忆的一部分，是京城人民的乡愁的寄托。如今，插秧节、秋收节已成为众多北京市民重要的体验项目，对于传承稻作文化具有重要意义。

房山秋收节

此外，房山是北京根祖，有着"北京人的发祥地""北京城的发源地""石文化故乡"等称号，这些丰富、深厚的文化积淀与稻作文化一起，构成了多种多样的文化和艺术表现形式。稻田作为重要的湿地景观，与周边地理、资源和生态环境一起构成美丽的自然景观，具有较高的美学价值。

⑤ 科研与科普教育价值。房山京西贡米保护区是城郊农业生产的典型代表，且凭借其独特的生态条件，可以被用来开展农田环境监测、城市化与城郊农业发展、全球环境变化趋势等科学研究。另外，其丰富的动植物群落、珍贵的濒危物种等亦具有重要的科研价值。

房山京西贡米保护区还是北京市青少年接受自然教育与农业教育的天然课堂。区内每年开展的各种农耕文化体验活动、自然教育活动、农业文化节庆活动等，已成为市民接受传统农耕教育的重要平台，作为一种人与自然和谐共生的复合生态系统，对青少年提高环境保护意识，理解可持续发展，提升生态文明建设和民族自豪感具有重要的教育价值。

⑥ 景观价值。房山京西贡米保护区通过对湿地水域的合理利用，结合当地的地理、资源条件，构建了不同类型的稻田与淡水泉、河流、湖泊、草本沼泽、库塘等和协共建的湿地景观。这种景观不仅实现了土地和自然资源的合理利用，创造了良好的生态环境，更是一种美学观感上的享受。

（4）主要问题 受水资源短缺制约，再加上种植业结构调整等因素，区内水稻种植面积大面积减少。至 2014 年，区内水稻种植面积仅余 156.3 亩，且集中分布在长沟、大石窝和十渡三镇。此外，区内农业从业人员年龄多在 50 岁以上，仍在务

十渡镇稻作植景观

农的适龄青壮年劳动力数量较少。而水稻种植面积较小，集约化、规模化的现代化生产技术很难在当地实行，给水稻种植的持续性带来很大威胁。由于水资源、劳动力资源等引起的水稻播种面积持续减少，导致遗产系统的自我维持能力逐渐下降，传统的稻作文化面临消失的危险。

2. 房山旱作梯田系统

（1）**地理位置**　房山旱作梯田系统位于房山区大安山乡、佛子庄乡。其中，大安山乡西苑村梯田，分布在海拔 600～1 000 米，层层叠叠，高低错落，最具代表性。

（2）**历史起源**　房山有人类活动的历史悠长。随着社会的发展，果树栽培与旱作农业是山区居民适应自然、开拓生存空间的必然选择。元代以后出现垄植，民国后栽培作物品种扩展较快。农耕文化在这一地区传承较好。

（3）**系统特征与价值**

① 物质与产品生产。梯田以种植旱作作物为主，仍保留有一些旱作作物农家品种。此外，梯田上还种植许多种类的果树与蔬菜。

佛子庄乡陈家台村、西班各庄村、佛子庄村、北窖村等 18 个行政村都种植白马牙玉米。白马牙谷穗硕大，籽粒像骏马的牙齿一样，饱满、圆润、洁白，是北方玉米的代表，可谓庄稼之王。用风干的新玉米经石碾子磨出的面粉，色泽银白，味道鲜香。

② 传统农业知识、技术与工具。垄作法是该系统内的主要农耕方式。垄作法起源于战国，是北方以蓄墒保墒为中心抗旱耕作的一种主要形式。垄作法最早表现为畎亩法，后逐步发展成一种在高于地面的土垄上栽种作物的耕作方式。

由于梯田不适于大规模机械化，传统旱作知识和农具得到较好的传承与保留。有代表性的传统农具包括：犁、锄、铲刀、镰、扁担等。

房山旱作梯田

传统农具

黑龙关村

③ 景观与水土保持。旱作梯田的修筑控制了水土流失，形成了对山地和丘陵更为集约的土地利用，改善了地方生态环境。梯田与养殖业、林果业相结合，形成一个复杂的复合农业体系。

④ 传统村落与文化。区内仍保留了许多历史悠久的传统村落，当地人民长期适应自然、农业协调发展的证明。佛子庄乡黑龙关村的传统民居，是大石河谷传统民居的经典，距今已有七八百年的历史。民居院落是中国传统的建筑样式，但又有区别，以"小四合"居多。房子都是"四梁八柱"的顶梁结构，配以极具民间特色的传统雕花窗棂。村内凝聚的是大石河谷的传统文化，从民居到生产生活习俗，乃至祈雨等传统习俗，在此均有保留。

佛子庄乡叉会、吵子会、大鼓会、黑龙关庙会、秧歌、银音会等传统文化活动都保留良好。这些活动均为农闲或农业祭祀时必不可少的文化活动，极大地丰富了农民

吵子会

狮子会

的精神生活，同时，也为农闲时自由集市与产品交换提供了场所。其中，狮子会和秧歌为北京市非物质文化遗产。

随着旅游开发，旱作梯田正被打造成京郊农业景观供北京市民游赏体验。

（4）**主要问题**　系统内传统农业知识流失，传统农业物种日益减少，逐渐被现代品种取代。

3. 房山京白梨栽培系统

（1）**地理位置**　大兴和房山之间的永定河泛滥平原沙丘区是北京重要的梨产区。房山京白梨栽培系统内梨品种多样，以琉璃河京白梨为代表。主要分布在房山区琉璃河镇贾河村、大陶村、辛庄村、窑上村、鲍庄村、五间房村、小陶村、韩营村、官庄村、万里村、务滋村、常舍村，北纬 39°36′42″～39°36′52″、东经116°11′17″～116°12′22″，区域面积 3 148 公顷，种植面积 492 公顷。

（2）**历史起源**　据《北京志·农业卷·林业志》记载，至今京畿人存在年代不详，但传承历史悠久，且属原生形态的传统名特优果树与果品，其中梨就是其中之一。系统内梨树栽培至少可追溯至明代。

（3）**系统特征与价值**

① 生态地理特征。房山京白梨种植区域属永定河冲积平原，北起琉璃河镇与长阳镇、窑店镇界，南抵与河北省界，西至务滋村，东到永定河。这一地区交通发达，物产丰富，经济繁荣，是首都南大门。永定河、大石河、小清河流经本镇，夹括河由本镇二街村汇入大石河，镇域内土地肥沃、地势平坦、面积广阔、水质纯净。琉璃河镇属冲积平原，中西部地区土壤类型以潮土为主，洼地内有沼泽土分布；东部地区土壤以沙土为主。这一地区的水分与土壤条件适宜梨树种植。

系统所在地属于暖温带半湿润、半干旱大陆性季风气候区，四季分明，夏季高温多雨，冬季寒冷干燥。年平均气温 12℃左右，最高气温在 7 月份，平均温度为 36.3℃；最低气温在 1 月份，平均温度为 -13.3℃；10℃以上积温为4 224.2℃；无霜期202 天；全年日照数在 2 308 小时以上；年平均降雨量为650 毫米，一年中雨量主要集中在七八月份。这一气候特征培育了高品质的梨园和梨果的甜脆口感。

琉璃河京白梨

② 营养与药用价值。琉璃河京白梨果实呈扁球形，单果重 125～250 克，果皮颜色绿黄色，熟后黄

白色，细而薄；果点细小，
分布均匀；果柄长，基部
膨大；肉细、汁多，石细
胞少，品质上等。下树即
食，香、甜、脆俱佳，经
后熟处理，果实变软，果
汁增多，味酸甜，香味浓，
具有清心润肺、降火生津、
滋肾补阴、镇静解毒的功
能。琉璃河京白梨的含糖
量较高，为 10.81%，含
酸量 0.34%。京白梨的

梨花景观与休闲旅游

营养价值很高，经测定，每百克果肉中，含蛋白质 0.1 克，脂肪 0.1 克，钙 5 毫克，
磷 6 毫克，铁 0.2 毫克，胡萝卜素、硫胺素和核黄素各 0.01 毫克，尼克酸 0.2 毫
克，抗坏血酸 3 毫克。

③ 传统知识与技术。京白梨种植与采摘形成了一套独特的技术。在梨园管理中，
注重枝杈修剪，以避免刮破果皮；也因此而形成了梨树挺拔的树形。在梨果采摘时，
果农注意托果掐把，以保证果实的完好。

④ 景观与文化价值。琉璃河梨园已经形成一定规模的休闲农业区。梨园在春季
展现为梨花花海，秋季则是京白梨采摘的好去处，为北京市民提供了周末与假日休闲
的场所。

（4）**主要问题**　农户分散管理的栽培模式不利于系统的生产和保护。此外，人
们往往更加重视果品生产和旅游开发，而忽视了对文化保护和农户组织管理。

4. 房山良乡板栗栽培系统

（1）**地理位置**　良乡板栗主要产于房山西部、西北部山地。其中，以佛子庄乡
的北窖，南窖乡的中窖、水峪、北安等村最多。

（2）**历史起源**　栗在北京的利用和栽培历史悠久。赵丰才在《中国栗文化》一
书中写到："北京周口店中国猿人遗址，也发现板栗的化石。"这说明早在 50 万~70
万年前，人类就开始采集本地栗作为食物。根据《史记·货殖列传》记载："燕秦千
树栗，……此其人皆与千户侯等"，说明北京地区从燕国时即已开始园林式栽培栗。
据《房山县志》记载："栗，毛诗陆疏五方皆有栗，惟渔阳范阳栗甜美味长，苏秦言

板栗树

燕民虽不耕作而足于枣栗。唐时范阳以为土贡，房山旧属范阳，为产栗之区，今山后诸村多产之。"

良乡是房山主要的板栗集散地，以地闻名，人们便习惯将房山的板栗称为良乡板栗。良乡板栗在唐代即作为朝廷贡品，也可见其历史悠久，品质优异。

(3) 系统特征与价值

① 品种资源特征。良乡板栗为落叶乔木，树冠扁球形。树皮灰褐色，不规则深纵裂。幼枝密生灰褐色绒毛。叶长椭圆或宽楔形，侧脉伸出锯齿的先端，形成芒状锯齿，下面的灰白色，短柔毛，雄花序有绒行。

② 营养与药用价值。良乡板栗个小，壳薄易剥，果肉细，含糖量高，是一种良好的滋补品。栗子中富含不饱和脂肪酸和维生素、矿物质、核黄素；栗子是碳水化合物含量较高的干果品种，能供给人体较多的热能，并能帮助脂肪代谢，具有益气健脾、厚补胃肠的作用；栗子含有丰富的维生素 C，能够维持牙齿、骨骼、血管肌肉的正常功用，可以预防和治疗骨质疏松，腰腿酸软，

良乡板栗

筋骨疼痛、乏力等，延缓人体衰老，是老年人理想的保健果品。味甘，性温，入脾、胃、肾经；养胃健脾，补肾强筋，活血止血；主治脾胃虚弱、反胃、泄泻、体虚腰酸腿软、吐血、衄血、便血、金疮、折伤肿痛、瘰疬肿毒。栗子对人体的滋补功能，可与人参、黄芪、当归等媲美，对肾虚有良好的疗效，故又称为"肾之果"，特别是老年肾虚、大便溏泻者更为适宜，经常食用能强身愈病。

③ 经济价值。板栗全身是宝，树干高大，材质坚硬，纹理通直，耐湿抗腐，是一种优质木材；树皮、嫩枝、栗壳可放养柞蚕；栗花、栗树皮、栗树根均可入药，具有消肿解毒之疗效。栗子可生食，亦可加工成板栗罐头、糖炒板栗、速冻板栗肉、板栗汁、栗蘑、板栗粉等。糖炒栗子是京郊名小吃。此外，栗子面窝窝头等小吃也是北京人普遍喜爱的食物。

④ 文化价值。良乡板栗在历史上就名扬国内外。现在，良乡板栗已经注册为商标品牌，在国际市场上，京西地区向外国出口栗子以良乡板栗为主。板栗园采取集体与农民合作的形式经营，不断强化技术与管理模式，并开展采摘和休闲旅游。

（4）主要问题 系统内青壮年劳动力外流，相关传统文化保护较弱。

5.房山菱枣栽培系统

（1）地理位置 房山菱枣栽培系统位于房山区大石窝镇北部三岔村、水头村、下庄村、后石门村、前石门村 5 个北部村庄。

（2）历史起源 周口店遗址中即有枣树的孢子遗存，说明人类早期活动的环境中即有枣树。菱枣是大石窝本地野果发展而来的栽培品种，属于原生态品种，历史悠久。

（3）系统特征与价值

① 生态地理特征。房山大石窝镇有着独特的天然山前暖区气候，昼夜温差大，有利于菱枣储存糖分，长出的枣果特别甜。菱枣栽植地有着天然的土壤成分——大石窝北部山区的红黏土，这种土壤含矿物质微量元素丰富，长出的水果特别的脆香，且与其他品种相比，菱枣树上的刺少，适宜采摘。

② 营养与药用价值。菱枣，俗称大尖枣，果实呈

菱枣栽培系统

福临菱枣

菱枣园

菱形，果个均匀，成熟后果实呈深红色，外形美观，果肉甜脆，汁多味浓，属稀有品种，曾是进贡的优质枣，是极其宝贵的鲜食品种资源。菱枣比一般的枣子汁更多，更甜脆。据记载：枣具有益气养肾、补血养颜、补肝降压、安神壮阳、治虚劳损之功效，具有较高的营养价值和药用价值，是枣中上品。

③ 社会经济价值。菱枣的大规模种植不仅为农户提供了产品，还绿化了荒山，增加了植被，为水土保持、观光农业和旅游业的发展带来了良好的生态效益和社会效益。大石窝镇建立了万亩菱枣基地，带动了周边劳动力就业，极大提高了村民收入。大石窝镇还为菱枣注册了"福临"商标，并取得了绿色食品证书，2007年又取得了质检部门关于菱枣的有机食品认证，成为首都人民喜爱的健康食品。

（4）**主要问题**　菱枣种植规模小而散，缺少标准化生产，产业链短，产业化发育程度不高。生产方式单一，福临菱枣的多元功能开发不足。

6. 房山磨盘柿栽培系统

（1）**地理位置**　房山磨盘柿栽培系统地处房山区张坊镇。张坊镇位于北京西南部的拒马河畔，是世界地质公园十渡风景区的重要组成部分。全镇总面积152.4平方千米，15个行政村，人口2.1万人，山区、平原、丘陵各占三分之一。

（2）**历史起源**　张坊镇磨盘柿早在明朝朱元璋时期就有栽培，已有630多年的历史。据明朝万历年间编修的《房山县志》中曾有张坊磨盘柿的记载："柿，为本境出产之大宗，西北河套沟，西南张坊沟，无村不有，售出北京者，房山最居多数。"，磨盘柿曾作为历代宫廷贡品。

（3）**系统特征与价值**

① 生态地理特征。柿子主要分布在房山区拒马河、大石河石灰岩类低山河谷暖区和河北至大安山一线，2013年栽培面积占北京市柿子栽培面积的39.1%。与北京其他柿子产地相比，房山柿子产区在气候与环境上更为适宜，所产柿子品质也更好。

张坊磨盘柿

② 营养与药用价值。房山磨盘柿果实极大，平均单果重 240 克，最大单果重 600 克。房山磨盘柿果形端正，扁方或扁圆，位于果腰的缢痕明显，这条缢痕将果实分成上下两部分，因形似磨盘而得名。房山磨盘柿果面光洁，果实橙黄色至橙红色，果肉乳黄色，脱涩后的硬柿脆甜爽口、肉质细、汁液中等、无核、可食率高。

磨盘柿

而脱涩后的软柿子，皮很薄、汁液多、肉质细、味甘甜、无核。磨盘柿营养丰富，富含氨基酸、维生素、胡萝卜素，具有高钾、磷、锌、铁及低钠等特点；同时，还含有大量的黄酮类化合物、单宁等酚类物质，具有抑制血小板凝结、防止低密度脂蛋白氧化、软化血管等作用，是富含营养、口味甘甜的保健果品。

③ 产业发展。张坊镇是北京市唯一的磨盘柿专业镇，以面积最大、产量最高、品质最佳著称，是"中国磨盘柿之乡"。全镇从事磨盘柿种植的农户达 4 600 多户，占总农户的 64%。种植规模达到 1.9 万亩，40 万株，磨盘柿栽培面积占全镇果树总面积的 85%。年产鲜柿 650 万千克，占房山区产量近 1/4，磨盘柿收入达 2 000 万元以上。

早在 1986 年全国林果产品展销会上，张坊磨盘柿就被评为"名特优"产品。1989 年张坊镇被国家农业部、财政部批准为磨盘柿生产基地，2001 年被市、区确定为磨盘柿专业镇，2003 年被国家标准化管理委员会批准为全国农业标准化示范区。2005 年张坊磨盘柿被北京市科委、农委列入首批"唯一性特色农产品"名录，成为具有较高知名度的品牌；2007 年取得了无公害、有机食品认证，获得了国家地理标志产品保护；2009 年，在"第四届柿生产与科研进展研讨会"上，被与会专家评为全国柿产品第一名。

现在，张坊镇结合十渡旅游区在柿子种植区发展休闲农业，开展"农家乐"、采摘节等活动，带动"三产"融合发展。

（4）主要问题 磨盘柿生产仍以鲜果销售与采摘为

柿乡秋色

主，深加工产品的开发与市场拓展有待进一步完善。此外，柿子园管理相关传统知识有待收集与保护。

7. 房山山楂栽培系统

（1）**地理位置** 房山山楂栽培系统位于房山区大石窝镇。

（2）**历史起源** 大石窝镇北部原为南尚乐镇，山楂生产历史悠久，并以红果生产闻名，被誉为"红果之乡"，区域内红果栽培起源地南尚乐村建于汉代，至今仍有许多老山楂树。

（3）**系统特征与价值**

① 生态地理特征。山楂树耐受性强，能够适应山岭薄地。生于山谷或山地灌木丛中，山楂树适应能力强，能抗洪涝，容易栽培，树冠整齐，枝叶繁茂，病虫害少，花果鲜美可爱，因而也是田旁、宅园绿化的良好观赏树种。农户还在山楂树下开展养殖活动，形成复合系统。

② 营养与药用价值。红果是山楂的一个品种，具有极为丰富的营养，助消化，常食可预防心脑血管疾病，降低血压，是中西医皆用的药材原料，也是人们喜爱的日常食物。山楂有重要的药用价值，我国古代医学家早已重视山楂的软坚消积作用，它健脾开胃、消食化滞、活血化痰的良药。中医成药焦兰仙、保和丸、山楂丸等均以山楂为其主要成分；山楂还有散淤、止血、防暑、提神等作用。

③ 文化与古村落。以红果为原料制成的冰糖葫芦是北京市特色小吃。传说南宋绍熙年间，宋光宗最宠爱的黄贵妃生了怪病，突然变得面黄肌瘦，不思饮食。御医用了许多贵重药品，都不见效。眼见贵妃一日日病重起来，皇帝无奈，只好张榜招医。一位江湖郎中揭榜进宫，他在为贵妃诊脉后说："只要将'棠球子'（即山楂）与红糖煎熬，每饭前吃 5～10 枚，半月后病准会好。"贵妃按此方服用后，果然如期病愈了。于是龙颜大悦，命如法炮制。后来，这种酸脆香甜的食品传到民

红果

间，就成了冰糖葫芦。每年
山楂丰收的季节，北京的街
道中都有走街串巷叫卖冰糖
葫芦的商贩。

石窝村古树

系统内的南尚乐村、石
窝村、独树村等都是具有悠
久历史文化村寨。南尚乐村
起源于汉代，称北乐城；后
合为南尚乐，还曾叫卧虎
庄。石窝村，始建于明代，
距今 500 多年的历史，以
盛产汉白玉闻名天下，这里
的汉白玉，温润素雅，光洁如玉，是大理石中的珍品，历来为皇家御用。独树村坐落
在太行山脚下，属山前暖区，村内流传至今的古老地名含义深刻很有研究价值。北魏
郦道元撰写的《水经注》记载称现在的南泉河为独树水，应当即以此地取名。

(4) **主要问题** 红果虽是传统栽培果树，但种植面积一直不大，种植农户组织
较为松散，不利于保护与传承。

8. 房山仁用杏栽培系统

(1) **地理位置** 广泛分布在房山境内的山区。

(2) **历史起源** 杏属
原生形态的传统名特优果
树与果品，其中黄尖嘴杏和
北车营杏等都是房山著名果
品。《北京晚报》2016 年 6
月 16 日专版对北京杏树种
植进行了报道，认为北京杏
树栽培至少在 700 年以上。
其中援引《北游纪方》中
云，"房山车营岭环数十里，
峰头涧底皆是杏林。"可见
仁用杏栽培历史十分悠久。

龙王帽杏

龙王帽杏仁

（3）系统特征与价值

① 品种资源特征。仁用杏主要品种北大山扁、龙王帽、一窝蜂、小黄扁等；鲜杏主要分布在房山的丘陵、浅山地带，著名品种大巴达杏、蜜陀罗、拳杏、桃杏、二白杏、桃巴达杏、苹果白杏、黄尖嘴。

② 生态特征。杏树为落叶乔木，原产于中国，是中国最古老的栽培果树之一。杏树生物学特性适应性强，耐旱，耐寒，耐瘠薄，抗盐碱，可栽培于山区或平原地带。杏树以种子或嫁接繁殖。杏林管理可较为粗放，进行适当的剪枝除草即可。

③ 营养与药用价值。杏仁是中药，含有苦杏仁甙，可被胃酸水解，产生有毒物质，一般作药用。苦杏仁甙成分不仅能止咳平喘，还具有抗击肿瘤的巨大作用。此外，杏仁还可用于降气止咳平喘，润肠通便。杏仁核仁中含有20%的蛋白质，不含淀粉，磨碎、加压后，榨出的油脂，大约是本身重量的一半，杏仁油为淡黄色，虽然没有香味，但具有软化皮肤和美容的功效。

④ 景观价值。杏花具有观赏性。三四月展叶前开放，花形与桃花和梅花相仿。杏花有变色的特点，含苞时纯红色，开花后颜色逐渐变淡，花落时变成纯白色。是京郊春季赏花的重要项目。杏林中有林下养殖，形成复合系统。

（4）**主要问题**　现北京市鲜杏栽培较多，本地仁用杏栽培面积较小。

9. 房山黄芩文化系统

（1）**地理位置**　位于房山区张坊镇境内。

（2）**历史起源**　由北京人到山顶洞人生活时期的数十万年间，动植物群落形成共生关系。山区在距今70万～50万年前即有人类活动，以采集狩猎为生。除了驯化动物和栽培果树之外，长久的历史中该区域还留存了许多对于野生生物资源的利用习惯，并逐步演化为栽培体系。据不完全统计，房

上方山黄芩

山上方山中有可利用野生动植物 100 余种，黄芩即是其中代表。

黄芩植株

（3）系统特征与价值

① 生态地理特征。黄芩是房山传统食用野生植物之一。它主要生长在山顶、山坡、林缘、路旁等向阳较干燥的地方。喜温暖，耐严寒，成年植株地下部分可忍受 -30℃低温。耐旱怕涝，地内积水或雨水过多，生长不良，重者烂根死亡。排水不良的土地不宜种植。土壤以壤土和沙质壤土，酸碱度以中性和微碱性为好，不连作。5～6 月为茎叶生长期，10 月地上部枯萎，翌年 4 月开始重新返青生长。

② 药用价值。现在，张坊镇还保留有一些传统的黄芩利用知识，且这些知识已经应用到中药材的制作与临床医疗之中。中医上，黄芩用于湿温发热、胸闷、口渴不欲饮，以及湿热泻痢、黄疸等症。对湿温发热，与滑石、白蔻仁、茯苓等配合应用；对湿热泻痢、腹痛，与白芍、葛根、甘草等同用；对于湿热蕴结所致的黄疸，可与茵陈、栀子、淡竹叶等同用。黄芩有清热安胎作用，可用于胎动不安，常与白术、竹茹等配合应用。黄芩还可用于高热烦渴，或肺热咳嗽，或热盛迫血外溢以及热毒疮疡等。治热病高热，常与黄连、栀子等配伍；治肺热咳嗽，可与知母、桑白皮等同用；治血热妄行，可与生地、牡丹皮、侧柏叶等同用；对热毒疮疡，可与金银花、连翘等药同用。

黄芩已被开发成饮品，并形成一定规模的产业。

（4）主要问题
随着人类活动的加剧，野生植物资源的多样性可能大规模降低。黄芩并未形成规模性栽培，其培育与利用的传统知识和技术面临流失的危险。

10. 房山上方山香椿文化系统

（1）地理位置
房山上方山香椿文化系统位于房山区西部的上方山地区，区内以野生动植物资源利用为主

上方山香椿

《舌尖上的中国Ⅱ》中的上方山香椿

上方山香椿礼盒包装

体，形成了许多具有特色的野生动植物利用体系。香椿是最具代表性的品种。

（2）**历史起源** 据《北京植物志》记载，香椿是由热带自然迁徙来的树种。上方山香椿历史悠久，是北京地区著名的香椿产地，民国十七年（1928 年）《房山县志·物产》载："长沟峪、上方山等各山村多产之。"

（3）**系统特征与价值**

香椿芽野生植株于 4 月中旬至 5 月中旬采摘，叶片尚未开放时品质最佳，采摘嫩叶可促使侧芽和隐芽萌发，此时采摘的嫩叶芽，可直接烹调食用、炒食、炸食、腌制、冷冻供食用。每 100 克香椿嫩芽含蛋白质 5.7 克、脂肪 0.4 克、碳水化合物 7.2 克、维生素 C 56 毫克、胡萝卜素 5.93 毫克，还含有维生素 B、维生素 E、钙、铁、磷等微量元素，有健脑、润肺、消风去毒，健胃消食之功效。

上方山香椿现已成为韩村河镇一宝。这里的香椿不仅可食的嫩期长，而且"味儿尖"，当地人称"味儿窜"。用它裹面烹炸的"香椿鱼"吃起来令人食欲大振，别具风味。凉拌香椿，味道亦芳香鲜美。

（4）**主要问题** 随着人类活动的加剧，野生植物资源的多样性减少。

11. 房山中华蜜蜂养殖系统

（1）**地理位置** 房山中华蜜蜂养殖系统位于房山区蒲洼乡，地处房山区的西南部，与河北省涞水县接壤，处于南北走向的太行山脉与东西走向的燕山山脉西段会合地区，形成较为独特的环形山脉，这也是北京唯一的一处环形山脉地区。不同走向的沟谷具有不同的小气候和生态环境，是中华蜂的理想栖息场所。

（2）**历史起源** 人类采集狩猎时期，蜂巢即为采集产品之一。华北中蜂于唐代开始家养。

（3）**系统特征与价值**

① 品种资源特征。中华蜜蜂，又称中华蜂、中蜂、

中华蜜蜂

土蜂，拉丁名为 *Apis cerana*，是蜜蜂科蜜蜂属东方蜜蜂的一个亚种。中华蜜蜂是中国独有的蜜蜂当家品种，是以杂木树为主的森林群落及传统农业的主要传粉昆虫，有利用零星蜜源植物、采集力强、利用率较高、采蜜期长及适应性、抗螨抗病能力强，消耗饲料少等优点。

摇蜜

蜜源植物有 500 余种，主要蜜源有油菜、刺槐、柿树、狼牙刺、草木樨、荆条、枸杞、荞麦、乌柏、漆树、盐肤木、百里香、沙打旺和香薷属植物等 20 余种，部分地区尚有大面积人工栽培的中草药、柑橘等蜜源。

北京历史上即以传统方法饲养中华蜜蜂，以定地养蜂为主要饲养方式。

② 产业发展。2005 年，蒲洼乡建立了以保护中华蜂为主要目的的市级自然保护区，在保护区内发展蜜源植物苗圃 50

蜜蜂养殖

亩并种植蜜源植物阔叶杂木林 3000 亩，为中华蜂的种群繁育提供了充足的蜜源，这是我国北方唯一针对中华蜂的自然保护区。2006 年，中华蜜蜂被列入农业部国家级畜禽遗传资源保护品种。同年，在蒲洼乡森水村和议合村建立了中华蜂繁育场进行中华蜂的良种繁育工作，并成立了中华蜂养殖协会，注册了"蒲森"商标。此外，蒲洼乡还出台了一系列相关扶持政策来鼓励农民养殖中华蜂。2014 年，森水村中华蜂养殖户共有 22 户，养殖中华蜂 580 群，产蜂蜜 5 000 公斤，带来收益 20 余万元；议合村中华蜂养殖户共有 21 户，养殖中华蜂 287 群，产蜂蜜 5 740 斤，带来收益 11.5 万元。

(4) **主要问题**　20 世纪 50 年代，北京地区半人工饲养的中蜂曾多达 4 万群。后由于各种原因，华北中蜂仅在房山区蒲洼乡的议合村和森水村有少量残存。

12. 房山拒马河流域传统渔业系统

(1) **地理位置**　房山拒马河流域传统渔业系统主要分布在拒马河流经的十渡镇、张坊镇及胜泉河流经的长沟镇等地。

拒马河北京段

（2）**历史起源** 北京古为幽燕大地，古有"鱼盐之饶"。清代民间竹枝词里有"忆京都，陆居罗水族，鲤鱼硕大鲫鱼多"的吟咏。但据《北京志·农业卷·水产业志》记述，在新中国成立前，北京几乎没有规模化的渔业生产，所需水产品几乎全部依靠外部供应。说明1949年以前，北京的渔业生产主要以淡水河湖的野生鱼类捕捞为主。

（3）**系统特征与价值**

① 生态地理特征。房山区水资源丰富，拒马河及其他天然淡水河湖中生活着一些古老的鱼类品种。拒马河是海河流域大清河水系支流，发源于河北省涞水县西北太行山麓。拒马河北京段河长61千米，流域面积433.8平方千米，长年不断流，是生物多样性较为丰富的地区之一。

② 品种资源特征。据《北京农业上下一万年追踪》所述，多鳞铲颌鱼是拒马河里十分古老的鱼类，曾与"北京猿人"为伴，可能是"北京人"渔猎的品种之一。多鳞铲颌鱼肉嫩味鲜，有滋补明目下乳之功效。

北魏郦道元在《水经注》中记载"北方有比目鱼，即此水（长沟镇胜泉河）之特产也。"可见古代拒马河水系尚有比目鱼生存。据《京畿古镇长沟》记载，直到20世纪30~40年代，胜泉寺的比目鱼还未绝迹，这可能是北京地区唯一还有野生比目

多鳞铲颌鱼

比目鱼

鱼的河流。比目鱼又叫鲽鱼，成鱼身体左右不对称，两眼均位于头的左侧或右侧，故称为比目。比目鱼肉质细嫩而洁白，味鲜美而肥腴，补虚益气；具有祛风湿、活血通络等功效。所含的不饱和脂肪酸易被人体吸收，有助于降低血中胆固醇，增强体质。

鱼篓

此外，根据《房山自然资源与环境》所述，房山拒马河及其支流中有鱼类 20 余种，鲫鱼、鲤鱼、泥鳅、麦穗鱼、棒花鱼等都是古老且现存的经济鱼类品种。

③ 传统知识、技术和农具。长期的渔猎形成了特有的河流文化与生产技术、知识，创造了相关农具。住在河边的农户，有着对鱼类习性的深刻认知，并配合其特征进行捕捞、养鸭和保护。渔网、鱼叉、鱼篓等是常用的传统农具。

④ 产业发展。1949 年以后，房山开始池塘养殖淡水鱼。发展了流水养鱼和北方冷水养鱼，所养鱼种多为本地鱼类品种。20 世纪 80 年代后逐步引进了新的鱼种，并形成了一套北方冷水地区鱼类养殖技术。

（4）**主要问题** 古老的鱼种多已消失，传统渔猎技术与相关文化亦几已消失。

（二）要素类农业文化遗产

1. 特色农业物种

房山区特色农业物种资源包括粮食作物、蔬菜、家禽家畜、林果等，以下所列为其中重要部分。

房山现仍保留一些农家粮食作物品种。这些品种分散种植在房山各处，配合着相关的传统栽培管理技术也有一定保留，但规模均已不大。

（1）五花头。

（2）小红芒。

（3）大红芒。

（4）蚰子麦。

（5）七二麦。

（6）蚂蚱麦。

（7）本地秃。

以上为冬小麦品种。1949 年以前，冬小麦以农家品种为主，品种多而杂，产量不稳定，广泛种植在房山区东南部乡镇。

（8）九根齐。

（9）白苗柳。

（10）红苗柳。

（11）贼不偷。

以上为谷子品种。

（12）马尾巴。

（13）翻白眼。

（14）黑老鸹。

（15）灯笼红。

（16）鞑子帽。

（17）黏高粱。

以上为高粱主要农家品种。高粱多种在低洼盐碱地或山坡薄地，是北京地区主要杂粮作物之一。有红、白、黄之分，主要用作大牲畜饲料和酿酒原料。

（18）米大麦。

（19）芒大麦。

大麦在北京的栽培历史悠久，分布较广，房山的平原地区为其主产区之一。芒大麦一般作药用。

米大麦

芒大麦

　　房山区种植蔬菜的历史悠久，主要种植在东南部平原地区，山区也有种植。房山蔬菜的规模化种植起源于明代。到 2000 年，仍保留有许多传统蔬菜品种。

　　（20）翻心黄。

　　（21）翻心白。

　　（22）小核桃纹。

　　（23）抱头青。

　　（24）大青口。

　　（25）小青口。

　　（26）大核桃纹。

以上为传统白菜品种。

　　（27）灯笼红。

　　（28）心里美。

以上为传统萝卜品种。

　　（29）油白菜。

油菜品种。

　　（30）尖叶菠菜。

　　（31）圆叶菠菜。

以上为菠菜品种。

　　（32）墩豆。

　　（33）棍儿豆。

　　（34）锅里变。

　　（35）白不老。

以上为传统架豆品种。

　　（36）五叶茄。

　　（37）七叶茄。

　　（38）九叶茄。

　　（39）十一叶茄。

以上为传统茄子品种。

　　（40）小七寸　为传统黄瓜品种。

　　（41）苹果青　为传统西红柿品种。

　　（42）柿子椒　为传统甜椒品种。

　　（43）鞭杆红　为传统胡萝卜品种。

（44）一串铃。

（45）车头冬瓜。

以上为传统冬瓜品种。

（46）西葫芦。

（47）芹菜。

（48）韭菜。

（49）苤蓝。

甘蓝品种。

（50）高脚白大葱。

（51）鸡脚葱。

以上为传统葱品种。

（52）菊芋。

（53）红尖椒。

传统辣椒品种。

（54）**紫皮蒜**　为传统蒜品种。

（55）洋葱。

鸡、鸭、鹅等家禽在房山养殖历史悠久，以散养为主，其主要品种如下。

（56）**北京柴鸡**　为主要蛋鸡地方品种。

（57）**北京肉鸡**　为主要肉鸡地方品种。

（58）麻鸭。

北京柴鸡

麻鸭

（59）中国白鹅。

（60）**华北民猪**　为农户养殖的传统猪种。

（61）**东北民猪**　为农户养殖的传统猪种。

以上为猪的主要养殖品种。北京地区可能是最早驯化猪的地区之一。琉璃河商周古墓中有羊、牛、狗、猪等动物骨骼，是作为家畜饲养的。房山地区农户养猪以散养为主，传统上以野生饲草和粮食喂养。

（62）绵羊。

（63）山羊。

以上为房山羊养殖的主要品种，以产肉为主。

（64）马。

（65）骡。

（66）驴。

以上为房山养殖的传统马类大动物，用于农耕和运输

（67）**梅花鹿**　在西部山区有零星养殖。

（68）**榛子**　在大方山中仍有野生，种植零散，以采摘利用为主。

（69）**银杏**　在大方山中仍有野生，种植零散，以采摘利用为主。

（70）**薄壳香**　核桃主要生长在房山深山区，多为农家品种，薄壳香是房山传统优良品种之一，但种植面积不大。现在，北甘池村种植的薄皮核桃由胜龙泉核桃专业合作社生产，被农业部认定为第四批一村一品推广项目。

（71）红枣。

（72）泡泡红枣。

以上为枣栽培品种，在山区有零散种植。

2. 特色农产品

（1）**大红袍花椒**　大红袍花椒主要分布于十渡、张坊、长操、班各庄、霞云岭等乡镇，为京郊名特产，也是房山传统名产。中国对花椒的利用历史悠久，古代常将花椒与酒配制，称作椒酒；《齐民要术》多次提到

大红袍花椒

用于调味；明代李时珍在《本草纲目》中明确指出"其味辛而麻"的特点。

大红袍花椒又名香椒、大花椒、青椒、青花椒、山椒、狗椒、蜀椒、川椒、红椒、红花椒，属椒中上品，粒大皮薄，色艳味重。花椒具有除各种肉类的腥气；促进唾液分泌，增加食欲；使血管扩张，从而起到降低血压的作用；服花椒水能去除寄生虫；有芳香健胃、温中散寒、除湿止痛、杀虫解毒、止痒解腥的功效。

花椒树为落叶灌木或小乔木，喜光，适宜温暖湿润及土层深厚肥沃壤土、沙壤土，萌蘖性强，耐寒，耐旱，抗病能力强，隐芽寿命长，耐强修剪，不耐涝。北京地区对花椒的利用以采集椒果干燥后作为调味料使用，包括直接利用干花椒皮、制作花椒粉和花椒油等。此外，花椒树又可作防护刺篱，果皮还可提取芳香油，可入药，种子可食用，也可加工制作肥皂。

罗峪白薯

（2）**罗峪白薯** 罗峪白薯种植在韩村河镇及罗家峪村一带，包括1个社区，山区村6个，平原村21个。罗峪白薯历史悠久，据《房山县志·物产》载："早在清代中期始有栽种，民国二十五年（1936年），良乡、房山县栽种面积逐渐扩大，到2006年白薯栽种面积0.8万亩，主要分布在琉璃河镇、青龙湖镇、韩村河镇、河北镇以及霞云岭乡"。

白薯又称山芋、地瓜、甘薯等。罗峪白薯是韩村河镇一宝，不仅甘甜美味而且是一种药用价值颇高的健康食品，其含有丰富的膳食纤维胡萝卜素、维生素A、维生素B、维生素C、维生素E以及钾、铁、铜硒、钙等十余种微量元素，营养价值很高，被称为是营养最均衡的保健食品（热量只有稻米的1/3），具有减肥、健美、防止亚健康之功效。中医研究，白薯，属碱性食品，有利于人体的酸碱平衡，其味甘，性平，能补脾益气、宽肠通气（排毒），具有抗癌作用，且有益于心脏和预防肺气肿、抗糖尿病作用。

（3）**黄土坡村金银花** 金银花是房山山区传统野生药材品种。2005年后，始于河北镇黄土坡镇进行栽培，李各庄村山区联络线周边，种植面积1 000余亩。黄土坡村根据自身优势，用本村野生金银花逐渐嫁接繁育，推广种植，在村子的街边、道路两侧、田间地头，百姓家中的房前屋后种植金银花。通过几年的努力，从剪枝

黄土坡村金银花

培育，到推广种植；从基地试种，到田间地头、街路两
侧、山间林下的全覆盖种植，目前种植规模 1 000 余
亩，育苗 300 万株。

西白岱猕猴桃

（4）**西白岱猕猴桃**　房山山区一直有野生猕猴桃的
生长，张坊镇西白岱成为北京唯一将野生中华猕猴桃扩
展为产业的地区。中华猕猴桃原产中国，栽培和利用至
少有 1 200 年历史，是一种闻名世界，富含维生素 C 等
营养成分的水果和食品加工原料。李时珍《本草纲目》
中说中华猕猴桃是中国特有的藤本果种，因其浑身布满细小绒毛，很象桃，而猕猴喜
食，故有其名。

3.传统农业民俗

　　太平鼓会　太平鼓，曲种，是北京、河北等地区农民创造的农闲时休闲娱乐。太
平鼓，又称单鼓、腊鼓，中国民间岁时娱乐习俗。起源说法不一，唐时已有，本为乐
舞，后用为腊鼓。宋代称为打断。民间改名太平鼓，于新年花会、社火中演出，以祈
太平，故名。太平鼓具有广泛的群众基础和深厚的历史渊源，在当地的民俗活动中发
挥着重要的作用。房山区太平鼓会是北京市非物质文化遗产。

4.传统农业工程

　　古地堰　古地堰主要分
布在河北镇西区四村及河北
村，全镇数万米。建设年代
不详。

　　古地堰古香古色，工程
量巨大，能够展示出河北镇
人民的勤劳和智慧，极具观
赏价值和农业生产价值。

河北镇古地堰

5.特色农业景观

　　佛子庄镇白海棠　白海棠景观位于佛子座镇的贾峪口村。佛子庄镇的白海棠是远
近闻名的鲜食白海棠品种，果实具有个大、不涩、甜脆可口的特点。且贾峪口村白海
棠景观不仅重注果品的质量，更重注打造基地自然景观和人文景观，使该基地成为集

白海棠景观

经济采摘、旅游观光为一体的新型农业现代化观光采摘基地。置身其中不仅可以品尝新鲜有机的白海棠、樱桃等果品，更可以感受山间小梯田的秀美。

6. 传统村落

（1）**水峪村** 水峪村相传形成于明朝初期，位于北京的西南大山之中，南窖乡境内。古宅、古碾、古中幡为水峪村三绝。村内建筑以整齐的石片做房顶，廊头屋顶可晾晒粮食，是北方乡村传统建筑的展现。村内石路蜿蜒，为古商道，至今仍能见古道遗风。

（2）**河口村** 河口村位于房山区窦店镇，距良乡仅8千米，是一个人口不多的平原小村。河口村清代成村，曾名善兴庄，取吉祥意命名。且因地近小清河（古称广阳水）与刺猬河（古称福禄水）等汇合口处，故名河口。曾取名崭新，后恢复原名。河口村辖河口、许庄子两个自然村，村民由汉族、满族组成。2008年10月河口村被评为十大"北京市最美乡村"之一。在一定程度上保留了京郊平原农业村庄的风貌。

水峪村

河口村

（3）**窦店村** 窦店村位于房山区窦店镇，全村4 000余人，4 000亩土地，是汉、回、满、壮四个民族共居的大村。被评为2013—2014年度"北京最美乡村"。

窦店村是北京郊区的回族聚居村，现形成了可同时饲养肉牛1200头的恒升畜牧养殖中心、可同时饲养种牛1 350头的肉牛优良品种繁育中心、日屠宰能力80头的窦店清真肉联厂。窦店镇窦店村（窦店肉牛）被农业部认定为第四批一村一品推广项目。

窦店村清真寺

（4）芦村　芦村位于房山区窦店镇西南，东临窦店村，西邻石楼镇，南邻琉璃河镇，北临板桥村。辖区面积9.584平方千米，有1 800余户，4 000余人，是房山区第二大村。村东2千米有始建于战国至西汉时期的北京市重点文物保护单位——窦店土城遗址。芦村地处大石河畔，地势低洼，传统农业主要生产小麦、玉米、水稻。村内有两株一级古槐，

芦村农田

树龄数百年。芦村蔬菜专业合作社生产的燕都泰华蔬菜被农业部认定为"一村一品"推广项目。

（三）已消失的农业文化遗产

1. 特色农业物种

文献中记载，但现存状况仍需确认的野生植物资源有200多种，其中房山可能存在的有128种。

（1）防风。

（2）荆芥。

（3）沙参。

（4）柴胡。

（5）丹参。

（6）桔梗。

（7）知母。

（8）远志。

（9）茵陈。

（10）苍术。

（11）白头翁。

（12）酸枣。

以上为生长在山地阳坡和林缘的可利用野生药用植物。

（13）升麻。

（14）乌头。

（15）天南星。

（16）半夏。

（17）铃兰。

（18）黄精。

（19）玉竹。

（20）党参。

（21）北五味子。

（22）刺五加。

（23）鹿蹄草。

（24）麦冬。

（25）龙牙草。

（26）土贝母。

以上为生长在山地阴坡、林下或林缘的野生药用植物。

（27）益母草。

（28）扁茎黄芪。

（29）地黄。

（30）曼陀罗。

（31）苍耳。

（32）车前。

（33）葶苈。

（34）麻黄。

以上为生长在田埂、道旁和荒地的野生药用植物。

（35）毛茛。

（36）水蓼。

（37）鸭趾草。

（38）藿香。

（39）山薄荷。

（40）泽兰。

（41）菖蒲。

以上为生长在山沟溪旁和经常积水的沼泽的野生药用植物。

（42）佛手参。

（43）金莲花。

（44）山大烟。

以上为生长在山顶草甸的野生药用植物。

（45）平榛。

（46）毛榛。

（47）胡桃楸。

（48）酸枣。

（49）山葡萄。

（50）欧李。

（51）牛迭肚。

以上为可食用野果。

（52）蕨菜。

（53）地肤。

（54）猪毛菜。

（55）升麻。

（56）山丹。

（57）龙须菜。

（58）黄花菜。

以上为可食用野菜。

（59）罗布麻。

（60）苎麻。

（61）荩草。

（62）胡枝子。

（63）葛。

以上为野生纤维植物中可供纺织的重要种类。

（64）栓皮栎。

（65）槲栎。

（66）槲树。

（67）辽东栎。

（68）山核桃。

以上主要利用外果皮。

（69）柳树　主要利用其树皮。

（70）杨树　主要利用其树皮。

（71）平榛　主要利用其树皮。

（72）毛榛　主要利用其树皮。

（73）地榆　主要利用其皮质。

（74）黄栌　主要利用其皮质。

（75）山刺玫　主要利用其皮质。

（76）君迁子　主要利用其皮质。

以上为主要的可利用鞣质植物。

（77）玫瑰。

（78）野薄荷。

（79）藿香。

（80）香附子。

（81）荆芥。

（82）缬草。

（83）菖蒲。

（84）百里香。

（85）枝子花。

（86）小飞蓬。

以上为野生芳香油的植物。

（87）橡子　栎属的果实。

（88）芡实　又叫鸡头米。

（89）葛　主要利用其根。

以上为野生淀粉原料的植物。

（90）山核桃。

（91）侧柏。

（92）臭椿。

（93）平榛。

（94）毛榛。

（95）荆条。

（96）苍耳　主要利用其子实。

（97）播娘蒿　主要利用其子实。

（98）葶苈　主要利用其子实。

（99）皱叶酸模　主要利用其子实。

以上为野生油脂植物。

（100）绣线菊属。

（101）山刺玫。

（102）锦鸡儿。

（103）金雀儿。

（104）大花溲疏。

（105）胡枝子属。

（106）翠雀。

（107）石竹。

（108）毛茛。

（109）野秋海棠。

（110）翠菊。

（111）紫花野菊。

（112）白头翁。

（113）山丹。

（114）岩青兰。

以上为生长在低山区的野生观赏植物。

（115）太平花。

（116）东陵八仙花。

（117）蓝荆子。

（118）各种丁香。

（119）美蔷薇。

（120）剪秋萝。

（121）乌头。

（122）华北楼斗菜。

（123）大花杓兰。

（124）胭脂花。

（125）山大烟（野罂粟）。

（126）柳兰。

（127）山萝卜。

（128）花葱。

以上为生长在海拔较高处的野生观赏植物。

（129）果子狸。

（130）伏翼。

（131）橙足鼯鼠。

以上为房山主要野生动物资源，在 2000 年前后仍有利用。

2. 传统农耕技术

（1）陶仓储谷。

（2）吊脚楼式谷仓。

以上为已弃用的传统粮食仓储技术。

3. 传统农业工具

除了在各系统中已介绍过的传统农具外，房山历史上还使用许多传统农具，但现在多已弃用。

（1）桔槔。

（2）戽。

（3）辘轳。

（4）水车。

以上为用于用于灌溉的农具。

（5）鼠夹　用于植物保护的农具。

（6）粪叉。

（7）粪勺。

以上为用于施肥的农具包括。

（8）连枷。

（9）谷斗。

以上为用于脱离的农具。

（10）扇车。

（11）簸箕。

（12）木锨。

（13）筛。

以上为用于净粮的工具。

（14）石碾。

（15）水碾。

以上为用于粮食加工的工具。

（16）背架。

（17）背篓。

（18）端筐。

（19）手推车。

（20）畜力大车。

以上为用于运输的工具。

（21）石臼　主要用于捣米和舂米用。

（22）扁担　主要用于挑运。

4.特色农业景观

（1）**琉璃河商周遗址**　是中国商周时期重要遗址，位于房山区琉璃河镇。遗址东西长 3.5 千米，南北宽 1.5 千米。20 世纪 40 年代发现。该遗址对研究燕国早期历史具有重要意义。1988 年被国务院公布为全国重点文物保护单位。遗址包括古城址、墓葬区、居住址三部分。古城址位于遗址中部，位于董家林村，建城年代约在西周初期。墓葬区位于城东南部，以黄土坡村最为集中。随葬品小型墓以陶器为主，中型墓以青铜器为主，大型墓多被盗。居住区位于城内及西部，有房屋、窖穴、灰坑、水井等遗址。今遗址区已建立了西周燕都遗址博物馆。遗址中还有车马、牛、羊和狗的骨头等。

六、通州区

本次普查中，在通州区共发现系统性农业文化遗产 1 项，要素类农业文化遗产 51 项，已消失的农业文化遗产 18 项。

（一）系统性农业文化遗产

1. 通州葡萄栽培系统

张家湾葡萄（1）

（1）**地理位置**　通州葡萄栽培系统隶位于通州区张家湾镇的大北关村。

（2）**历史起源**　张家湾自元朝就种植葡萄，至今已有七八百年的种植历史。早先张家湾葡萄品种以玫瑰香为主，后引入了一些其他品种。

（3）**系统特征与价值**

① 生态地理特征。张家湾素有"北京吐鲁番""京郊葡萄之乡"的美誉，张家湾镇四季分明、热量丰富、日照充足。年平均气温在 11.2℃。其葡萄种植地土质为永定河、潮白河冲击形成的沙壤土，90% 以上为潮土层，层次多。境内多河富水，分布有大运河、萧太后河、凉水河等五条河流。得天独厚的地理环境和勤劳的张家湾人塑造了品质优良的张家湾葡萄。

张家湾葡萄（2）

② 品种资源特征。张家湾镇内现有葡萄种植面积 7 000 余亩，除传统品种外，还种有维多利亚、贵妃玫瑰、红双味、巨玫瑰、龙宝、茉莉、红皇后等葡萄品种 130 余个。

游客体验张家湾葡萄采摘活动　　　　　　　　　　　葡萄采摘

③ 景观与文化价值。张家湾具有一定的景观美学和精神文化特征。张家湾镇充分挖掘漕运文化，与农业文化结合，汇集世界各国名优葡萄品种，建成了集观光、采摘、休闲、科普为一体的现代都市型葡萄主题观光园——北京葡萄大观园，成为京郊著名果品生产、研发、深加工基地。张家湾葡萄以果形舒美、果粒莹润、色泽鲜亮、甜度高、口感好的品质赢得消费者的赞誉。以葡萄采摘为主的采摘园遍布全镇，吸引了大量游客。

（4）主要问题　随着新品种的引进和现代栽培技术的发展，许多传统知识与技术逐渐消失。

（二）要素类农业文化遗产

1. 特色农业物种

（1）通州金鱼　金鱼起源于中国，是世界观赏鱼史上最早的品种。通州金鱼起源于宋朝。现养殖基地位于通州区张家湾镇，占地 418 公顷，年产 25 000 万尾，年产值 1 亿元，出口欧洲，出口额达到300 万元，带动了当地经济的发展，提高了居民的生活水平。

通州金鱼

2. 特色农产品

（1）**通州大樱桃**　通州大樱桃分布于北京市通州区，始于1976年前后。通州区多河富水，土壤深厚，土质肥沃，光照充足，雨量适中，交通便利，非常适宜水果种植，通州大樱桃珠圆玉润，红艳饱满。其中沙古堆位于北京市通州区西集镇最西部，是通州大樱桃的主产区，种植面积高达2 400亩，被赋予"京郊大樱桃，品质第一村"的美誉。沙古堆樱桃于2011年被农业部授予"国家地理标志产品"称号。在参加全国及北京市级比赛中累计获金奖17个，银奖38个，彰显了通州大樱桃的品质魅力。

通州大樱桃

沙古堆村

通州甘薯

（2）**通州甘薯**　通州甘薯最早种植于清朝（1757年），距今200余年，又名甜薯，薯蓣科薯蓣属缠绕草质藤本。地下块茎顶分枝末端膨大成卵球形的块茎，外皮淡黄色，光滑。茎左旋，基部有刺，被丁字形柔毛。喜光的短日照作物，性喜温，不耐寒，较耐旱。

（3）**翻心白菜**　翻心白菜为北京农家品种，已栽培多年，其具体起源时间不详。翻心白菜植株矮小，较直立，高40厘米。外叶20片左右，叶片浅绿色，中肋白色，窄而薄。叶球长筒形，上部较大，顶部翻露出白色而多皱的新叶。

（4）**徐官屯生菜** 传统品种，主要分布于徐官屯村，具体起源时间不详。生菜又称鹅仔菜、莴仔菜，属菊科莴苣属。为一年生或二年生草本作物，叶长倒卵形，密集成甘蓝状叶球，可生食，脆嫩爽口，略甜。

3. 传统农业民俗

（1）**运河船工号子** 运河船工号子与漕运船工的劳作紧密伴随，是当地农民长期劳作生活过程中形成的一种农闲娱乐表现方式。运河船工号子的渊源，如今只能根据演唱者的回忆追溯到清道光年间。船工号子是以家庭、师徒、互学的方式传承。

通州运河船工号子（演示）

通州是京杭大运河北起点，早在秦代就有漕运活动。元明清三代，漕运进入了鼎盛时期。光绪末年，漕运废除，通州码头地位逐渐消失，但在运河上民间的客货运输直到 1943 年运河因大旱断流时，才停止。至此，与漕运共兴衰的号子也从大运河上消失，但是船工号子因有传人，而流传至今。运河船工号子是经过几百年的传承，成为运河文化和北京文化标志性文化符号之一。如今，运河船工号子已失去了生存的空间，且在传承上后继乏人。

（2）**张庄村龙灯会** 龙灯会是运河漕运劳作的重要休闲和庆祝方式，历史上有记载的是在汉代。在董仲舒所著的《春秋繁露》里，记载着龙灯会始于春秋，汉代出现了"龙灯"二字，并查到龙灯会在祭祀和庆典时"舞技"的盛况。但据潞县镇张庄村龙灯会现在的会头谢文荣追述，张庄村龙

通州潞县镇张庄村龙灯会

通州大风车

通州大风车

灯会的历史只能追溯到170年前的清道光14年（即1835年）。其传承方式是师徒相传，一直到现在。张庄村龙灯会龙头的方口造型及蓝色双龙在北京地区较为少见，蓝色代表"水"，带有鲜明的运河文化特色。另外，在龙的脖子上各系五个铜铃，双龙舞动时，铃声悦耳，显示出创造性和群众性，具有较高的历史价值和文化价值。

（3）**通州大风车** 发源于北京市通州区西集镇的通州大风车，距今已有2000年的历史。以农作物秸秆为制造原料，传说具有祛魔镇宅降妖之功，寓意家庭幸福，人丁兴旺，四季保平安。

作为一种汉族民间工艺，风车制作起来有四五十道工序，其中用来制作泥鼓的土要求非常讲究。要选择黏性大、不僵硬的土，通过泥浆、过滤、沉淀等工序。如今，通州大风车已经成为节日庆典重要的汉族传统文化产品和民俗玩具。

（4）**张家湾高跷** 张家湾高跷分布通州区张家湾镇，起源不详。表演内容以《三国演义》为主，穿插苏秦背剑，跳高坡等动作。表演时配有前导，20个小男

张家湾高跷

孩的"波子"手持"童子老会"的会旗，肩跨香袋，打着"娘娘幅"，边舞边唱，后边是黄轿子压阵，一般由 4~8 人抬轿，轿子内有"符"，秘不示人，到佑民观祭拜后焚烧。

（5）**漕运庙会** 庙会是古代农闲时重要的娱乐形式。漕运庙会起源于元代，距今 700 余年。高碑店村每到端午、中秋、正

漕运庙会

月十五，都要举办漕运庙会。清光绪二十七年（1901 年），漕运正式退出历史舞台，漕运庙会也悄然停止了。2006 年 1 月 22 日，在高碑店闸—平津闸的旧址，重新恢复了有 700 年历史的漕运庙会，重现了京杭大运河码头的民俗风情。

4. 传统农业工程

（1）**通运桥** 通州区的农业文化遗产多与水利和漕运有关，桥梁就是其中的重要组成部分。通运桥东临京杭大运河故道，南临萧太后运粮河，东北临通惠河故道，北为村中闲置地。位于通州区张家湾镇，始建于明万历三十年。公元 1005—1008 年，即辽代统治年间，

通运桥

熙宗之母萧太后，由燕京凿河至此，运兵运粮，故此河称萧太后河。现仅存石桥与残垣一段。

（2）**东门桥** 东门桥位于通州区张家湾镇土桥村至张湾村间。1292 年春，著名科学家郭守敬设计督修通惠河，次年秋竣工，土桥村中至张家湾村东这段河道是河门（广利）上、下闸之间的通惠河尾段。明嘉靖七年（1528 年）吴仲重浚通惠河

东门桥

成，河口由张湾村东移至通州城北门外，自八里桥至张湾段河道废弃，新中国成立后被填塞大部，然此段河道尚明。

在此段通惠河故道上尚存 3 座明代所建独券石桥。其一在土桥村中，南北向，平面，称广利桥。此桥之西100 余米处，有元代所建广利上闸遗址，闸基尚存，掩在地下，闸身早毁。由此表明元通惠河自西而至。其二在皇木厂村西，亦平面，称张家湾东门桥。其三在皇木厂村南，拱桥，称虹桥，此桥之东为河门下闸，即通惠河汇入大运河之处。此段河道遗址乃是元通惠河河门上下闸之间的一段故道，是通惠河转运京杭大运河所运各种货物的开始河段，是元及明前期大运河北端码头之一的历史见证，曾为建设、繁荣都城做出过重要历史贡献，而 3 座石桥是河门上下闸位置与张家湾城址的历史依据，有重要的历史价值。

（3）马驹桥　马驹桥位于通州区马驹桥镇北门口村西北角外桥闸处，南侧为马驹桥古街，北侧为亦庄开发区。

辽金时期，帝王后妃臣僚自燕京蓟城去潞阴县内延芳淀游幸畋猎，经此过河，故架有木桥，因桥南为马驹里，遂名马驹桥。明代皇家狩猎场南苑建成后，其东围墙正门（东红门）设在此桥北端迤西约 400 米处，木桥经不住"纷纷络绎，四时不休"之车马碾踏而坏。天顺七年（1463 年）春，明英宗以为架桥乃为先务不可缓办，乃命修建石桥，于当年十月初一日赐名"宏仁"。明代宏仁桥为九券石拱桥，

马驹桥

南北向，"长二十五丈，广三丈"，两侧护以石栏，"精致工巧，无以复加"，且石砌南北端两侧河床，以防冲毁石桥。

由于此桥负担繁重，未及时修缮，又河水经常泛滥，到清乾隆年间，桥石崩落水中，水阻溢岸而妨害百姓田庐，农旅交病。为了农民生活安定，农业丰收，清高宗于乾隆三十八年（1773 年）春，诏令重修此桥，长仍为 25 丈、广减为 2.5 丈，变 9 孔为 7 孔，仍为拱桥，比原桥壮固有余，更名马驹桥。1959 年 7 月，马驹桥被公布为通州区文物保护单位。1960 年春，通县水利局于此建闸蓄水，公路局在此建钢筋混凝土平面桥，拆除古桥，用原桥石料砌筑新桥桥墩，而石桥原基尚然保存。此桥遗址属于古代天津一带从南入京的通途要塞，是京津间古镇马驹桥镇的重要历史见证。

（4）**古井** 古井遗址位于通州区漷县镇李辛庄村委会东 200 米处，周边均为民居。李辛庄村为明初移民所建，穷者来自山西，富户李姓来自江苏，管理穷民耕种，定村名为"李家新庄"，渐省称"李新庄"。清代以"新"与皇室姓字相重，又"新"与"辛"字在古代有相通之义，遂易作"李辛庄"。

古井

位于李辛庄的古井为砖砌，建村时所凿。井口直径 0.80 米、深 10 余米，其与北京地区多数古代水井不同。据曾参加淘井老人讲，其井下部砌成大瓮状，直径约 3 米、高约 2 米，然后在大瓮口处往上缩砌。如此打井方法，可以多储泉水，供多家食用，其好处在于多家集中打水不易干涸，犹不易因多人汲水而产生混浊，同时扩大水源输入以及时补缺，因而村民总能吃到清凉纯洁地下水，十分科学卫生。井的下端高阔，一可增多水源，二可多人同时打水不浑，三可减少淘井次数，四可牢固耐用，为北京地区罕见的古井口。

（5）**八里桥** 八里桥原名永通桥，因东距通州 8 华里而被百姓俗称八里桥，是古代农业水利工程的重要组成部分。

八里桥建于明正统十一年（1446 年），南北走向，横跨通惠河，为石砌三券拱

八里桥

桥。中间大券如虹，可通舟楫，两旁小券对称，呈错落之势。桥上的每块石头之间嵌铁相连，十分坚固。这座桥由花岗岩石砌造，两边各是一个小型的桥拱，中间夹一个大跨度的桥拱。桥长50米，宽16米，桥墩呈船形。桥的前端分水尖上安装有三角形铁桩，同时在桥拱和桥墩水位线的位置加固了一圈腰铁，用以预防过往船只的碰撞和春天解冻冰块的撞击。八里桥中间桥拱很高，有"八里桥不落桅"的美誉，是北京独一无二的桥拱。此外，桥身的石雕装饰也精妙绝伦，32块汉白玉护栏板的望柱上都雕刻有形态逼真，造型各异的狮子。

永通桥曾是东至山海关、南至天津陆路交通的要道。历史上该地曾进行过两次大规模的中外战争，第一次为咸丰十年（1860年），英法侵略军攻陷天津、通州后，清政府为保卫北京在这里阻击侵略军，进行了八里桥战役。第二次为光绪二十六年（1900年）八国联军入侵北京，义和团在八里桥狠狠打击了侵略者的嚣张气焰。

（6）**闸桥** 位于通州区，建于元朝，合并于明嘉靖六年（1527年），横跨通惠河分支，上首闸，下首桥，相距十七八米左右。水闸截水，利用水浅时通惠河主道通

闸桥

航，是古代农业水利工程的重要组成部分。建桥行人，利于南来北往，俗称闸桥，沿袭至今。

（7）**大光楼** 大光楼位于通州旧城北门外沿通惠河向东，在运河与通惠河交汇之处，北运河西岸石坝码头岸边。俗名坝楼，始建于明嘉靖七年（1528年），巡仓御史吴仲督修。同治十一年重修，南北添

建平台各三间。取卦爻"自上而下，其道大光"之义，因此也叫河楼。明清两朝，户部坐粮厅官员，在此验收漕粮，故也叫验粮楼。在此楼检验运抵石坝的正兑进京白粮，供皇室百官之用。

（8）**广利桥**　广利桥位于张家湾镇土桥村中入楼群道侧，在 7 号楼与 8 号楼之间。土桥即广利桥，横跨于元代通惠河上，因西接近广利上闸，故而得名，是农业水利工程的一个代表。清乾隆四十二年（1777 年）曾予重修。广利桥为单孔平面石桥，南北向，两侧设等长、等厚、异高之素面刻海棠池纹青砂岩护栏板各三块，栏端戗以如意形抱鼓石。桥面石、撞券石、金刚墙与燕翅都用花岗岩石块砌筑。

大光楼

广利桥

长 11 米、宽 6 米、矢高 2.5 米、弦长 4.32 米、燕翅长 10.1 米，其东北向者中间嵌重修刻石一块，简记重修时日、捐修等事。东南向燕翅中间顶处嵌砌圆雕镇水兽一只，艾叶青石制，长 1.5 米、宽约 0.8 米。作卧伏状，大角犀利，梗项扭头，鳞片被背，长尾回蜷，乃龙子之一名饕餮，性好饮，故置水边桥侧，镇水保桥。此雕虽中间裂道横缝，但仍于 1959 年 7 月被公布为通州区文物保护单位。1998 年，石桥两侧河道故迹被填塞，桥券不见，且将镇水兽从燕翅垂直提升至地面。这一石雕形制巨大，雕刻精美，形态生动，是明代所雕镇水兽的典型，艺术价值极高。是元通惠河上广利上闸位置的历史见证，为研究元通惠河的下游走向提供了重要依据。

（9）**大运西仓仓墙遗址**　大运西仓仓墙遗址位于通州区北苑街道佟麟阁街 9 号，

大运西仓仓墙遗址

南临民居。明永乐七年建国仓于通州旧城西门外迤南，为漕运终储仓，守卫北边和保卫北平将士于此处支取粮饷。因居通州仓群西部而名西仓，正统元年（1436 年）定名为大运西仓。内曾建有都储官厅、监督厅、擎斛厅及各卫小官厅 9 座，消防水井 12 眼，仓廒栉比，露囤棋布，为京、通仓群中第一大仓。清代王公贵族和八旗官兵亦于此支取俸粮。乾隆十八年（1753 年），大运南仓中部分仓廒、粮囤迁建于此。清光绪二十七年（1900 年），北运河停漕，此仓废止，为清军占用。清朝灭亡后，又有数派反动军阀部队先后驻此。

1931 年"九一八事变"后，张学良率东北军驻此，且建有阅兵台。1935 年 12 月，日寇驻通守卫队侵驻于此。1937 年 7 月 29 日凌晨，伪冀东政府保安队在通州举行抗日武装起义，全歼侵此日寇。次日，日寇于此残杀通州百姓 700 余人。1945 年抗日战争胜利后，国民党正规军某部驻此。1952 年，解放军第一炮兵技术学校设此。1977 年，炮校迁走后，此处变为作红旗机械厂。现仅存该仓南仓墙地上残段，为城砖垒砌，略有收分，残段长约 40 米，残高约 3 米，厚 0.8 米。其余墙基尚掩地下。此段西仓围墙遗址，是京杭大运河漕运的重要产物，为通州运河文化的珍贵载体，京门丰厚历史内涵的实物见证，历史价值甚高。

（10）大运中仓仓墙遗址 大运中仓仓墙遗址位于通州区中仓街道中仓路街 10 号，东临南大街西侧居民区，西临中仓路，南临悟仙观胡同北侧居民区，北临西大街。明永乐年间为储放军用粮饷，朝廷于通州创建三座大型漕仓，总称

大运中仓仓墙遗址

"通仓"。因此仓居中，故称"中仓"。正统元年（1436 年）定名为"大运中仓"，供应守卫北京与长城部队之粮饷。隆庆三年（1569 年），大运东仓并入此仓，清乾隆十八年（1753 年）大运南仓部分仓廒亦并入此仓，使此仓之大居京、通 11 仓群之二（首位是通州西仓）。在清代，通仓又为北京八旗官兵及王府贵族领取俸粮之所。此仓围砌城砖砖墙，周长 1237 米。设收纳水上转运漕粮之南门、陆上转运漕粮之东门与支放漕粮之北门。

光绪二十六年（1900 年），八国联军入侵通州时驻此。次年，北运河停漕，仓废，后为军阀部队占用。1935 年 12 月，日寇驻通特务机关设此。新中国成立后，为解放军某部所占用，拆改已尽，仅余仓墙残段计约 150 米。仓场遗址内散存一些巨大古镜式柱础、石碾、台基条石等仓廒厅舍建筑构件，北墙外保存古槐一株、仓神庙碑身一块。2001 年被公布为通州区文物保护单位。这段古老而残缺不全的中仓仓墙，是京杭大运河北端皇朝设置军仓的重要遗迹，表明通州在明清时期军事上、政治上极具战略地位。通仓在国防建设和黎民百姓生活方面发挥了至关重要的作用，其仓墙遗址是通州漕运仓储文化的宝贵载体，具有很高的历史价值。

（11）**大运南仓古井**　位于新城南街的大运南仓古井完全由城砖垒砌，从古井的位置来看，应是大运南仓为了防火所设的官井。大运南仓建于明朝天顺年间，即 1460 年左右，距今已有 500 多年的历史。这口官井应是建设大运南仓时垒砌的，是当时存粮储量发展过程中形成的，也是当时农业文化的发展印记。

（12）**虹桥**　始建于元代。此桥为单孔拱桥，位于元代通惠河故道，南北段均为运河北段大码头，长 13 米，宽 4.8 米，矢高 4.8 米，弦长 6 米，全部为艾叶青石砌筑。

5. 特色农业景观

（1）**葡萄大观园**　北京葡萄大观园暨北京葡香苑园艺场，位于通州区张家湾镇大北关村，占地 200 亩，是在张家湾葡萄种植的基础上发展起来的，在文化传承、普及葡萄栽培知识、传播传统葡萄品种资源方面起到了重要作用。

北京葡萄大观园

该园2004年被确定为北京市首批观光农业示范园，并被科技部门确定为市级葡萄种质资源科普示范教育基地，对于普及传统葡萄栽培知识，保护传统葡萄品种资源、传承葡萄文化等起到了重要作用。

6. 传统村落

（1）皇木厂村　皇木厂村属张家湾镇辖村，位于通州城东南6.8千米、本镇政府驻地西北1千米处。东北距北许场0.7千米，西南至后庄0.4千米。该村地势平坦，海拔18.6米。聚落呈矩形。

明、清时，营造北京皇宫所需大木（称皇木）自南方各地经北运河运抵该地储存，敕宦官、佑司把总署驻此，运木的车户、脚夫居此，渐成聚落，故而得名。主产小麦、玉米。张（家湾）风（河营）路经村西，京塘路经村北、村南、北约1千米处，有明代所植古槐1株在村中，为通州古树保护之一。该村为运河水利文化的重要历史见证。

皇木厂村

（2）史东仪村　史东仪村为西集镇辖村。位于通州东南23.5千米、本镇政府驻地东2千米处。在潮白河与侯肖沟西侧。东距尹家河1.5千米，北与侯、黄东仪基本相连。该村地势平坦，海拔16.4米。聚落呈方形。明代已成村。

明初平定北方的大军沿运河北上至此，为迎接燕王朱棣过河在此设仪仗队，此地曾为仪仗队东端，史姓首至此地定居，故而得名。后随着当地农业的发展，村落

史东仪村

逐渐发展壮大。1977 年与侯、黄、前东仪统称新东仪，1986 年复今名。村内耕地土壤为蒙金面砂土，主产果品、蔬菜。

（3）陆辛庄村　陆辛庄村属牛堡屯镇辖村（现属张家湾镇），位于通州城南 12.5 千米、本镇政府驻地西北 4 千米处。东至北大化 1 千米，西至样田 2.5 千

陆辛庄村

米。该村地势平坦，海拔 18.8~19.6 米。聚落呈方形。据传元代已成村。为陆姓地主庄园，名陆家花园。明代高、葛、禹三姓为陆姓种田护庄。

明末，山东人季朝带领家眷辛氏等人至此定居，相传此人为闯王义军将领，善使枪棒，人称铁枪将，平日教人习武。清朝获悉，派兵抄剿，全村被烧，季朝返回故里，其妻辛氏带领村民重建家园。清乾隆年间，曾名陆家新庄，光绪志误写路辛庄。1913 年称今名。该地区土壤为两合土，主产水稻、小麦、玉米。

（4）里二泗村　张家湾镇辖村，位于通州城东南 12.2 千米、本镇政府驻地东南 4.5 千米处。在北运河、凉水河间。西距烧酒巷 1 千米，北至上店 0.5 千米。该村地势平坦，海拔 17.7 米。聚落呈矩形。元代已成村。

据《元史河渠志》载："李二寺至通州三十余里"，村依寺名。李二为人刚正，村民建寺以示纪念。明嘉靖十四年（1535 年），建玉皇阁，塑河神像，赐名佑民观，名其阁曰锡禧。因近泗河（白河、凉水河、萧太后河、通惠河），山门匾额明写洢氵二泗，名从水旁。清治八年（1651 年），世祖爱新觉罗·福临曾至此地。清代简写成今名。该地区土壤多为面砂土，村东西有两合土，村东南为轻盐面砂土。主产小麦、玉米。

里二泗村

该村曾为元、明、清三代漕运重要通道，曾有"船到张家湾，舵在里二寺"之民谣。佑民观现已不存，仅有古槐 1 株，残碑 5 块，为通州文物保护单位。盛极多时的里二泗庙会，于 20 世纪 40 年代终止。

（5）**北（上）马头村**　北马头村属张家湾镇辖村，位于通州城东南 6.4 千米、本镇政府驻地北 1.5 千米处。东南距张辛庄 2 千米，西至土桥 1.3 千米，南与北许场隔路相对。该村地势平坦，海拔 21.4 米。聚落呈方形。明代已成村。

北（上）马头村

元、明时期，因白河经此，在河道东、西两侧，修建两个码头，为当时漕运货物集散地之一，因位于张家湾下码头之北（以北为上），故称东上码头、西上码头。形成聚落后，村依码头名。清代依同音合称东西上马头。清嘉庆年间，因河道变迁淤塞，二村逐渐成为一体，故改称上马头。1981 年因坐车买票时口语与漷县镇马头村易混，故更今名。

（6）**枣林庄**　枣林庄属张家湾镇辖村，位于通州镇东南 12.2 千米、本镇政府驻地南 4.8 千米处、凉水河西侧。东至姚辛庄，西距三间房均 3 千米。该村地势平坦，海拔 16.9 米。聚落呈矩形。村内回族人口占总人口的 39.1%。因此，有清真寺。元代已成村。

枣林庄

古为交通要道，形成聚落后，因村旁有枣树林而得名。主要种植小麦、玉米、水稻。

（7）**竹木厂村** 竹木厂村属城关镇辖村（现属永顺镇），位于通州区中心西 2.8 千米、本镇政府西 2.5 千米处、通惠河北岸。东距取中庄 1.5 千米，西至区界 0.5 千米，南与五里店隔河相对。该村地势平坦，海拔 25.5 米。聚落呈方形。明代已成村。因此地有个莲花池与通惠河相通，南方各省运来的竹子，存在这里浸泡，以防爆裂，形成聚落后，曾名竹子厂。1913 年后，因亦浸泡木头，更今名。主产小麦、玉米，产蔬菜和水果。

（8）**梨园村** 梨园村属梨园镇辖村，辖梨园、洼子，位于通州城南 2.8 千米、本镇政府驻地东北 1 千米处。在京塘公路与玉带河之间。东北距北三间房 0.5 千米，西南至洼子 1 千米。该村地势平坦，海拔 23 米。聚落呈矩形。

相传，早在唐代，该地为李姓庄园主所有，园中种植各种果木、花草，住有看园之人，故曾有李家花园之名。在村东北 100 米处，于 1975 年 8 月发现金代石椁墓 2 座，有陶器、瓷器等器物 60 多件及唐、宋铜钱多枚，墓志一合，墓巾人石宗壁葬于"通州潞县台头村之新茔"，被命名为三间房金墓。明代迁徙民至此，因园中有梨树，称今名。该村主要种植小麦、玉米、水稻。元代郭守敬主持开凿的通惠河故道经村中，仍有遗迹可寻。

（9）**砖厂村** 砖厂村隶属梨园镇辖村，在京塘、张（家湾）凤（河营）公路交会处东北侧。东距北马头 1.2 千米，南与土桥隔路相对。该村地势平坦，海拔 21.4~21.9 米。聚落呈矩形。明代已成村。

明成祖朱棣即位后，于永乐五年（1407 年）至十八年（1420 年），历时 13 年完成北京皇宫及都城主要建筑，所用之砖大部分经运河漕运至此存放，再转运北京。该村主产小麦、玉米。元代郭守敬主持开凿的通惠河故道经村西，今尚有残迹。

（10）**立禅庵村** 立禅庵村隶属张家湾镇辖村，位于通州城东南 7.5 千米、本镇

砖厂村

立禅庵村

政府驻地西 1.6 千米处，萧太后河南岸。东距张家湾 0.5 千米，西至大高力庄 1.5 千米，北与周庄隔河相望。该村地势平坦，海拔 20.5 米，良好的地理位置不仅为当地农业发展提供了基础，同时农业的发展也促进了村落的不断完善。聚落呈矩形。清代已成村。立禅庵建在唐大历间所建净业院故址上，明宣德三年（1428 年）重建改名净业寺，后称立禅庵。形成聚落后，村依庵名。

（11）瓜厂村　瓜厂村隶属张家湾镇辖村。位于通州镇东南 9 千米、本镇政府驻地南 1.5 千米处，在凉水河与马（营）榆（林庄）路之间。西南至牌楼营 0.5 千米，北到小辛庄 0.5 千米。该村地势平坦，海拔 18.9 米。聚落呈矩形。明代已成村。

为存放从南方运来的木瓜的场所，8 户人家首居此地形成聚落，故曾名木瓜厂。清代圈地后为恭亲王庄园，并简称今名。该村主产小麦、玉米。

（12）马驹桥村　马驹桥村属马驹桥镇辖村，镇人民政府驻地，位于通州镇西南 18.4 千米处、凉水河南岸。东南与东店相连，西邻辛屯、西后街。该村地势有起伏，海拔 25.2～27.2 米。聚落呈矩形。

因浑河（永定河）经此，"凡外郡畿内之人自南而来者，东西二途须出此渡"。金大定年间即已形成聚落，时称马驹里。元代始建木桥，成为京东南交通要道，桥依村名，称马驹桥。因横架于浑河（今凉水河）之上，又名压浑桥。因系交通要冲，名传各地，故村又依桥而名。明天顺七年（1463 年），拆去木桥改建为 9 孔石桥，以示广施仁政之意，赐名宏仁桥。清复今名，曾设把总于此，名马驹营。

由于该地交通便利，农业发展，历为区、乡、人民公社驻地。该村主要种植小麦、水稻、玉米。

（13）潞观村　潞观村属牛堡屯镇北大化村民委员会所辖自然村，位于通州城南 13 千米、本镇政府驻地北 3 千米处。在张（家湾）凤（河营）、潞（观）大（地）路交会处，西与北大化隔路相对。明代已成村。

因元代该地正处潞州初治与柳林行宫间的大道旁。并在此设关检查过往行人，故曾名路关。另一说，元代建有道观一座，名露云观，依同音称今名。但该村一直户少人少，清代按村摊粮派役，承受不了，而与北大化并为一个村。自此，农业得到不断发展，村落也逐渐扩大完善。该村地势平坦，聚落呈方形。

（14）神仙村　神仙村属于回族乡辖村，位于通州城南 21.7 千米、乡人民政府驻地东 2.5 千米处。东距北堤寺 2 千米，北到北辛店 1.5 千米。该村地势稍有起伏，村东南、西南及村中各有一个沙坨，海拔 16.2～17.2 米。聚落呈方形。以种植小麦、玉米为主，部分农户兼顾果树种植和畜牧养殖。

清代光绪版《通州志》曾载："旧志云"，神潜宫"在州南，县南二十里，辽后妃从猎行宫也，今无考，相传其地土人呼为神仙村。"在元代时，延芳淀被洪水所卷泥沙淤塞成几个孤立的湖沼，今神仙村附近的水面已成荒地，帝王不来此处游猎，神潜宫已经不再是行宫了。

神仙村

后来，佛教的禅宗信徒至此，利用神潜宫建筑当作寺院，奉礼他们的祖师达摩菩萨，因而神潜宫变成了达摩宫，俗称达摩顶。由于此座庙宇香火很盛，来这里进香和做买卖的人越来越多，逐渐形成一村，以神潜宫为村名。明初，朱元璋派遣的大将军徐达、副将军常玉春所率领的大军，北讨元廷，对元朝统治者的种族奴役政策十分愤恨，殃及元朝时的大多建筑，因而当打到这里时候，将达摩宫一把火烧光。而村名也以一声之转而称神仙子，清简称今名。

(15) **仓头村** 仓头村隶属牛堡屯镇辖村，位于通州城南约 11 千米、本镇政府驻地北 4.5 千米处、凉水河东南岸。东距三间房 2.5 千米，西北与兴武林隔河相望，东北到十里庄 1 千米。该村地势平坦，海拔 19.5 米。聚落呈矩形，明代已成村。

军士至此屯田，以青巾裹头，形成聚落，故名苍头，亦作仓头。另一说元初，未开通惠河前曾利用凉水河漕运，沿岸设仓，沿进广渠门大道转输大都（北京），漕船至此不能上行，最后一仓置此，形成聚落后，故名。该村主产水稻。

(16) **杨家洼村** 杨家洼村属西集镇辖村。位于通州城东南 26 千米、本镇政府驻地南 5 千米处、北运河北岸。东北距辛集 0.8 千米，西至和合站 2.5 千米，

杨家洼村

北至肖家林1千米。该村地势平坦，海拔14.3米。聚落呈方形。元代已成村。

杨家洼闸桥在村东南，横跨北运河上。元代漕运兴盛时，杨姓首至此地运河北岸定居，因姓曾名杨家庄。明因在运河大堤之外，地势低洼更今名。该村主产小麦、玉米。

（17）**陈桁村**　陈桁村属于通州区西集镇。清代已成村。陈姓至此地，于护堤柳树桁处定居，负责植树与管理河堤，结合姓与植被特征而名陈家桁，1949年简称陈桁。该村处于北运河大堤内，地势较低，海拔16.1米。聚落呈矩形，清代已成村。村内农产品以果品居多。

陈桁村

崔家楼村

（18）**崔家楼村**　崔家楼村属侉子店乡辖村（现属潞城镇），位于通州城东南14千米、北运河东侧。东距北肖庄1千米，西与夏店隔路相对，北至奚庄0.5千米。该村地势平坦，海拔17.3米。聚落呈矩形，明代已成村。

崔姓至此地定居，建有码头，形成聚落后，因建有高房一座，远眺似楼，故因姓和房屋特征而名。1694年夏康熙皇帝第二次视察通州时，在此登船阅河，兼察庄稼，曾驻跸此地。该村主产小麦、玉米，经济作物有花生。

（19）**大甘棠村**　大甘棠村起源于唐代，位于通州城东南10.5千米，北运河东侧，属潞城镇。旧志云："甘泉寺在甘棠乡，汉魏古刹，唐尉迟敬德修"。因寺内生长一株高大甘棠（棠梨）树，形成聚落后依树而名甘棠，清代改称大甘棠。该村地势略有起伏，海拔18.9米，聚落呈方形。

旧志载："甘泉寺在甘棠乡，汉魏古刹，唐尉迟敬德修"。庙碑记载，"唐鄂公尉迟敬德过此，凡汉魏以来古刹重修之"。因寺内生长一株高大甘棠（棠梨）树，形成聚落后依树

大甘棠村

而名甘棠，清代称今名。另一说是依寺和寺内海棠树而名。该村主产小麦、玉米，经济作物有花生、棉花等。目前，甘泉寺已不存。

（20）**郝家府村**　郝家府村属胡各庄乡辖村。位于通州城东5千米、乡政府驻地西1.5千米处、北运河东侧，北至古城2千米。该村地势较高，海拔25.2米。聚落呈矩形。

据史料载，明代中期皇亲贵族，文臣武将，豪门僧侣，各有封地，宦官郝巡偕吏役至此。占有东从大台、留庄，西至北运河，南至黎辛庄，北至辛安屯的大片土地，形成聚落后，故因姓得名郝家府。清初圈地，该地被圈占，更名为郝家甫。1913年后复称今名。主产小麦、玉米。通州镇东关大街路北，土坝之西原有铜关庙，即为郝姓的家庙，今已拆除。

（21）**毛庄村**　毛庄村属漷县镇辖村。位于通州城东南24.3千米、本镇政府驻地东南6千米处、凤港减河北侧。东距东寺庄1.2千米，西至东黄垡2千米，北到石槽1千米。该村地势略有起伏，海拔15~18.6米。聚落呈不规则状，明代已成村。

据村民家谱说，明洪武年间，江苏扬州大户毛普善，为明军押运粮草北上到此定居，形成聚落，依姓而名毛家庄。后随着当地农业的不断发展，聚落逐渐扩大，1913年后简称今名。该村主产小麦、玉米，经济作物有棉花、花生、芝麻、烟草、蔬菜、西瓜，饲养有肉牛、猪、羊等。

（22）**张家湾村**　张家湾村属通州区张家湾镇，位于通州城东南8千米、本镇政府驻地西南1.2千米处，在萧太后河与凉水河之间，三面环水。东距西定福庄2千米，西至立禅庵0.5千米，北和张家湾村依通运桥相连。该村地势东高西低，海拔

张家湾村

18.1~18.4 米。聚落呈不规则四边形。元代已成村。

张碹督海运至此，故名张家湾。历史上曾为南粮北运的重要港口和水陆要冲，优越的地理位置促进了村落的发展，也推动了当地农业生产的提高与发展。1949年3月，中共通县县委、县人民政府自西集迁此，同时设镇，与张家湾村单独建制，称张家湾镇。该村主产小麦、玉米，局部种植水稻。

自明代始。此地即为集镇，现在逢农历三、八日为集，为县域中部地区农村集市贸易中心，最大人流达万余人。

（23）**土桥村**　土桥村属于通州区张家湾镇，辖土桥、岗家坟，位于通州城东南5.5千米、本镇政府驻地西北2千米处，在京塘路与张（家湾）凤（河营）路交会处。东与北马头隔路相距1.5千米，西和楼子庄隔路斜对。该村地势平坦，海拔19.5~21.9米。元代已成村。

因地处张家湾至通州大道上，在郭守敬所开通惠河上架木桥一座，以便行旅，形成聚落后，依桥而名。主产小麦、玉米。明朝万历年间，慈圣皇太后捐资，将元代木桥改建为石桥，清代乾隆重年间重建，至今完好。通州文物保护单位土桥镇水兽位于村中桥南，腰部中断，并引出一则动人的传说故事。明代公署宣课司，明、清两代张家湾土桥巡检司曾驻此地。

（24）**小街村**　小街村属梨园镇辖村，位于通州城东南3.9千米，本镇政府驻地东1.5千米处，在京塘路与大高力庄路交会处北侧。东距小圣庙2.5千米，西至洼子1千米。

据考此地多辽代瓦砾，元时通惠河故道经此。聚落形成时建有一条短小斜街，故得此名。主要种植小麦、玉米、水稻等。1983年在村东南曾出土唐代潞县（今通县）录事孙如玉墓志铭一合。元代郭守敬主持开挖的通惠河故道遗迹尚存。

7. 传统美食及制作

（1）**大顺斋糖火烧**　糖火烧是满族传统小吃，因其制作时用缸作成炉子，将烧饼生坯直接贴在缸壁上烤熟而得名。以精致的面粉、麻酱、红糖、桂花、香油等为原料，制成的糖火烧酥松绵软、味道香甜、食而不腻。

大顺斋糖火烧

（2）**小楼烧鲇鱼**　小楼烧鲇鱼只用鲇鱼中段，或连刀，或切块，用纯绿豆淀粉济滚裹，经过三炖三烤，然后拌入辅料，溜炒勾芡后出勺。此菜品色泽金黄，外焦里嫩，味美可口，独具风味。

（3）**万通酱豆腐**　根据北京人的口味加入黄酒、白糖、八角、茴香等十几种配料，封坛、经伏天曝晒两个月，成熟后入库，历时一年之久。佐料的滋味完全浸入腐乳之中，待打开之时香气扑鼻。

（4）**马驹桥锅烧**　清代北京南城街市上悬挂"南城锅烧"，选料严格的同仁堂制作的药酒就是选用了马驹桥的酒，足可见其品质上乘。

小楼烧鲇鱼

万通酱豆腐

马驹桥锅烧

（三）已消失的农业文化遗产

1. 传统农业工具

通州区曾经有很多特色农业工具，大多与运河文化有关。

（1）**石斧**　起源于商周时代，青砂岩磨制，刃部略宽，身中部有圆孔，古朴圆润。

（2）**铁锚**　起源于元明清，共 22 件，大小不一，粗细有别，尺寸大小各异。

（3）**铁耥**　起源于辽金时期，刃部为弧形，上部为正方形深銎，亦可以与犁架相衔接使用。

（4）**铁镰**　起源于辽金时期，刃部为月牙形，有扁平短柄，可接木柄。

（5）**铁手铲**　起源于辽金时期，铲头为抹角齐头，装柄部深錾与铲身呈直角。

（6）**称盐石权**　起源于明代，花岗岩雕制，方体圆纽。为防止纽环断裂，便着意使其两端缓宽至权身，既柔和美观，又牢固稳重。权身正面中间微凸，呈方形平面，中间纵刻"昌延店"三大字，是明代盐厂的遗物。

（7）**塞油灰铁舌**　起源于清代，锻造，形若"丁"字，手握处为"丁"字头，体圆不砢不磨手，下部做长条扁舌状，以便将堵漏油灰，填塞到船板缝隙处，为修造船只必备之具。

（8）**验粮盘**　起源于清代，方斗状，榫卯连接。北京地区独有，属于运河文化产物。

（9）**铁斧头**　起源于清代，锻造，坎木钉两用，是修造船必备工具。

（10）**泊船木柄戈式钩**　起源于清代，登船离岸使用，腰部垂直出一短钩，用以钩船靠岸等，实现"一具二用"。

（11）**砸桩石锤**　起源于清代。

（12）**铁削刀**　起源于清代，钢口硬，经常使用。

（13）**蒸饼陶模**　起源于清代，为蒸饼印花陶范。

（14）**豆浆石磨**　起源于清代，青砂岩制，呈圆柱状。

（15）**苫囤石**　起源于清代，为石灰岩白石制，等大同形似书鼓，用粗绳两端各拴一个囤石，搭在货囤苇席上面。

（16）**修船铁钉铁锔**　起源于清代，铁锔为锻造，扁身阔腰，长 6 厘米，两端有弯棱锥钩，固定相邻船板所用；铁钉一般长 8 厘米，四棱锥体，弯头，以防拔脱，钉体锻作棱锥，易入木而不宜弯。

2. 传统农业工程

（1）**庆丰闸**　元代人工开挖一条通惠河，河上建有五闸：大通闸、庆丰闸、高碑闸、花园闸、普济闸等，是古代农业水利的重要组成部分。庆丰闸，又名二闸，它最著名。此地原有元代《修庆丰闸记》碑，由木闸时更名为庆丰闸，记录修庆丰石闸情况，现已无存。

（2）**通州闸（通流闸）**　又名通流闸。位于通州区，为元代运河水利工程遗址。上闸在新华大街与人民路交叉口，下闸在南门外。原物已经无存。

七、顺义区

本次普查中，在顺义区共发现系统性农业文化遗产 2 项，要素类农业文化遗产 6 项，已消失的农业文化遗产 2 项。

（一）系统性农业文化遗产

1. 顺义水稻栽培系统

（1）**地理位置**　系统范围主要在顺义区北小营镇，其中水稻种植区主要是北小营镇的前鲁各庄村、后鲁各庄村、东府村、西府村。

（2）**历史起源**　北小营镇历史悠久，早在西汉初期，北府村南就设有狐奴县，前后历经近 650 年。东汉初年，张堪任渔阳太守，在狐奴山下开稻田，开创了北京地区种植水稻的先河，"三伸腰"贡米名扬天下。现前鲁各庄村留有张堪庙遗址。当时社会虽然趋于稳定，但农业生产水平仍然较低。公元 42—49 年，张堪于狐奴开稻田，助民耕种，以至殷富。他从南方引种水稻，在狐奴县（今北小营镇

顺义北小营水稻

前鲁、后鲁、东府、西府一带）"开稻田八千余顷"，鼓励百姓进行耕种，水稻产量比旱地作物高得多，人们经过一两年的试种，都掌握了种水稻的方法，收成大大增加，人民得以富裕，这一措施被历史学家称为"渔阳惠政"。

（3）系统特征与价值

① 生态地理特征。北小营镇面积 55.8 平方千米，位于顺义区东北 10 千米处，潮白河东岸，水资源丰富，气候适宜，平原地貌，平均海拔 35 米。该地处潮白河冲击平原一级阶地，地势北高南低。北有小东河横穿北境，东半境有箭竿河，西临潮白河，还有东二支渠，地上水网纵横，地下为天然水库。旧时曾是"清泉横溢、绿水漫流"之地。水质好，水位浅。

② 历史文化价值。张堪在如此大的面积内引种新的农作品种，传授新的生产技术，这应当是北京地区历史上最早的一次大规模农业开发。此举不但使狐奴地区成为鱼米之乡，而且推动了北京地区的农业发展，在北京地区的农业发展史上写下了重要一笔。一是体现了开拓创新、敢为人先的精神。水稻是南方的农作物，虽然北方也有种植，但渔阳历史上从未种植过，这是一次探索、一次冒险、一次试验。张堪敢为人先，大胆探索，勇于创新，硬是在一片荒芜中闯出了一条生路，从那时起，水稻这种在我国南方温暖地区丰产的农作物，已在相对寒冷的北京一带种植有近 2 000 年，并逐步扩展到了我国更为寒冷的东北地区，其引入人张堪功不可没。二是改变

顺义北小营水稻景观（1）

了顺义经济发展结构，促进了顺义农业的发展。使以牧业为主的顺义经济转变为以农业为主，把牧民改变为农民，是具有划时代意义的大事，为以后顺义农业的发展打下了坚实的基础。三是教化了民众，为顺义注入了淳厚、勤奋的历史文化。农业经济，使分散的牧民逐步聚集，形成村落。接受新的文明，形成勤劳、朴实、淳厚的民风。

顺义北小营水稻景观（2）

③ 水土管理。主要反映在传统的农业工程上。清道光二十四年（1845 年），箭杆河圣水桥东用土堆成一座拦河坝，并开挖渠道一条，是新中国建立前县内唯一的渠道灌溉工程。1955 年以前，利用箭杆河、蔡家河自然水源，在东沿头、北府、双营等村开挖一些小型渠道，灌溉水田。至 1956 年，在两条河上分别建成鲁各庄、豆各庄、安乐庄 3 座拦河闸后，江南灌区、豆各庄灌区、菜园子灌区相继建成。1958 年开始兴建潮河、白河两大灌区的渠道工程，当年建成干渠 10 条，总长 157.15 千米。到 1961 年，干渠达 12 条，配建支、斗渠 7 708 条，干、支、斗渠建筑物 5 630 座，灌溉网络初步形成，控制灌溉面积 65.5 万亩。此后各渠道工程在利用中逐步得到调整完善。20 世纪 80 年代末，随着水库供水的减少和井灌工程的发展，主要灌区及调水工程完成历史使命，至 1995 年年底，所有总干渠、大部分干渠及配套建筑物均完好保存。

④ 传统农具。区内古代农事使用的农具多为石制、木制、铁石配制和铁木配制，改进很慢。汉代以后逐步改良。至民国末期传统农具有几十种。耕作农具有犁、耢子、砘子、盖叉子、铁锨、轧子、钉耙、三齿、四齿、大锄、小锄、竹筢、铁筢、镰刀、镐、薅刀、瓜铲。运载农具有大车、驮筐、手堆车、扁担、挑筐、粪箕子、草篓、背篓等。灌溉农具有桔槔吊杆、辘轳、柳罐、水桶、水车等。场院农具有碌碡、扫帚、木锨、三股叉、四股叉、六股叉、八股叉、簸箕、竹筛、铁筛、笸箩、扇车等。农产品加工农具有碾子、石磨、箩等。新中国建立初期，农业生产继续使用传统农具，也进行了一定程度的农具改革。

（4）**主要问题** 顺义水稻栽培系统主要面临当地传统品种保护、劳动力流失、传统民俗文化传承缺失、传统农耕技术失传等问题。

2. 顺义铁吧哒杏栽培系统

（1）**地理位置** 系统范围主要在顺义区北石槽镇西赵各庄村。

（2）**历史起源** 老北京有句农谚：农历五月，杏黄麦熟。在中国古代，杏与桃、李、栗、枣统称"五果"，杏树是北京地区栽植较为广泛的果木，仅《北京果树志》就收录了40余个品种。北京栽植杏树至少在七百年以上，元代诗云："上东门外杏花开，千树红云绕石台"。

产自顺义北石槽一带的铁吧哒杏还有一段传闻轶事。早在明末清初，这里的杏就以色鲜味美而闻名京城，到了清雍正年间被钦定为"御杏园"，皇帝还派了一位钦差前去管理，所产杏专供宫廷享用。据传在乾隆年间，乾隆皇帝微服私访至此，闻香巡

顺义铁吧哒杏

顺义铁吧哒杏杏树

顺义铁吧哒杏燕赵采摘园

杏，品尝之后，顿觉口舌生津。于是，特将所食鲜杏御封为"铁吧哒"（满语译为最好的杏）。至今，西赵各庄村还有 160 年树龄的"铁吧哒"杏树。

（3）系统特征与价值

① 区域特征。顺义区北石槽镇"御杏园"是华北地区人工种植面积最大的鲜杏采摘园。这里鲜杏的栽培历史悠久，早在康熙、雍正年间，西赵各庄村的杏园就被朝廷划定为"御杏园"。北京燕赵采摘园位于顺义区西北部的燕山脚下，山前暖带形成的小气候和肥沃的土质，非常适宜鲜杏的生长，所产鲜杏"实大而甜、核无文采"，北依京密引水渠，占地面积 40 公顷，鲜杏种植 25.5 公顷。

② 农产品特征。铁吧哒杏原产于北石槽镇西赵各庄村，得名于清朝年间。果实圆形，顶尖圆，两侧片肉对称，缝合线明显，果皮底色浅黄，阳面有红晕，果肉黄色，肉质韧、细、汁多、纤维少，果皮茸毛中少，半粘核、甜仁、品质上乘。平均单果重 65 克，最大单果重 85 克。果实可溶性固形物含量 12.4%，糖 7.8%，酸 2.1%。果实 6 月底 7 月初成熟，发育期 75 天左右。

该品种适宜北方山前暖带种植，树姿半开张，树势强健。以短果枝结果为主，较丰产，自花不实，需配置授粉树，少疏枝，多拉枝，促其丰产。

③ 经济价值。西赵各庄村注重从传统产业中提炼和挖掘精品，通过科学嫁接和重点引进，使得"御杏园"内鲜杏品种达 60 多个，既有传统名优品种铁吧哒、骆驼黄、大香白等，又有金太阳、凯特、新世纪等国内外新品种在这里落地生根。

西赵各庄村人正式注册了"吧哒"商标，"御杏园"相继获得"无公害食品基

顺义铁吧哒杏采摘

地""北京市食用农产品安全认证""北京市观光园区"定点果园、"北京名优果品出口基地"称号，成为北京市唯一一家出口泰国的鲜杏品牌。

④ 传统民俗活动。作为清朝皇帝行宫所在地，独特的历史文化背景，浓厚的燕京文化底蕴让西赵各庄村有着得天独厚的人文风采。通过保留或改善民俗文化活动场所，举办相关民俗文化活动（如民俗表演等）等方式，西赵各庄人充分利用民俗文化资源，提高农民参与民俗文化活动的积极性，利用民俗文化资源创造经济利益，实现了民俗文化资源的合理开发利用，彰显出巨大的经济效能。

在西赵各庄村的文化大院里，民俗文化培训班让高跷、五虎棍、小车会、文吵子等地方特色浓郁的民俗得到了有序传承，这些传统节目多次获得民间花会类比赛大奖，其中"文吵子"成功通过了 2007 年北京市顺义区非物质文化遗产申请认证，每年到了品果季节，民俗表演与采摘游乐交相辉映，引得游人流连忘返。

（4）主要问题　尽管民俗活动在区内有所恢复，但其中与林果栽培相关的传统民俗较少。当前铁吧哒杏的栽培和产业发展过度依托采摘园区，品牌的文化价值没有充分发掘。

（二）要素类农业文化遗产

1. 特色农业物种

（1）宫廷金鱼　宫廷金鱼为传统观赏鱼类，现主要养殖在位于顺义区北小营镇前鲁各庄村的观赏鱼养殖基地。占地 4 亩，养殖面积 3 亩，92 个池子，养殖品种 30 余个，分虎头、狮类、寿类、鹅类、水泡、其他等 6 大类，30 余个品种，现有虎头 9 种（有兰虎头 2 种、王子虎头、血清虎头、五花虎头、红虎头红白虎头、红头虎头等），狮类 3 种（三色狮、日狮等）、寿类 9 种（日寿 3 个品系滨松系、山田系、铃木系、狄谷系、兰寿—红色、红白色、兰色、紫色、五花色等、红头寿星），鹅类（宫鹅、兰鹅、凤鹅），望天球（红白望、紫望），文类（兰文、蝶文）、水泡类（白水、兰宫贝）。

顺义宫廷金鱼

（2）潮白河金翅金鳞大鲤鱼 金翅金鳞大鲤鱼是潮白河流域特有鱼类品种，已形成长 20 千米、宽 5 千米的金翅金鳞大鲤鱼养殖带。顺义区政府十分重视发展鲤鱼产业，2005 年起对潮白河进行人工放流，对养殖场进行改建，产业发展前景十分看好。目前已在南彩、马坡、北小营、李隧、李桥等 5 个乡镇均有养殖。全区现有金翅金鳞大鲤鱼养殖企业 12 家，市级重点无公害企业 2 家，区级养殖企业 14 家，家庭垂钓户 50 多户。一亩金翅金鳞大鲤鱼收入高于其他养殖品种 1 000 元，而且带动了养殖业向休闲渔业转变，每年可以实现旅游收入 100 万元。

（3）北小营青鱼 北小营青鱼为农产品地理标志产品，其地域保护范围包括顺义区木林镇、北小营镇、南采镇等乡镇，北小营青鱼肉厚且嫩，味鲜美，富含脂肪，刺大而少，是淡水鱼中的上品。每百克含蛋白质 15.8～20.1 克，脂肪 2.6～5.2 克，磷 171～246 毫克，镁 32 毫克，锌 0.94 毫克，硒 37.69 微克，维生素总 E0.81 毫克。北小营青鱼是一种富含蛋白质、脂肪很低的食物。青鱼含有丰富的核酸，可以延缓衰老，营养易被人体吸收，可用于食疗。北小营青鱼品种资源弥足珍贵。2006 年以来对养殖面积 1 500 亩，30 家养殖场进行了登记保护。为发展青鱼产业，顺义区政府十分重视，出台了相关扶持政策，加大了品牌建设力度，产业发展前景十分看好。现北小营有 3 家龙头企业，6 个农产品无公害企业，1 个优质鱼种场，20 家养殖场。

2. 传统农业民俗

（1）杨镇龙灯会 杨镇龙灯会距今已有 200 多年的历史，最初是参加为药王祭日而举办的庙会活动。随着时间的推移，龙灯会渐渐演变为娱乐乡亲、增加节日气氛的活动，但舞龙的技法、套路、伴奏的鼓谱都仍沿袭前代，而在表演形式上稍作变动，以适应民间表演的需要。

杨镇龙灯会的龙采用传统工艺，纯手工制成，共有两条龙：一条火龙、一条水龙。火龙代表着兴旺热情与丰收的喜悦，水龙代表来年雨水充沛，风调雨顺。火龙是红色的，水龙是绿色的。

杨镇龙灯会演出形式极具特色，拥有 11 种套路，这些套路大都可以根据场地、

杨镇龙灯会

时间、气氛自行编排，演出形式灵活多样，造型大气，具有独特的艺术表现魅力。演出时前面两条龙与龙珠互相争斗，另外还有王八在前面开道打场，特别是杨镇龙灯会采用传统龙灯会鼓谱，沿用铙、鼓、钹、镲、锣现场伴奏，善于以具有威慑力的震撼力量来控制气氛，在传统民间艺术中实属罕见。

杨镇龙灯会以乡土风情浓郁热烈，造型粗犷雄伟，表演恢弘奔放而闻名，历经数百年，能够充分体现出中华民族的民族本色，在全国传统民间花会中独树一帜，是传统民间艺术中的一朵奇葩，这对于北京的历史、民俗、民间艺术具有一定的研究价值。此外杨镇龙灯会历史悠久、文化积淀深厚，挖掘保护杨镇龙灯会对于丰富民众娱乐生活也具有重要意义。

3. 特色农业景观

（1）**汉石桥湿地**　汉石桥湿地位于京东平原地带，其中核心区面积约3 000亩，是北京市平原地区唯一的大型芦苇沼泽湿地。主要划分为核心区和实验区，核心区面积163.5公顷，是保护区的核心和精华；实验区面积1724.4公顷，开展生态旅游、科研、科普等方面工作。

汉石桥湿地芦苇具有株高、秆直、茎壁厚、粗细均匀、拉力强、用途广的特点，是时尚装潢、建筑建材、设施农业的优质原材料和造纸的上好材料。芦苇不仅可作为造纸、建材等工业

汉石桥湿地芦苇

原料，其根部可入药，有利尿、解毒、清凉、镇呕、防脑炎等功能，此外芦苇还可以制作各种工艺品。

除了巨大的经济价值以外，芦苇还有重要的生态价值：大面积的芦苇不仅可调节气候，涵养水源，所形成的良好的湿地生态环境，也为鸟类提供栖息、觅食、繁殖的家园。芦苇湿地自然景观独特，春夏秋三季，苇海碧绿，万紫千红，风景迷人，栖息的大量鸟类形成独特的旅游资源。

4. 传统村落

焦庄户村　位于顺义区龙湾屯镇，2003 年被北京市农委、市旅游局确立为市级民俗旅游村，2010 年被列为第五批"中国历史文化名镇（村）"。该村地上村落部分主要是展示清末民初建筑风格的老式民宅、原汁原味的村落格局以及村民日常的生活场景。抗战期间地道战原址，现已成为爱国主义教育基地。

龙湾屯镇焦庄户村

（三）已消失的农业文化遗产

1. 特色农业物种

（1）清水稻　京郊清代贡米。产于顺义北小营镇东府村一带，泉出稻田，终年不断。现已失传。

（2）大白王稻米　主要公布于顺义北小营镇东西府村，为清代贡米。现已失传。

八、大兴区

本次普查中，在大兴区共发现系统性农业文化遗产 6 项，要素类农业文化遗产 50 项，已消失的农业文化遗产 80 项。

（一）系统性农业文化遗产

1. 大兴安定古桑园

（1）**地理位置**　安定古桑园坐落在安定镇东部大兴古桑国家森林公园内，位于庞安路的两侧，岔河穿流而过，西南有京山铁路，西侧靠近 104 国道，东北部靠近京津塘高速公路，东临南苑机场。是一个保留于城市中的传统农业系统。

（2）**历史起源**　北京养蚕历史悠久。据《元史·世祖纪》记载："六月壬戌，以中都、顺天（今大兴县）、东平等处蚕灾，免民户丝料轻重有差。"说明当时种桑养蚕已具有一定规模。《明史·食货志》也有"……不种桑者，出绢一匹……"的记述。北京特产北京丝绸就是以桑蚕丝为原料进行生产的。大兴区栽培桑树历史久远，明清两代，蜡皮桑葚曾是皇家贡品，已有六七百年历史。

大兴安定古桑园

御林古桑园石碑

（3）系统特征与价值

① 生态地理特征。安定古桑园有 4 片古桑园，共计 1 200 多亩，并伴有古老传说。此地沙土洁净，透气性好，适合桑树的生长，是目前华北最大、北京地区独有的千亩古桑园。其中最具代表性的是曾被御赐名为"御林古桑园"的片区。

御林古桑园总面积 350 亩，园内古树 446 株，树龄大多在 200 年以上，保存了桑树很多目前极为少见的品种，种质资源丰富、纯正。其中"树王"为院内树龄最大古树，胸径近 1 米，树冠直径约 25 米，年产桑葚 400~500 千克。目前这棵老树已被市林业局列为二级古木保护树木。

② 产品与物质生产。蜡皮桑葚是大兴区特产，生产性桑林分布于区域内安定镇前野厂、后野厂、高店等村，现有百年以上桑树千余株，仍然枝繁叶茂，果实累累。蜡皮桑葚按果实颜色分为两种，一种为白色，另一种为紫红色，两种桑葚含糖量均高达 20% 以上。蜡皮桑葚成熟期早，5 月 20 日左右即可上市，持续时间可达 1 个月左右，可缓解市场水果短缺状况，是北方极为早熟的上等佳果。

③ 生态与文化价值。安定古桑园四季分明、干湿明显。植被类型丰富，林相完整，森林覆盖率高达 95.16%。林区气势宏伟，季相景观鲜明。园内还有草坪、河

古桑园

流、小桥、仿古凉亭等，形成了桑文化长廊、桑台邀月、万象桑海、御林思踪、文叔谢圣、桑濮怡情、鱼跃濮涧、蔓津石丈、把酒桑麻与丝路花语等景观，将观赏古桑、了解桑文化、领略桑产业融为一体。安定古桑园以保护森林生态系统和生物多样性、保护自然和文化遗产为主要功能，适宜开展科学考察、风景游览、休闲健身、农业采摘等活动。

④ 产业发展。借助御林古桑园自然资源优势，安定镇开展了桑椹文化采摘节，带动农民增加收入 300 多万元。依托御林古桑园独特的文化资源和优越的自然环境，2004 年，安定镇被中国优质农产品开发服务协会先后确认为"中国桑椹之乡"和果桑有机食品基地。目前，全镇桑树种植面积 4 500 亩，年产量近 2 500 吨左右，为了保证桑产业的健康发展，安定镇成立了安定果桑苗木产销协会，带动农户 500 余户，已初步形成集种苗、种植、加工及销售为一体的产业化雏形。建立以古桑园为中心的观光采摘园 12 家，旅游商品生产企业 3 家，研究开发的桑甚酒、桑甚果汁、桑甚酱、桑甚脯等桑甚系列产品已成为安定镇旅游商品名片，为"古桑文化"传播提供了优越物质条件。

(4) **主要问题**　相关历史文化在民间的传承濒危，桑蚕养殖已不可见。

2. 大兴北京鸭养殖系统

（1）**地理位置** 大兴北京鸭养殖系统主要分布在大兴区旧宫地区、西红门地区、青云店镇等地，该区域是北京填鸭商品鸭主产区，东经 116° 19′ 48″～ 116° 39′ 00″，北纬 39° 43′ 48″～ 39° 52′ 12″。

（2）**历史起源** 北京鸭起源于中国南方，明初随漕运来到北京，繁殖于京东潮白河一带，后又迁至北京西郊的京西御地"玉泉山"一带放养，成了宫廷的"御用品"。此后，经多代选育，加上劳动人民长期以来选优去劣，精心饲养，北京鸭的优良遗传性能逐渐固定下来，其规模化商品养殖，随着城市化进程，逐渐转移至北京东南部的大兴、通州等地。

（3）**系统特征与价值**

① 品种资源特征。北京鸭有着 600 多年历史，被公认为是世界著名的肉用鸭标准品种，是世界肉鸭鼻祖，也是目前我国拥有自主知识产权的畜禽品种，具有生长发育快、育肥性能好的特点，是闻名中外的"北京烤鸭"的制作原料。著名的英国樱桃谷鸭、美国枫叶鸭、澳大利亚狄高鸭、法国奥白星鸭都是在北京鸭的基础上选育而成的。因此，北京鸭种质资源非常宝贵。

② 传统饲养技术。作为北京烤鸭不可替代的原料鸭，"北京填鸭"是北京鸭经过独特的填饲工艺生产所得，"填"是北京鸭生产的最后一道工序，也是决定北京烤鸭原料品质的重要阶段。而早在公元 5 世纪，北魏贾思勰在《齐民要术》一书中就记载了"填嗉法"，对北京鸭品种的育成和人工填肥法有深远的影响，距今已经有 1 400

北京鸭

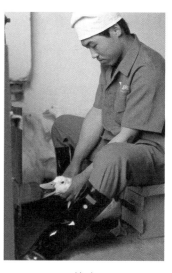

填鸭

多年。《光绪顺天府志》里也详细记载了填鸭的方法，即用高粱、黑豆和荞麦面做成"剂子"，人工填喂（现代方法则采用机械压注填喂），快速使鸭达到体形丰满、肉质鲜嫩的标准，以适合烤制。

北京烤鸭作为中国名片，多次荣登国宴菜品，它的美味既得益于北京鸭的品种，也得益于传统的填饲工艺。这两个关键因素都得以传承。

（4）**主要问题**　以企业为传承和保护主体，一定程度上将鸭与环境系统割裂，其文化传承较弱。

3. 大兴金把黄鸭梨栽培系统

（1）**地理位置**　大兴金把黄鸭梨栽培系统位于大兴区庞各庄镇所辖梨花村、韩家铺村、赵村、前曹各庄村、北曹各庄村、南地村，位于北京市西南郊永定河东岸。中心区位于梨花村，地理坐标为：北纬39°34′～39°36′，东经116°13～116°16′。

（2）**历史起源**　庞各庄镇鸭梨栽培历史悠久，据《宛署杂记》的记载，在明朝万历二十一年（1593年）金把黄鸭梨就作为贡品进献皇宫，被明朝万历皇帝御封为"金把黄"，由此还引出了"北村萝卜葱心绿，南庄鸭梨金把黄"的故事。有记载称，"史书记端详：曾做贡品献君王，御封'金把黄'。"

（3）**系统特征与价值**

① 生态地理特征。庞各庄镇属于永定河冲积平原，大部分为低平地貌，地处华北平原北端，地势西北高、东南低，海拔25~28米，永定河、天堂河分别流经镇域西部、中部，永定河沿西部自北向南流经全境。所在地常年降水量580毫米。土壤以蚂蚁沙土和盐碱土为主，土壤漏水性高，肥力较差，耕作层土壤有机质含量为0.6%，土壤pH值为8.1，适宜梨树的生长。庞各庄镇属于温带大陆性季风气候，年平均气温11.5℃，极端最高温40.6℃，极端最低温为-27.4℃，≥0℃积温为4 600℃。无霜期平均为210天左右，初霜平均在10月下旬，终霜平均在4月上旬；林木覆盖率达33%。全镇地下水资源丰富，可采量平均为2.3亿立方米。

② 品种资源特征。大兴的梨树栽培范围广泛，分布在定福庄、堡榆、安定及南各庄、北臧村、礼贤、朱庄、半壁店等乡镇。栽培品种分属白梨、莎梨、秋子梨、西洋梨、新疆梨、褐梨系

金把黄鸭梨

统，计有 62 个品种。这些品种中又以鸭梨为主，有金把黄和麻鸭子两个品系，约占梨树总株数的 45.6%。其次为广梨，即鸭广梨，亦为大兴特产，占梨树总株数的 14.22%。

这些品种中，金把黄鸭梨是大兴梨最具代表性的品种。金把黄鸭梨平均单果重 150～190 克；果实外形美观果肩顶部有鸭头状凸起；果面光滑、有蜡质、果点小；果皮绿黄色，贮后变成金黄色；果心小，果肉白色，质细而脆，可溶性固形物 12.2%～13.8%，成熟期在 9 月下旬。性寒味甘，有润肺止咳、滋阴清热的功效，特别适合秋天食用。

③ 景观与文化价值。金把黄鸭梨以梨花村为核心区，现有百年以上古梨树 4 万余株，共有 40 余个梨树品种，是华北地区面积最大、树龄最老、品种最多、开花最早的古生态梨树群。

④ 产业发展。依托独特的古生态梨树群资源，庞各庄镇自 1993 年开始举办梨花旅游文化节。此外，每年的 8 月份为旅游采摘季。截止 2015 年庞各庄镇全年接待人数达 20 余万人，民俗收入达 2 000 余万元。目前梨花村有民俗旅游接待户 106 户。

依托贡梨进行产品深加工，大兴研发出了梨白兰地酒、瓶中梨酒以及金把黄贡梨凉茶、梨汤、梨皮精油等深加工产品。此外，古梨园每年所修剪下来的树身、树杈均是制作手串的极佳材料。经过加工制作的手串，成品色泽优美，木质呈紫红色，光滑耀眼，木质坚硬，经特殊工艺处理加工，具有很高的观赏价值、实用价值和收藏价值。在充分发掘和保护金把黄鸭梨文化和历史的基础上，依托梨花村古梨园及旅游资源优势，逐步形成"以金把黄鸭梨为主导的产业化发展方式"，带动庞各庄镇果树产业和农产品旅游采摘的共同发展。

梨花开放

春华秋实金秋旅游采摘节

（4）**主要问题** 梨园管理技术与传统知识发掘利用不足。

4. 大兴玫瑰香葡萄栽培系统

（1）**地理位置** 葡萄主要分布在原大兴县城关周围及东南部各乡镇。其中，采育镇玫瑰香葡萄最有特色。大兴玫瑰香葡萄栽培系统就位于采育镇潘铁营村，村庄坐落在104国道沿线。

（2）**历史起源** 潘铁营村已有百年的"玫瑰香葡萄"种植史，葡萄果粒匀称，甘甜不腻，据考证，该园是目前北京面积最大、历史最悠久的玫瑰香葡萄园。

（3）**系统特征与价值**

① 生态地理特征。采育镇位于北纬40°，气候、水土等自然条件与世界著名的葡萄之乡——法国波尔多非常相似，十分适合葡萄的生长。全镇种植葡萄1万余亩，共有150余个品种，是北京市较大的葡萄种植基地，是京郊主要的葡萄产区。土壤属沙性土，灌溉使用富含多种微量元素的地下水，肥料使用发酵后的农家粪肥及植物饼肥，采用农业、物理和生物方法防治病虫害，使得这里的葡萄能够在无污染的良好环境下生长，为人们提供了"安全、绿色"的葡萄果品。

玫瑰香葡萄园

玫瑰香葡萄

② 品种资源特征。玫瑰香葡萄属欧亚种，是一个古老的品种，是世界上著名的鲜食、酿酒、制汁的兼用品种。玫瑰香葡萄在世界上种植面积分布很广，我国于1871年由美国传教士倪氏首先引入山东烟台，现在是我国分布最广的品种之一，各主要葡萄产地均有栽培。玫瑰香葡萄粒小，未熟透

时是浅浅的紫色，如玫瑰花瓣，口感微酸带甜；一旦成熟紫中带黑，甜而不腻。

③ 产业发展。2001年，采育镇举办了"首届北京大兴采育葡萄文化节"。此后，葡萄文化节成为大兴的固定节庆活动。2002年，采育镇被中国特产之乡活动组委会命名为"中国葡萄之乡"。

采育镇葡萄园

在葡萄产业发展过程中，采育镇在北京农学院的帮助下，制定了规范的葡萄生产规程，采用了科学的管理技术，努力提高果品质量，葡萄种植户全部使用无公害、无残留的生物、半生物农药和有机肥，推广和使用葡萄套袋技术、铺设反光膜增加光照技术、微灌和生物防治等30多项生产新技术，并于1998年和2001年获得了绿色食品使用权和北京市食用农产品安全认证。为了发挥葡萄的品牌优势，提高市场占有率，2001年注册了"京采"牌商标，对产品进行了统一的精包装。

此外，还开发出"丰收"牌葡萄酒，延展了葡萄产业链。

（4）主要问题　葡萄园集约化种植方式造成生物多样性不够丰富。

5. 大兴皇家蔬菜栽培系统

（1）地理位置　大兴区地处北京南郊，素有"京南门户""绿海甜园"之称，被称为"首都南菜园"。蔬菜在大兴全区均有种植，有以农户散种的模式，也有菜园集中种植的模式。目前菜田主要集中在长子营、采育、青云店、朱庄、大皮营、凤河营、礼贤、庞各庄、安定、南各庄、黄村、芦城等乡镇。

（2）历史起源　辽金时期，燕京地区"蔬菜果实、稻粱之类靡不毕出"。元代，菜田扩增，"治蔬千畦可当万户之禄"。明代初期，围城四周部分菜地冬天"穴地、生火"，能生产鲜嫩的瓜菜、花卉。清康熙年间，京畿大兴水利，蔬菜和花卉也有较大发展。辛亥革命后，直到20世纪40年代，农业生产发展缓慢，但随着消费需求量的增加，城郊蔬菜种植有一定的发展。

北京菜田分布历史上是以城区为中心，环绕城墙由内向外扩充，由近及远，由少到多，由分散到集中连片，随着城市的发展而发展。明代，北京的蔬菜生产有御菜

大兴蔬菜田

园、官菜园和民菜园之分。朝廷专设嘉蔬署，以保证皇室蔬菜供应。有地118顷，菜农约2000户，所产蔬菜经司苑局供奉给内廷。御菜园所在地一是皇城内"自东华门进至丽春门，今南池子，几里余，经宏庆殿，历皇史门至龙德殿隙地皆种瓜蔬，注水负瓮，宛若村舍"。二是南海子（今南苑），有菜园及瓜园5处，由总督太监管理。民间菜园遍布城近郊。至中华民国时期，近郊区菜田分布变化不大。

（3）系统特征与价值

① 品种资源特征。大兴蔬菜品种丰富，清初《大兴县志·物产考》记载有蔬菜33种，包括现不常见的苋、蕨、蓼、苏、蕹、荇菜等水生或野生蔬菜。至1938年，仍有蔬菜30余种，以萝卜、白菜、韭菜、菠菜、茄子、青椒、豆角、芥菜、葱、蒜为主。到20世纪70年代，区内蔬菜有40多个品种。

大兴传统蔬菜发展出的地方特色品种包括青云店大葱，西红门、高米店的脆萝卜，长子营的春圆白菜、冬瓜、冬蒜，礼贤的番茄，凤河营的大椒，芦城的韭菜，西黄村的蒜黄等。

屯韭即韭黄，是清至中华民国时期菜农"暖洞子"产品，色黄味浓，供春节饺子馅使用。

盖韭主要种植在大兴区瀛海庄。盖韭又名五色韭、芽韭、敞韭。长成后，根部白色，依次而上为黄、绿、红、紫共5色，茎叶鲜嫩，

兴安营蔬菜

具有特别浓厚的韭香，民国年间是京城冬令蔬菜中的佳品。

大对叶葱以叶片对称生长而得名，葱茎白长，质地细密，手撅可折，味甜稍辣，以青云店所产质量最佳。

心里美脆萝卜以皮薄瓤脆、甘甜多汁曾获民国时北平市政府褒奖。

② 传统栽培管理技术。大兴保留了许多传统蔬菜栽培与储藏技术，包括阳畦育苗、温室育苗技术，特色蔬菜的栽培技术，多种蔬菜的窖藏技术等。

阳畦育苗与温室育苗技术。阳畦又名秧畦、洞坑，是由风障畦发展而来的。它是利用太阳的光能来保持畦内的温度，没有人工加温设施，所以又称冷床。冷床由畦心、土框、覆盖物和风障

韭菜

大棚栽培茄子

四部分构成，是现仍有使用的传统蔬菜育苗技术。而北京地区的温室育苗最早可以追溯到秦汉时期，通过简易温室搭建以培育蔬菜苗，现已发展为广泛且现代的温室栽培技术。

特色蔬菜栽培技术。以青云店大葱栽培为例，青云店大葱种植过程中要求保持较大的株距和行距，便于随着植株的生长；不断在根部培土，可培高66厘米，使葱茎长埋于土下，以满足根部喜温的要求。

蔬菜窖藏技术。我国北方冬季很冷，为防止蔬菜冻坏，在地下挖 2～3 米深的地下室储存蔬菜，这种菜窖不用供暖，窖温可以保持在 0～5℃。为了使温度不致过

低冻坏蔬菜，一般在菜窖里放几缸水，利用水结冰释放出的热量来保持菜窖温度，使之既不高又不低。菜窖在中国北方广泛存在。不同种类的蔬菜入窖、窖藏技术略有差异，大白菜、甘蓝、萝卜、南瓜、胡萝卜辣椒、生姜等蔬菜窖藏在大兴仍有保留。

③ 文化与产业发展。大兴蔬菜栽培系统补充了首都季节性蔬菜供应。大兴区蔬菜生产供应量占北京市蔬菜供应量之首。大兴蔬菜产业的发展能够在保护传统菜园及其农耕文化的基础上对北京市蔬菜供应的保障有着关键作用。

大兴还借助传统菜园发展出多功能的菜园休闲农业。借助休闲农业发展的契机，大兴打造了众多的蔬菜观光、采摘园。到 2013 年为止，可提供观光采摘服务的菜园约 60 个，约占北京市的 10%。这在提高农民收入的同时，也为北京市民休闲旅游提供了去处。

（4）**主要问题**　现大兴蔬菜栽培已形成现代化、标准化栽培体系，传统蔬菜栽培技术、传统知识、传统文化正日渐流失。

6. 大兴西瓜栽培系统

（1）**地理位置**　大兴西瓜种植范围是在大兴区庞各庄、北臧村、安定、礼贤、魏善庄、榆垡六个镇所辖行政区域。地理位置介于北纬 39°26′～39°41′，东经 116°13′～116°33′，属于永定河冲积平原。

（2）**历史起源**　西瓜的原产地是非洲，公元 10 世纪我国内地有关于西瓜的文字记载。据《北京通史》第 3 卷记载，"辽圣宗太平五年（1025 年）驻跸南京，幸内果园宴，京民聚观。"在"内果园，种植较多的有枣、栗、桃、杏、梨等，还有西瓜。"这说明大兴在辽太平年间就已经开始栽培西瓜了，但当时仅为皇家果园中的珍品。

明朝万历二十一年（1543 年），宛平县令沈榜编著的《宛署杂记》记载，"农历六月，宛平县为太庙荐新供瓜 15 个"，"当时庞各庄属宛平县管辖，太庙所供之瓜亦非庞各庄莫属。"当时大兴所产西瓜被列为皇

大兴西瓜博物馆

宫太庙的荐新贡品,种植范围包括榆垡、庞各庄一带及其周边地区。至今人们还把这里生产的西瓜叫作贡瓜。大兴西瓜作为宫廷贡瓜的历史,一直延续到清代。

（3）系统特征与价值

① 生态地理特征。大兴西瓜 6 个主产镇位于大兴区西部的永定河沿岸,其土质主要是砂土和砂性两合土,具有优良的物理特性,主要表现在土壤透气好,导热性强,热容量小,春天地温回升早,白天吸热快,增温高,夜间散热迅速,能形成较大的温差,不仅有利于西瓜对水分及矿物质等营养物质的吸收,促进根系发育,而且也利于光合作用的

大兴西瓜生长田

大兴御瓜园

运转,提高叶片的同化率,更有利于糖分的积累,使得大兴西瓜不仅产量高,而且含糖量也明显增加,瓤质酥脆多汁。

土壤中的硼、锰、镁等微量元素在西瓜的生长中具有不可替代的功能,也有利于氮、磷、钾肥的充分利用。以庞各庄为代表的 6 个主产镇由于沙壤土中微量元素的含量适合西瓜生长,有助于西瓜优质高产。

大兴区属温带半干旱大陆性季风气候,无霜期 209 天,同时又是少雨地区,平均降水量 566.7 毫米,因此是北京地区太阳光辐射量最多的地区之一。西瓜果实成熟期正处于温差大、光照充足、雨量较少的时期,植株避开高温多雨季节,病虫害少,西瓜的果实含糖量高,品质得到进一步提高。

② 品种资源特征。在大兴区独特的自然环境和人为环境下,大兴西瓜形成了其独特品质。主要表现在以下几个方面:一是果型,与全国其他地区西瓜多为大果型相比,大兴西瓜的果型为中果型,果实圆形,单瓜重 3 ～ 6 千克,果皮薄脆;二是皮

色，大兴西瓜为花皮西瓜，皮色为绿底上覆深绿色条带；三是瓤色，大兴西瓜瓤色为粉红色，色泽鲜艳，晶莹剔透；四是质地与风味，大兴西瓜皮薄，瓜瓤脆沙，甘甜多汁，纤维含量少，爽口，风味佳，中心含糖量11%～12%，同一品种的西瓜在大兴区种植比在京郊其他区域种植含糖量高1%～1.5%，质地更加酥脆多汁。

③ 产业发展与文化传承。新中国成立初期，全区西瓜种植面积5 000亩左右，平均亩产550千克。20世纪50年代中后期达到万亩，平均亩产500千克左右。60年代，年平均种植面积1.5万亩，亩产650千克。70年代，年平均种植面积2万亩，亩产达950千克。80年代，推行水浇和地膜覆盖栽培技术，西瓜种植面积发展到5万亩，亩产达2 000千克以上。此外，大兴区的西瓜产量和品质一直居北京市之首。

20世纪末西瓜经济向各个领域进行渗透，形成了独具特色的西瓜文化活动。1988年，大兴在国内首次举办了主题节庆活动——大兴西瓜节及西甜瓜擂台赛，并且已演变成为全国性节庆活动；建设了西瓜博物馆，搜集、整理并展出中外西瓜文献资料；建立了御瓜园，种植各具特色的西瓜品种。

（4）**主要问题**　传统西瓜品种栽培面积缩减。

（二）要素类农业文化遗产

1. 特色农业物种

（1）**大高粱**　大高粱是高粱的一个品种，是大兴主要的传统高粱种植品种。大高粱多种植在盐碱洼地，1975年后种植面积逐年减少，后曾一度消失，1990年以后恢复种植，2000年前后仅有零星种植。

沙果

（2）祝光。

（3）沙果。

以上为大兴栽培较广的传统苹果栽培品种。苹果在大兴清代即有栽培，史籍记载的有沙果等品种。现大兴的苹果主要栽培在定福庄、垡榆、安定、半壁店等地，共有73个品种，其中老品种45个。

（4）大久保。

（5）岗山白。

（6）白凤。

以上是大兴传统栽培桃品种。桃是大兴传统果品。清代文献记载大兴的果品有毛桃、秋桃、扁桃。现在，桃子在大兴仍有种植，主要分布在安定、北臧村、礼贤 3 个乡镇，定福庄、垡榆、朱庄、采育、芦城亦有一定数量的分布。除上述三种外，还有 12 个栽培品种。

（7）**大糠枣**　主要分布在垡榆、定福庄、庞各庄、黄村、芦城等乡镇，现存最大树龄已超过 150 年。

（8）**小枣**　主要分布在礼贤、垡榆、定福庄、庞各庄、大辛庄等乡镇。

（9）**大白枣**　集中种植在洪村，村内超过 300 年树龄的古树。

以上是大兴特色传统枣栽培品种。枣是大兴传统果品。清代文献记载大兴的果品有红枣和黑枣。现在，枣在大兴仍有种植。

（10）**小核李**　约 4 200 株，朱庄、定福庄、采育居多。

（11）**晚红李**　约 3 600 株，芦城、安定、定福庄为主。

（12）**牛心李**　约 2 600 株，主要分布在南各庄、凤河营、青云店、庞各庄。

以上是大兴现栽培的主要传统李子栽培品种。玉皇李是清代时大兴的代表性果品之一。现在，李子仍是大兴主要栽培果品。

（13）毛樱桃。

（14）红樱桃。

（15）白樱桃。

以上是大兴传统樱桃栽培品种。清代文献记载大兴的果品就有樱桃。现在，樱桃在大兴仍有种植。

玉皇李子

（16）**本地核桃**　核桃为大兴传统果品。清代文献记载大兴的果品有核桃。现在，核桃在大兴仍有种植，栽培品种主要为新疆核桃，其次为地方品种。

（17）**山黄杏**　为主要地方品种，约 2 300 株。

（18）**山杏**　半栽培，数量较少。

（19）**香白杏**　主要栽培在礼贤镇小马坊村，属优良品种。

香白杏

以上是大兴传统杏栽培品种。清代文献记载有土杏等品种的栽培。

（20）**黄牛**　清顺治初年，在南苑设牛圈3所，主要养殖黄牛。大兴的耕牛养殖到1949年以前主要品种仍为本地黄牛。大兴的肉牛自1984年开始饲养。

（21）**黑白花奶牛**　清顺治初年，在南苑设乳牛圈1所，主要品种为黑白花奶牛。现在大兴仍有奶牛饲养。

（22）**绵羊**。

（23）**山羊**。

以上为大兴传统羊养殖品种。嘉庆7年（1802），原设于丰台的6个羊圈移入南苑。农场养羊历史悠久，养殖绵羊和山羊。

（24）**大白耳兔**　大兴兔养殖大白耳、青紫蓝和加利福尼亚3个品种，其中大白耳是具有一定历史的传统养殖品种。

（25）**中国白鹅**　明永乐五年（1407）设置蕃育署（在今采育镇），养鹅8410只，鸭2624只，鸡5540只。现各乡镇都仍有农户养鹅，主要品种为中国白鹅。

（26）**本地马**。

黄鼬

洪村大白枣

（27）**本地骡**。

（28）**本地驴**。

以上为大兴养殖的马类大动物。明永乐十一年（1413），农户汾阳挈生马，至弘治年间分地养马。康熙年间，南苑庑殿等地设"御马内圈"6厩。马、骡、驴养殖均为当地品种。

（29）**黄鼬**　文献记载，大兴在2000年前后仍有可利用野生动物黄鼬，主要利用黄鼬皮。

2. 特色农产品

洪村大白枣　大白枣，主产于大兴黄村镇洪村，有贡枣之说。现在洪村金永成庭院内有一棵300年树龄的古枣树，其干径92厘米，树高11米，长势优。洪村大白枣是大兴具有地方特色的传统果品之一。

3. 传统农业民俗

（1）**庙会**　庙会始于古代社祭，社是祭祀土神的地方，即土谷祠，又叫土地庙，庙会由此得名。旧时庙会，就是在规定的日期在寺庙内外进行宗教活动和娱乐、交易活动的聚会，庙会期间，祈福、祭祀活动集中，后发展为宗教神事活动、商业贸易活动、文化娱乐活动兼而有之的聚会性活动。

金元明清时期，大兴有各种寺庙数百座。进入中华民国时期，佛教日趋衰落，庙宇多改作学校。大兴境内庙会活动，至晚始于元代，明清时期最为兴盛。民国初年尚有四五十座寺庙举办庙会活动。后随着现代商业的发展，庙会活动逐年减少。新中国成立后，传统庙会活动中带有封建迷信色彩的内容消失，庙会演变为物资交流会。1955 年，采育、凤河营、南辛店、魏善庄、榆垡、庞各庄、礼贤、青云店、安定、黄村、狼垡等村镇仍有以物资交流会为主体的庙会活动。1956 年以后，各村镇的庙会活动先后终止，后逐渐复兴。现在，大兴的庙会多集中于较大集镇。

（2）**大兴花会** 大兴花会是大兴农民历史上农闲时创造的各种表演性活动。历史上流行于大兴的花会有歌舞、乐器、武术、杂技、灯场、香会 6 大类。表演形式有吵子、花钹、高跷、小车、中幡、龙灯、狮子、少林、五虎棍、小驴、跑驴、杠兴、双石头、叉子、腰鼓、地秧歌、挎鼓、叉歌、跑跷、开路、坛子、灯花、河工号子、牛车等共 24 种。每种表演名称后面均缀以"会"字，如吵子会、高跷会。各种花会以村为单位自发组织，一个组织称为一档。一般为一村一档，有的村同时成立几档。大兴区民间花会以清代为盛，多在节日、庙会时表演。每逢皇家盛典，京城里还有走皇会活动。

（3）**传统民谣** 大兴是京郊传统农业区域之一，许多传统农业知识、生态认知知识和节气认知知识和传统文化等都在传统民谣里保留下来。

现在大兴还流传着一些耳熟能详的民谣段子，如：

柳条青，柳条弯，柳条垂在小河边；

折枝柳条做柳哨儿，吹支小曲儿唱青天。

八月暖，九月温，十月里有个小阳春；

十一月里冷几日，进了腊月就打春。

左一洼，右一洼，洼洼里边好庄稼；

高的是高粱，矮的是棉花，不高不矮是芝麻。

枣树枣树你吃粥，一个树权结一兜；

枣树枣树你吃饭，一棵枣树结一石。

糖瓜祭灶，新年来到。

小孩儿小孩儿你别馋，过了腊八就到年；

小孩儿小孩儿你别哭，过了腊八就宰猪。

4. 传统农耕技术

（1）**垄作法**　传统种植方式以平垅为主，垄宽1.8~2尺。20世纪50年代后开始提倡小垅密植。1969—1979年，由一年一熟和两年三熟转变为一年两熟，小麦玉米种植由两茬套种改为三种三收。起梗作畦。

（2）**间作套种**　大豆与玉米、大豆与其他作物；蚕豆与棉花、大麦等间作、绿豆与玉米间作。

（3）**棉花种植技术**　历史上，大兴棉花主要种植在南苑地区。为解决单株成铃多大部棉铃不能成熟的问题，开始缩小行距、株距，以提高植株密度，并推行掰疯枝、留膛叶、打围尖等新的整枝方法。

5. 传统农业工具

（1）**耧**　耧是一种播种器具，也成耩子。多为一腿耧，也有少量的二腿耧。东部、南部农户使用较多，尤其遇干旱年份，为保墒，多用耧播种玉米。也有用耧在零星小块地耩豆类、小麦和棉花。

（2）**镰**　现仍有使用的有镰刀、钐镰、捅镰等。镰刀为常用农具，主要用于收割稻、麦、豆类等。钐镰，一种把儿很长的大镰刀，主要用于割长的较高且面积较大的野草，数量很少。捅镰，主要用于产出高大乔木树干上的树枝。

（3）**双轮推车**　历史上大兴北部地区使用手推车较多，始为木制独轮。1949年以后，木制轮胎式独轮车逐渐普及。1958年以后，双轮轮胎式推车普及。现仍有使用。

（4）**畜力大车**　历史上使用的畜力大车多为木轴木轮四辋打车和花轱辘大车，是农家主要运输工具。1940年初，始出现胶轮大车，后逐渐普及。

（5）**铁锹**。

（6）**三齿**。

（7）**四齿**。

（8）**平耙**。

（9）**镐**。

（10）**竹耙子**。

以上为几种多用途传统小农具。其用途广泛，仍普遍使用。

6. 传统农业工程

永定河灌区　永定河、中堡、大狼垡、红凤等灌渠形成包括境内大部分的永定河灌区，建设于新中国成立后，极大的改善了大兴的灌溉条件。田建配套灌溉工程共计干渠 138 条，总长度 362.5 千米；支渠 1 287 条，总长 674.7 千米。其中，永定河灌渠自卢沟桥引水干渠南至辛庄，又延至曹辛庄，全长 50.82 千米。为新中国成立后建设的灌溉用干渠之一，为最长的一条。红凤灌渠自原红星区（今瀛海地区）南经青云店、长子营、采育等乡镇，至原凤河营乡（现已并入采育镇），全长 25.24 千米。为新中国成立后建设的灌溉用干渠之一。

7. 特色农业景观

罗庄果园　罗庄果园位于朱庄乡罗庄，占地 1 239 亩，院内栽培了多种大兴传统果品，是大兴较为著名的传统果园，栽培品种以杏、山楂为主。罗庄果园依托果品栽培发展了以赏花、采摘为主的休闲农业。

8. 传统美食及制作

（1）**王致和臭豆腐**　王致和臭豆腐是老北京传的汉族传统小吃，属于豆腐乳的一种。颜色呈青色，闻起来臭，吃起来香。发明人是安徽人王致和，流传至今已有 300 多年。他原是个文人，多次进京赶考不中，改为以制豆腐为生，并创制出臭豆腐。臭豆腐曾作为御膳小菜送往宫廷，受到慈禧太后的喜爱，亲赐名"御青方"。

王致和臭豆腐

王致和臭豆腐是以含蛋白质高的优质黄豆为原料，经过泡豆、磨浆、滤浆、点卤、前期发酵、腌制、灌汤、后期发酵等多道工序制成的。其中腌制是关键。王致和臭豆腐臭中有奇香，是一种产生蛋白酶的霉菌分解了蛋白质，形成了极丰富的氨基酸使味道变得非常鲜美，臭味主要是蛋白质在分解过程中产生了硫化氢气体所造成的。另外，因腌制时用的是黄浆水、凉水、盐水等。使成型豆腐块经后期发酵后呈豆青色。

（2）**大兴烧锅酒**　烧锅，即民间酿造烧酒的作坊。金代大兴地区酿酒业已十分发达，境内的广阳镇（今庞各庄一带）设有专职管理商酒的官员。清代，酿酒烧锅遍布农村集镇，知名的老字号烧锅有：青云店镇的德兴勇、庞各庄镇的北裕丰、隆兴号、永和号等。民国时期，大兴地区的烧酒有"南路烧酒"之名，享誉北京地区。1928 年大兴县有烧锅 10 家，知名的老字号有采育镇的同泉茂、同益泉，青云店的大德兴等。1949 年以黄村镇海子角的裕兴烧锅为基础，建立大兴县第一家国有工业企业黄村酒厂。50 年代中期以后，烧锅不复存在，但烧锅酒保留下来。大兴县曾出现的主要老字号烧锅有：同益泉烧锅、北裕丰烧锅、大德兴烧锅等。

（三）已消失的农业文化遗产

1. 特色农业物种

（1）红芒白。

（2）白芒白。

（3）秃头。

以上为大兴本地春小麦品种，于 20 世纪 50 年代弃种。

（4）二黄。

（5）海里红。

（6）二芪子　又名二路快、把儿粗。

以上为大兴本地玉米品种，这些传统品种在 1951 年前后弃种。

（7）大白芒。

（8）小白芒。

（9）大红芒。

（10）小红芒。

（11）紫金箍。

以上为大兴本地本地水稻品种，这些传统水稻品种在 1956 年前后弃种。

（12）本地大豆。

（13）金梅。

（14）水梅。

（15）石榴。

（16）虎喇槟。

（17）柿子。

（18）榛子。

（19）栗子。

以上果品在清代种植，而现存状况不详。

（20）**银杏**　大兴银杏古树 2 棵，村民有对于银杏利用的认识。但历史上是否有规模化的银杏栽培或利用，仍不详。安定镇前后安定村双塔寺遗址内有一棵 500 年树龄的银杏树，干径 173.5 厘米，树高 15 米，长势差。凤河营乡政府院内显应寺遗址有一棵 300 年的银杏树，干径 73 厘米，树高 19 米，长势优。

2. 特色农产品

宛平大花生　宛平大花生是大兴 20 世纪 50 年代之前主要种植的花生传统品种，其主产区在垡榆、定福庄两公社，爬蔓的有"大、小八杈"，立蔓的有"一戳枪"。现栽培情况不详。

3. 传统农业工具

（1）**老式步犁**　使用历史悠久，用于耕播。20 世纪 60 年代中期，全部被新式步犁（七寸步犁）取代。

（2）**七寸步犁**　新式步犁，用于耕播。于 1950 年引进。配套农具有钉齿耙、盖等。

（3）**耢子**　一种播种开沟农具。1963 年推广机播以后，主要用于夏播玉米开沟和玉米、高粱、花生等苗期开沟，以及花生、白薯、土豆等农作物收货时松土。1980 年以后，使用逐渐减少。配套使用的传统农具有小碌碡、老弓儿。

（4）**草镰**　俗称韭菜镰，主要用于割菜、割草等。

（5）**爪镰**　主要用于掐谷穗、黍穗、高粱等，20 世纪 70 年代后弃用。

（6）**碌碡**　以畜力或拖拉机牵引，用于场院脱粒。1970 年代后，随着脱粒机的普及逐渐弃用。

（7）**铡刀**。

（8）**杈子**。

（9）**钢叉**。

（10）**扫帚**。

（11）**喽耙**。

（12）**木锨**。

（13）**推板**。

（14）**筛子**。

（15）**扇车**。

以上为脱粒工具。

（16）**扁担**　用于运粮、菜、柴、水、肥等。1960 年代后，逐渐减少。

（17）背筐　用于运输。

（18）土筐　用于运输。

（19）眼笼筐　用于运输。

（20）薅勺　用于田间除草、间苗。1970 年后，随着机播面积扩大逐渐减少。

（21）锄　用于田间除草松土，间用于间苗及玉米的中耕培土等。1980 年后逐渐减少。

（22）戽斗　用于淘水灌田和排除田间沥水。1950 年代初弃用。

（23）桔槔　也称吊杆，用于提水浇地。1950 年代初弃用。

（24）辘轳　是一种井用提水工具，1960 年代中期弃用。

（25）龙骨　水车俗称水龙，木制，有脚踏和手摇两种。1960 年代淘汰。

（26）拔杆　用于提水。1960 年代减少，1970 年代弃用。

（27）井绳　用于提水。1960 年代减少，1970 年代弃用。

（28）水筲　是一种木制水桶，主要用于提水、运水，50 年代末铁制水桶普及后弃用。

4. 传统农业工程

（1）水井　开挖于农田中，用于灌溉。

5. 特色农业景观

（1）天宫院　曾为牧养地。

（2）南海子　又称南苑，位于北京城南。辽、金、元、明、清五代的御猎场，元、明、清三代皇家苑囿。

元代称下马飞放泊，明代永乐年间始称南海子，清代名南苑。范围包括大兴区北 4 镇以及毗邻的丰台区南苑镇、朝阳区的部分地区等，面积 210 平方千米。

南海子地处永定河冲积扇前缘，北有凉水河、小龙河，南有凤河及一亩泉、苇塘泡子、团河、五海子、卡伦圈等湖沼。众多的河流湖沼，为南海子内的园林建筑及苑内大量珍禽异兽的繁衍生息提供了充足的水源。南海子河流湖沼因永定河变迁而成，分南北两派，一亩泉和团河分别是北、南两派水系河流的发源地。一亩泉之水俗称小龙河，源自南苑新衙门行宫之北，即今丰台区新宫村东北约 500 米处。向东南流经南苑镇北，至旧宫南侧与自南苑西北部流入南苑的凉水河汇合。

清乾隆三十二年（1767 年），疏浚一亩泉后曾添设闸座，用以蓄存和宣泄泉水。今一亩泉东南所建闸座尚存，俗称土桥，又名头道桥。凉水河源于右安门外水头庄凤泉，由古代北京城南清泉河、清凉河演变而成，自凤泉向东南沿南苑围墙往东，至小红门以西由栅子口入南苑。清乾隆年间（1736—1795 年），因京师右安门至永定门一带地势低洼，每至雨季河水宣泄不畅，曾浚治凉水河，修建桥闸 9 座，新建河闸 5 座。这些水利设施是南海子园林建筑的重要组成部分。清代修建行宫庙宇，兼作为操兵练武之所。

（3）**明清蕃育署** 明清官署名称。署，即皇庄。设于明初，隶上林苑监。上林苑监主管苑囿、牧畜、菜蔬、树种之事，所属有良牧、蕃育、林衡、嘉蔬 4 署。蕃育署设典署、署丞、录事各 1 人，主理饲养禽畜之事，设在顺天府东安县采魏里（今采育镇）。蕃育署地处凤河流域，明永乐五年（1407 年），迁山东、山西移民 5 000 户至署内凤河两岸，聚落成 58 村，有畜养户 2 357 户，分拨畜牧草场地 1 520 余顷，饲养鹅、鸭、鸡等，并以此为赋，供给光禄寺、太常寺、上林苑监和内府库。年赋中以供给光禄寺为最多。明正统十四年（1449 年）冬，蒙古族瓦剌进犯北京，掠畿内诸府州县，蕃育署也遭受劫掠。至明景泰年间，畜养户不断逃亡。清顺治三年（1646 年），蕃育署开始照民地征粮。顺治十二年，有人丁 1 733 丁。清康熙二十四年（1685 年），有粮地 202 余顷，人丁 3 801 丁。康熙三十七年，裁撤上林苑监，蕃育署也随之撤销，时有人丁 7 582 丁。至清乾隆年间，其所在地区划归大兴县。

（4）**晾鹰台遗址** 晾鹰台遗址位于青云店镇南宫村北，大兴区重点文物保单位，始建于元代，为元大都南郊围场"下马飞放泊"中的鹰坊和仁虞院。元朝皇帝常在此地纵放鹰雕，行围打猎，于仁虞院中开筵夜饮。明代时建筑物倾圮，遗留高大土基，《明一统志》记其为按鹰台。明朝皇帝亦常到此游猎，李东阳在《南囿秋风》中写有"落雁远惊云外浦，飞鹰欲下水边台"的诗句。清代晾鹰台台基尚在，"台高六丈，径长十九丈，周长百二十七丈"。为清帝行围和阅兵的重要场所。清光绪二十六年（1900 年），大兴地区义和团数千之众曾在晾鹰台附近阻击八国联军。今遗址处遗存台基高 10 米，周长 500 米，占地约 3 万平方米，台上栽植杨树数千株。北京共有 4 个晾鹰台，另外 3 个分布在通州区境内。

6. 传统村落

（1）垡上营村。

（2）垡上村。

以上村落位于青云店镇。

（3）**小黑垡村** 位于长子营镇。

（4）**大黑垡村** 位于采育镇。

（5）东黄垡村　位于礼贤镇。

（6）榆垡。

（7）小黄垡。

（8）西黄垡。

（9）石垡。

以上村落位于榆垡镇。

（10）西芦垡村。

（11）东芦垡村。

（12）北研垡村。

（13）西南研垡村。

（14）东南研垡村。

（15）大狼垡村。

以上村落位于魏善庄镇。

（16）加禄垡村。

（17）南顿垡村。

（18）北顿垡村。

（19）张公垡村。

（20）东黑垡村。

（21）西黑垡村。

以上村落位于庞各庄镇。

（22）狼垡一村。

（23）狼垡二村。

（24）狼垡三村。

（25）立垡村。

以上村落位于黄村地区。

以上为大兴区以垡为名的村庄，现虽仍多以村落状态存在，但从村落现存状态多已难以追寻其历史踪迹，少量村落已彻底消失，全部转为城市建设用地。这些以垡为名的村落都是具有悠久历史的传统农业村落，垡，耕地，把土壤翻起来，翻起来的地块，是精耕细作出现之后出现的农业词汇。

（26）马村　唐以后，这里至少有一大块地曾为牧场，现仅保留了马村的名称。

九、昌平区

本次普查中，在昌平区共发现系统性农业文化遗产 6 项，要素类农业文化遗产 33 项，已消失的农业文化遗产 14 项。

（一）系统性农业文化遗产

1. 昌平京西小枣栽培系统

（1）**地理位置**　昌平京西小枣栽培系统位于昌平区流村镇西峰山村，地理坐标北纬 40° 17′，东经 116° 03′。

（2）**历史起源**　京西小枣，也叫西峰山小枣，或西峰山金丝小枣，至今已有 400 多年历史。据《光绪昌平州志物产篇》与《康熙昌平州志 / 赋役志》记载："每年昌平州要向'光禄寺'（指专门为皇家承办大型宴会的机构），敬献诸多著名果品，其中上等红枣一百三十五斤"，此上等红枣所指即是西峰山小枣。目前，西峰山村栽种枣树一共有 2 100 余亩，几乎遍布全村每个角落。其中，西山根 500 亩，东山根 200 亩，村南 500 亩，村北 900 余亩。

西峰山小枣（1）

西峰山小枣（2）

西峰山小枣（3）

小枣交易（1）

（3）系统特征与价值

① 生态地理特征。西峰山的独特性要归功于西峰山独特的地理环境、当地盆地的气候优势、深厚的优质黄土和无污染的水质资源。西峰山地处平原与深山区的过渡区，这里有山但不算很高，恰恰挡住了由平原刮过来的大风与沙尘，阳光充足，雨水适中，土质上好，京西小枣在长期的自然驯化过程中，形成了它独特的品质。最大特点是甘甜、绵润、味厚、核小。因晒干后含糖量极高，用两只手的拇指和食指，用力捏住枣的腰部缓缓拉开，中间就会连接着无数根丝，对着太阳一照，金光闪闪，夺人眼目。因此完全可与金丝小枣媲美，故有人称其为西峰山金丝小枣。

② 品种资源特征。西峰山的枣树一般可以长到10米多高，叶子呈椭圆长形，长2.5～4厘米，宽1～2厘米，圆滑边至锯齿状边，并在基部呈圆形。在叶根部生出伞形结果小黄花。果实呈椭圆形。成熟果实的大小鲜重5～50克，

直径 1～2 厘米，长 1.5～3.5 厘米，果皮薄，光滑且有光泽，成熟时为红色或暗红色。果肉为白色，味道极美。"七月十五花红枣"，每到这个节气，枣就开始出现红梢，逐渐长成了青红相间，直到全红。过了农历八月十五，叶条上的枣就全红了，此时是枣色味形最佳的时候，糖度在这时已上了九成。真正的京西小枣，需要继续生长以增满糖度。过了农历八月十五，才真正进入枣的收获季节。正宗的西峰山小枣的"小"，并不是指枣的本身小，实际是体现在它的枣核比其他地方的枣核要小些，其形状与其他地方的枣核也有所区别，呈椭圆形，与其他枣核相比两端无尖刺，很像农民压地用的小"碌碡"。

③ 营养与药用价值。京西小枣营养丰富，素有天然"维生素丸"之美称。《本草纲目》记载："干枣润心肺，止咳、补五脏、治虚损、除肠胃癖气"。该枣鲜果含糖量为 25%～35%，干枣含糖量更高一些为 60%～70%，还含有蛋白质、脂肪及铁、磷、钙等人体不可缺少的元素。鲜枣的维生素 C 的含量为每 100 克鲜枣含 300～600 毫克，比其他果品高很多。

京西小枣的食用方法很多，除了新鲜食用外，冷冻枣也比较常见。冷冻枣果可保持鲜果的色味及营养价值，由于枣果水分相对较少，含糖却高，且具有光滑表皮及规则形状，鲜枣果的冷冻生产较之草莓等要容易。冻枣可单独食用或佐以奶油、酸乳饭后食用，或者装点蛋糕和冰淇淋等，也可在天气炎热时做冰点食用。

④ 收获与贮存。收获红枣，山里人称为"打枣"。打枣首先要选择"擀面杖"粗细的酸枣或小榆树枝，修理光溜，作为打枣竿。打枣用劲不能过大，以免伤害枣树。方法通常是顺着枣树枝敲打，不能横批，或摇动树震掉熟透的红枣。男女老幼围成一大圈来捡枣。枣收回去后，要在院子里进行晾晒，晾晒好后，储存起来，用来招待客人或者出售。

鲜枣无疑是营养丰富且美味可口的。然而，室温下鲜枣的保存时间很短，即便控制通风及低温保存也难以做到。而经高温烘干的枣，由于脱去了大量水分，同时丢失了大量的维生素 C，也就大大降低了它的营养成分。京西小枣鲜枣储存时间是一般枣的 3～5 倍。这要

小枣交易（2）

归功于西峰山的气候优势，西峰山是平原与山区的过渡区，平原地区气候暖和，枣果成熟得较早，易腐烂。深山区气候寒冷枣果不易成熟。所以京西小枣比平原地区成熟得晚些，但又比深山区成熟得早一些时候，相对于其他枣储存时间更长。

⑤ 传承与发展。西峰山人世代种枣、管枣，吃、喝、穿、戴均取之于枣。从最初的一小片，经过精心培植逐渐扩大。在日常的劳作当中，老一辈西峰山人，把枣树最开始的栽种、嫁接、管理，到最后的采摘、储存等技术，一辈一辈地沿袭至今，最终成为西峰山人生活中的一个重要组成部分。

20 世纪 60~70 年代，在"以粮为纲"政策影响下，农民把大面积的枣树砍伐掉修整成农田，只有生长在"地阶"上的零星枣树和自家庭院里的免遭劫难。改革开放后，一些懂技术的老人利用残留的小枣树与酸枣树进行了嫁接，为恢复京西小枣打下了基础。到 1999 年国家出台了退耕还林政策，使京西小枣这一传统品种得到了迅速的发展，而今已成为西峰山地区的主导产业和当地人的经济支柱。

（4）**主要问题**　由于京西小枣的栽种时间不统一，加之连年干旱，使得枣树生长缓慢。现在已经挂果的枣树 1 000 亩左右，但是产量不高。山区干旱问题，也是制约发展的因素。

2. 昌平海棠栽培系统

（1）**地理位置**　昌平海棠栽培系统分布于老峪沟地区的马刨泉、老峪沟、长峪城、黄土洼、禾子涧村，地理坐标北纬 40°17′，东经 115°93′。

（2）**历史起源**　老峪沟海棠是老峪沟地区特产之一，是老峪沟农产品中的典型

代表。老峪沟、长峪城、黄土洼、禾子涧村栽植历史最久，保留老树最多。老峪沟地区的海棠究竟是什么时候开始栽植的，现在已无法考证，现存最粗的海棠树胸径超 80 厘米以上。2012 年，北京市园林绿化局把老峪沟地区的 904 株海棠树定为后备古树。其中：马刨泉村 219 株、老峪沟村 195 株、长峪城村 348 株、黄土洼

老峪沟海棠（1）

村 60 株、禾子涧村 82 株。

（3）系统特征与价值

① 生态特征。海棠属于蔷薇科，苹果属落叶小乔木。树高可达 5～10 米；树冠开张，枝条粗壮，叶片肥厚浓绿，椭圆形，先端有圆钝，锯齿。伞房花序：花朵簇生，花萼紫红色，盛花白色，花期在 4 月中旬，自花授粉，坐果率高，成熟期 11 月初，果实自 7 月始，

老峪沟海棠（2）

由绿色随季节的加深而逐渐的向红色过渡。至成熟后颜色完全呈现出深红色，果表面洁净光亮，非常美丽。冬季不落果，一直点缀到 11 月份，是海棠家族果实观赏期最长的品种。

② 营养价值。老峪沟地区的海棠树为八棱海棠，八棱海棠个大皮薄，单果重 8～14 克，因果实扁圆有明显 6～8 条棱而得名。海棠果实色泽鲜红夺目，果形美观，果肉品质好，鲜食酸甜香脆。据鉴定，八棱海棠含有多种对人体有益的成分，最重要的是含有硒、铜等微量元素及人体不可缺少的海棠酸素。

③ 生态价值。老峪沟海棠树好栽易管，抗旱抗涝，抗病、对环境适应性强、种植成活率高。树冠大伞状，树龄长，可达百余年。具有较强的拦截烟尘、吸收二氧化碳和净化空气的能力。海棠树根系发达，分布深而广，可以固结大片土壤，缓和地表径流，防止侵蚀冲刷，因而是绿化荒山、保持水土的优良树种。

④ 景观价值。老峪沟地区由于昼夜温差大，所以海棠花的花期较正常的晚，这

老峪沟海棠（3）

老峪沟海棠（4）

老峪沟海棠（5）

里的海棠树春天花团锦簇，如锦似云；夏天树叶叠翠，绿伞成荫；秋天叶片金黄，果实透红；冬天树冠挺秀，自成一景。尤其是在飘雪的季节里能够果实累累，成为一道亮丽的风景线。

（4）**主要问题**　老峪沟海棠由于栽种时间不统一，产量不高，效益低，种植面积相对较少。

3. 昌平京白梨栽培系统

（1）**地理位置**　昌平京白梨栽培系统分布于阳坊镇前、后白虎涧村，地理坐标北纬 40° 12′，东经 116° 12′。

（2）**历史起源**　京白梨，原名叫"北京白梨"，为秋子梨系统中品质最为优良的品种之一，是北京果品中唯一冠以"京"字的地方特色品种，也是阳坊农产品中的典型代表。昌平区的京白梨主要生产在前、后白虎涧村，所以被称为白虎涧京白梨。前、后白虎涧村地处山前缓坡地带，东临京密引水渠，土壤、光照、气候非常适宜栽植京白梨。

阳坊白虎涧村京白梨的人工栽培距今已有 200 多年的历史。据说，清朝中晚期，村民刘长青擅长栽植林果，他家栽种的樱桃个大、肉厚、味甜、成熟早，虽能卖上好价钱，但是产量极少。一次他在皂角屯卖樱桃时遇见了御果园的管园太监。这位太监为了孝敬皇后娘娘，竟用五两银子买了他一把樱桃，而且还把御果园内京白梨的苗木以及嫁接、管理等栽培技术一并传授给他。京白梨在刘长青引种成功后，逐渐被认同并在白虎涧得到广泛种植，从而成为阳坊地区一大特产。

（3）**系统特征与价值**

① 品种特征。京白梨为蔷薇科植物白梨的果实，呈扁圆形，果皮黄白色，表面光

滑，大小均匀，七八个码成一摞，可以直立不倒。皮薄肉厚，果汁多，可食部分占果重的 76%，含糖量高达 13%，含酸量 0.34%。

② 营养价值。梨果营养价值很高，经测定，每百克果肉中，含蛋白质 0.1 克，脂肪 0.1 克，钙 5 毫克，磷 6 毫克，铁 0.2 毫克，胡萝卜素、硫胺素、核黄素各 0.01 毫克，尼克酸 0.2 毫克，抗坏血酸 3 毫克。京白梨初下树时，果肉脆嫩，皮色青绿，存放数日后食用最佳，果肉细腻，果汁尤多，口感极佳，有浓厚的香味，具有生津、润燥、清热、化痰、解酒等功效。

白虎涧京白梨（1）

白虎涧京白梨（2）

③ 产业发展。为了促进京白梨产业的发展，2008 年阳坊镇在后白虎涧村千亩果园专业承包户的基础上成立了北京白虎涧京白梨种植专业合作社，为促进京白梨的生产与发展及农村经济结构的调整起到重要作用。此外，阳坊镇还建立了综合性支持体系，在加强综合治理力度、有效改善基础设施、加大对京白梨产业的扶持力度、强化京白梨种植技术推广、推进农业科技进村入户、提高果农的劳动技能和知识水平等方面做出了不懈的努力。目前，京白梨逐渐走上了规模生产和品牌发展的道路。主打"皇家贡品"品牌，注册"白虎涧"商标、产地商标和原产地保护，并加强对品牌的宣传、保护和推广。同时对种植示范区进行规划设计，逐步完善道路硬化、周边美化工作，建立民俗旅游点，并通过增加果艺馆、文化雕塑、加强古树保护等展现"白虎涧"京白梨的人文及历史价值，不断提升产品内涵和产业附加值。

在拓宽农民增收途径的前提下，推动京白梨产业的生产、加工、储藏、销售一体化经营体系的加速发展，不断推进京白梨产业规模化、区域化布局，并逐步建立京白梨产业带和生产包装销售基地，实现区域经济特色化、特色经济规模化、规模经济产

白虎涧京白梨（3）

白虎涧京白梨（4）

白虎涧京白梨（5）

业化的纵深发展模式，充分发挥"白虎涧"京白梨产业集聚优势，巩固"白虎涧"京白梨在北京乃至全国市场上的形象和地位。

1997 年，阳坊镇确立并实施了"千亩梨园工程"。1998 年，阳坊镇投入 30 多万元，完善了千亩梨园基础设施建设。2003 年，前白虎涧村建立了京白梨标准化生产示范基地，积极发展京白梨种植业，已达 200 余亩。同年，后白虎涧村也建立了京白梨标准化生产示范基地，面积达 500 亩。2004 年，在区、镇政府和技术主管部门的支持下，后白虎涧村针对基地内不同的树龄、树势制定了具体的管理方案，使老树复壮、幼树树冠扩张。随着树势的恢复，水肥利用率的提高，优质果的比率明显上升，达到了总产量的 80% 以上。在管理过程中，基地建设有计划，产品生产操作有规程，产品质量有控制措施，土肥水的使用有具体的相关要求，整个生产周期有完整的生产过程记录档案，基地建设日趋规范化、标准化。

1998 年，白虎涧京白梨在中国农业展览馆举办的全国农产品博览会上获得金奖，在北京市京白梨果品评比中连续三年蝉联冠军。2012 年 3 月 13 日，国家质检总局批准对京白梨实施地理标志产品保护。

（4）**主要问题**　20 世纪 80 年代，白虎涧的京白梨产量最高，多达 25 万千克。近些年来，因管理不善，加之连年干旱，产量骤减。

4. 昌平核桃栽培系统

（1）**地理位置**　昌平核桃栽培系统分布于老峪沟地区的马刨泉、老峪沟、长峪城、黄土洼、禾子涧村，地理坐标北纬 40°17′，东经 115°93′。

（2）**历史起源**　核桃是老峪沟地区特产之一，也是老峪沟农产品中的典型代表。老峪沟地区的核桃究竟是什么时候开始栽植的，现在已无法考证，现存最粗的核桃树胸径达 1.35 米。胸径超 60 厘米的达 1 000 余株，主要分布在马刨泉和长峪城村。在改革开放以前，老峪沟核桃的经济收入占老峪沟地区经济总收入的 70%。目前，老峪沟核桃种植面积 2 411 亩，最高年产量 251 吨，产值 301 万元。

（3）**系统特征与价值**

① 生态地理特征。老峪沟地区属于沟谷地带，四面环山，平均海拔在 800 米以上，在北京地区属冷凉气候，具备生产高品质核桃的优良环境。由于地理环境和气候条件的因素，老峪沟地区的核桃含油量比平原地区要高出很多，鲜食口感特佳。

② 营养价值。核桃是一种经济价值很高的木本油果树，果实营养丰富而味美。核桃仁是一种营养价值极高的食品，除直接食用外，常用作各种糕点的重要配料，为我国传统的食品加工原料。核桃仁还是很好的滋补品和中药材，据《本草纲目》记载，核桃仁能补气溢血，调燥化痰，治肺润物，且味甘性平，对于"温补肾肺，定喘化痰"有一定的疗效。研究表明，由于核桃含有大量对血栓和心悸有积极作用的单酸，可有效降低血液中的有害胆固醇，因此，吃核桃有助于保护心脏和血管。

老峪沟核桃（1）

老峪沟核桃（2）

老峪沟核桃（3）

老峪沟核桃（4）

老峪沟核桃（5）

③ 生态价值。老峪沟核桃树体高大，枝干挺立，树冠枝叶繁茂，多呈半圆形，具有较强的拦截烟尘、吸收二氧化碳和净化空气的能力。核桃树根系发达，分布深而广，可以固结大片土壤，缓和地表径流，防止侵蚀冲刷，因而是绿化荒山，保持水土的优良树种。

（4）**主要问题**　由于栽种时间不统一、产量不高、效益降低等原因，种植的面积较少。

5. 昌平磨盘柿栽培系统

（1）**地理位置**　昌平磨盘柿栽培系统分布于十三陵、流村、南口、崔村、兴寿镇，包括泰陵、泰陵园、小宫门、悼陵监、西山口、昭陵、果庄、德胜口、庆陵、裕陵等 38 个村。

（2）**历史起源**　柿子原产于我国，品种资源丰富，栽培历史悠久，在《诗经·豳风》及《尔雅·释木篇》里记载，柿树已有 3 000 余年的栽培历史。并把柿树作为观赏树种放在宫庭寺院中栽培。十三陵的磨盘柿有 300 多年的栽种历史。

（3）**系统特征与价值**

① 品种资源特征。昌平十三陵磨盘柿栽培系统主要栽培品种为"十三陵磨盘柿"和少量的杵头柿。"十三陵磨盘柿"由于其果形如磨盘，故称为"磨盘柿"，又因这种柿子形状似有盖的容器，故又称为"大盖柿"，为昌平区有名的特产，品质极优，驰名中外。磨盘柿树冠高大，层次明显，半开张，圆锥形；枝条粗壮且呈灰黑色；叶片大而厚，有光泽，深绿色，呈椭圆形。花生于叶腋，花瓣乳黄色。果实个大，平均单果重 250 克，最大果重 450 克，扁圆形，果腰处有缢痕，将果实分成上、下两个部分，果顶平或凹，果基部圆，梗洼广深，萼片大而平，基部联合。果皮橙红色，颜色艳丽；果肉乳黄色，硬柿肉脆，软柿味甜多汁，果实耐贮运；无核、纤维少、果肉松、易脱涩，以色、形、味俱佳而闻名。

十三陵磨盘柿（1）

十三陵磨盘柿（2）

十三陵磨盘柿（3）

十三陵磨盘柿（4）

十三陵磨盘柿（5）

② 应用价值。十三陵磨盘柿不仅味甜似蜜，且营养丰富。果实可供鲜食、制糖、酿酒、作醋。柿果在成熟前含有多量的单宁物质，其中尤以油柿含量更高（40%）。单宁与柿果中的果胶物质经酵解后成为柿漆，柿漆为良好的防腐剂。柿果还有医疗作用，可治胃病、止血、解酒毒，对降低血压也有一定疗效；柿霜还可治喉痛、咽干及口疮等。柿叶含有丰富的维生素 C 及卢丁、胆碱等物质，可以作柿叶茶。

③ 产业发展。磨盘柿具有抗旱、耐湿、耐瘠薄、抗逆性强、结果早、寿命长、产量高、收益大、栽培管理方便等特点，是水果与干果兼用的树种，在昌平区果品生产中占有近 1/5 的比重。是山区、半山区广大农民的主要经济来源之一，对增加农民收入，具有重要的意义。

十三陵磨盘柿栽种时间较长，尽管产量大，但效益比较低，种植的面积主要集中在西北部，区域相对固定。为满足国内外消费者对柿果品质的要求，昌平区稳步推进农业产业化结构调整，加速柿优势产业的形成，已建立 100 亩甜柿示范基地，并研发了磨盘柿加工柿饼技术，促进柿子产业转型和经济效益提升。

6. 昌平燕山板栗栽培系统

（1）**地理位置**　昌平燕山板栗栽培系统分布于昌平区的长陵、十三陵、兴寿、崔村、南口及延寿镇。

（2）**历史起源**　昌平产栽培燕山板栗历史悠久，最远可追溯到春秋战国时期，在《诗经》《礼记》《论语》《史记》等古文献中均有记载，《诗经》有云"树之榛栗"，"侯栗侯梅"等。陆玑注疏云："栗，五方皆有"。《战国策》记载，战国时期幽燕"有枣栗之利，民虽不由田作，枣栗之实，足食于民矣。此所谓天府也"。三国时陆玑的《毛诗草木鸟兽虫鱼疏》称"五方皆有栗，唯渔阳、范阳栗，甜美味长，他方者悉不及也。"司马迁的《史记·货殖列传》中有"燕、秦千树栗……此其人皆与千户侯。"金元时期，北京市昌平区南口著名的庆寿寺也经营庞大的栗园。据《松云闻见录》记载："南口在居庸关之南，庆寿寺祖师可暗，以法华经数，该四万八千字数为号，种栗园计千余顷"。目前，在延寿镇有一定数量树龄达到 400~500 年的大栗树。

（3）**系统特征与价值**

① 品种资源特征。燕山板栗品质优良，品种繁

燕山板栗（1）

燕山板栗（2）

燕山板栗（3）

燕山板栗（4）

燕山板栗（5）

多，目前主栽有燕红、燕昌、银丰、黑七、燕平、昌早六个品种。燕红（燕山红栗）又名北庄1号，原株在昌平区北庄，因坚果果皮呈红棕色，故名燕山红栗，其抗病、耐贮，品质优良；燕昌栗又名下庄4号，原株在昌平下庄村北，1982年定名为燕昌栗；银丰栗又名下庄2号，原株生长在昌平下庄村西北的梯田上，1989年定名银丰栗；燕平（辛庄2号），原株生长在昌平辛庄村北山，该株为实生树，为大果、优质、抗逆、耐贮的板栗优良品系；黑七又名黑山寨7号，原株在昌平黑山寨村北坡，其特点是雄花退化，丰产，抗性强，适宜山地栽植，品质优良；昌早（南早3号）原株在昌平南庄村北，其特点是早熟，品质优，丰产。

② 食用与营养价值。板栗营养价值很高，甘甜芳香，含淀粉51%～60%，蛋白质5.7%～10.7%，脂肪2%～7.4%，还含有丰富的糖、淀粉、粗纤维、胡萝卜素、维生素B_1、维生素C及钙、磷、钾等矿物质，可供人体吸收和利用的养分高达98%。板栗中含有丰富的维生素B_1和维生素C能够维持和确保牙齿、骨骼、血管、肌肉的各种功效，对骨质疏松有一定的预防和治疗效果，强筋健骨，很适合老年人食用。栗子中的矿物质很全，比苹果等普通水果高得多，尤其是含钾量比苹果高出三倍多。以10粒计算，热量为204卡路里，脂肪含量则少于1克，是有壳类果实中脂肪含量最低的。普遍用于食品加工，烹调宴席和副

食。板栗生食、炒食皆宜，糖炒板栗、栗子烧鸡，喷香味美，可磨粉，亦可制成多种菜肴、糕点、罐头食品等。板栗易贮藏保鲜，可延长市场供应时间。板栗多产于山坡地，属于健胃补肾、延年益寿的上等果品。

③ 存储方法。只要方法得当，板栗可以实现长时间储存，并且能够保证营养价值的极少流失，常用的储存方法有灌藏法和沙埋法。灌藏法就是将板栗放入陶土罐中，开口用油纸或塑料膜封住扎紧，每 15 ～ 20 天翻拣一次，并适当通风透气，然后仍封藏。沙埋法就是找一只木箱，底部铺 6 ～ 10 厘米的潮黄沙，以不沾手为宜，板栗与潮黄沙以 1：2 的比例拌匀，上面再盖 6 ～ 10 厘米的潮黄沙，拍实，放在干燥通风的墙角，定期检查。

④ 产业发展。新中国成立以后，昌平板栗产业在曲折中不断发展。特别是改革开放以来，昌平板栗产业获得新生。目前，燕山板栗已经是地理标志保护产品。

（4）主要问题　由于栽种时间不统一，影响效益的不确定因素多。

（二）要素类农业文化遗产

1. 特色农业物种

（1）山黄杏　山黄杏又名金玉杏，原产于十三陵镇果庄村，是传统的农家品种。在十三陵镇果庄、德胜口两个山区村，栽培已有上百年的历史。目前，栽培面积近 3 000 亩，产量 100 万千克。由于其果大、肉厚、味酸甜，既可鲜食又宜加工而著称，是北京地区地方名特优产品。

（2）籴籴枣　位于昌平区西峰山，为京西小枣的一个重要品种，是清代贡品。

（3）小白藕　位于昌平小汤山莲花池，是清代贡品。

山黄杏　　　　　　　　　　籴籴枣　　　　　　　　　　小白藕

2. 特色农产品

（1）**昌平草莓** 昌平草莓是北京市昌平区特产、国家地理标志产品，主要种植在昌平区兴寿、崔村、小汤山、百善、南邵和沙河 6 个镇部分地区。

昌平草莓开始种植于 20 世纪初，距今 100 多年。昌平区位于北纬 40 度这一国际公认的草莓最佳生产带，优越的自然禀赋保证了昌平草莓的品质。2010年，昌平区草莓面积发展到 4 500 亩、近 2 000 栋日光温室。每年生产草莓 250 万千克，为农民增收 4 000 万元，面积、产量占到了北京的 2/3。昌平生产的草莓全部达到了无公害的标准，部分产品达到了绿色和有机标准，深受北京市民喜爱。

昌平草莓

据统计，昌平草莓总产量的 15% 通过采摘销售，价格在每公斤 60 ～ 160 元；80% 通过团购销售，价格在每公斤 30 ～ 60 元；5% 被加工成果酱、果汁等产品供应市场。有的甚至销往中国香港和新加坡等地。2007 年 1 月，首届中国草莓文化节在昌平举行。2009 年 3 月，世界草莓大会、第六届全国草莓大会以及第四届中国草莓文化节在昌平亮相，为打开市场提供了广阔平台。

（2）**昌平苹果** 昌平苹果为地理标志保护产品，保护范围包括昌平区南邵镇、崔村镇、流村镇、兴寿镇、南口镇、马池口镇、阳坊镇、百善镇、长陵镇、十三陵镇、沙河镇、城南镇等 12 个镇、街道所辖行政区域。

昌平盛产苹果，素有苹果"福地"的美誉，最早历史记载在明代《群芳谱》中，"苹果，出北地，燕赵者尤佳。"乾隆皇帝也曾留下了"北过清河桥，遥见天寿山。胜朝十三陵，错落兆其间。太行龙脉西南来，金堂玉户中天开，左环右拱诚佳域，千峰后护高崔巍"的溢美之词。

太行山脉和燕山山脉交汇于昌平北部，形成绵延百里的"山前暖带"，温榆

昌平苹果

河发源其阳，白河横穿其阴，润泽着山脚下的富饶土地。这条"暖带"东起上苑，西至南口。朝向正南正北、走向正东正西，整齐如同刀切，经大自然神奇点化，赋予了苹果生长一片舒适优越的"风水宝地"。昌平有优越的光、温资源。年平均光照达2 764.7小时，充足的光照不但有利于果皮着色，更催化了果实内淀粉转化为糖分、生成维生素等化学过程。暖带南端，京密引水渠自东向西缓缓流过，把山区、平原有机相隔，如同一台天然"空调"般有机调节着地区小气候。年平均温度12.1℃，年温量指数106，其中果实发育期平均温度达23.9℃，无霜期在200天以上，使苹果获得了充足的生长时间；每年9月底10月初苹果成熟期，昼夜温差达到9～12℃，苹果含糖量高，着色快；年平均降水量542.9毫米，既满足了苹果生长所需，又避免了因雨量过大导致的果树病害。果园土壤中有机质含量达到2.08%，有效磷、钾、铁、锌、硼元素含量分别高出普通土壤的2～12倍。这些微量元素随着苹果生长转化成利于人体吸收的微量元素和营养物质，使昌平苹果不但美味而且有营养。

（3）十三陵樱桃　樱桃原产我国，已有3000多年的栽培历史。十三陵樱桃种植历史悠久，但具体年代不详。昌平十三陵镇现有樱桃面积1 000多亩，这里生产的樱桃因果大、皮薄、核小、肉嫩、味美、色泽艳丽，已成为远近闻名的特产名果。该甜樱桃因上市早，果个大，果肉丰满，营养丰富，丰富淡季果品市场，深受广大消费者的欢迎。

（4）昌蜜红少籽瓜　昌蜜红少籽瓜是昌平区特产，开始种植年代不详。主要分布在昌平县南邵乡、崔村乡和昌平镇。该品种含糖量高，一般在10%以上，最高可达13%～14%。种籽少，食用方便，平均单瓜种籽数60粒左右，是普通西瓜种籽数的1/10。抗病力强，特别是抗枯萎病。耐贮运，在适度采收情况下可在室内存放15天以上。果皮韧性好，不裂果。在首都市场上是畅销果品。

十三陵樱桃　　　　　　　　　　　　　　　昌蜜红少籽瓜

昌蜜红少籽瓜属中熟品种，苗期生长缓慢，要求温度较高，中后期生长旺盛。从果实开花到成熟约需33天。果实圆球形，果皮绿色，平均单果重3.5千克，最大可达9千克。瓜皮厚1.5厘米，瓜瓤鲜红，肉质脆甜，汁多，不空心。

3. 传统农业民俗

（1）后牛坊村花钹大鼓　昌平民间花会有开路、狮子、高跷秧歌、小车、跑驴、中幡、花钹大鼓、旱船、竹马、五虎棍、少林、坛子、扑蝴蝶、太平鼓、诗赋贤等20余种100多档花会形式。其中小汤山镇后牛坊村花钹大鼓已经被列为第一批北京市市级非物质文化遗产、第二批国家级非物质文化遗产项目。

后牛坊村花钹大鼓

"花钹大鼓"又名"花钹挎鼓""钹子会""花钹子""锅子会"，曾经广泛流行于宣武、丰台、海淀、朝阳、门头沟、昌平、怀柔、大兴、通州、平谷等地，以昌平区小汤山镇后牛坊村的花钹大鼓特点最为鲜明，保存相对完整，最为重要的是其与乡土社会联系得极为紧密，浸透着浓郁的乡土人伦、文化与艺术色彩。与该地区同时流行的其他鼓钹类舞蹈相比，花钹大鼓最突出特点就是采用挎鼓和花钹结合的形式，"大鼓不用鼓架，而用袢带挎在腰前擂打"这一点也正是逐鼓与其他民间鼓乐的主要区别，因此"花钹大鼓"也被认为就是迓鼓这一古老表演形式的遗存。

"花钹大鼓"有较高的民间花会艺术及民俗文化保存价值，可为研究民间艺术和民俗文化提供相关资料。目前，"花钹大鼓"较难的套路和动作，不少已无人能做，全套鼓谱只记忆在老艺人的心中，濒临失传，亟待抢救。

（2）漆园村龙鼓　流传在昌平流村镇漆园村的龙鼓，其前身为"锅子鼓"，产生于当地村民企求消灾除祸、保佑平安的期盼和愿望，是村民请"娘娘"时所奏的乐曲和护驾的队伍，后来又在祭祀和庙会等活动中演奏。相传，龙鼓产生于清乾隆八年

（1743 年），距今约 260 多年历史。

漆园村"龙鼓"以口传心授的方式代代相传，到了清末民初时期最为兴盛，经常受邀到附近庙会表演，在京西北地区享有盛名。至今已传承七代。

漆园村龙鼓

"龙鼓"共有 36 套古谱，乐谱从不同角度反映了当时人们的生活，使人们在演奏时有一种身临其境的亲切感，其中既有祭祀仪式中使用的庄重、浑厚的乐曲，又有表现生活中欢快场景的乐曲。现在已整理并演奏的有"三锅子""六锅子""七锅子""混蛟龙""双钉钹""斗鹌鹑"等 6 套鼓乐。"三锅子"为前奏，其他乐曲有的是祭祀时演奏，有的是娱乐性演奏，"混蛟龙"为高潮。

现在，漆园村龙鼓丰富了老百姓的业余文化生活，对新农村建设起到了积极的推动作用。今后还将进一步做好挖掘、保护工作，使这项民间艺术继续传承下去。目前，漆园村龙鼓已经被列为第二批北京市市级非物质文化遗产项目。

（3）高跷秧歌　昌平区十三陵镇涧头村的高跷秧歌和朝阳区、海淀区、顺义区的高跷秧歌一起被列入北京市第三批传统舞蹈类非物质文化遗产。

高跷秧歌是一种广泛流传于中国各地的汉族舞蹈，因舞蹈时多双脚踩踏木跷而得名。高跷秧歌的历史久远，源于古代百戏中的一种技术表演，北魏时即有踩高跷的石刻画像。据可考史料，高跷秧歌已有 200 多年的历史。

高跷是一种汉族民俗活动。一般以舞队的形式表

十三陵镇涧头村高跷秧歌

演，舞队人数 10 多人至数 10 人不等；大多舞者扮演某个古代神话或历史故事中的角色形象，服饰多模仿戏曲行头；常用道具有扇子、手绢、木棍、刀枪等；表演形式有"踩街"和"摺场"两种，摺场有舞队集体边舞边走各种队形图案的"大场"和两三人表演的"小场"，角色间多男女对舞，有时边舞边唱。

（4）**山梆子戏**　山梆子戏是村里流传下来的河北梆子戏，距今有几百年的历史。长峪城村坐落在深山峡谷中，古称长峪口，明正德年间，官军在此设关筑城，取名"长峪城"，是明代京师防御的重要隘口之一。古代中国，有城必有神庙，有庙必有戏台，长峪城也不例外。村西高坡上有一座始建于明代的永兴寺，寺内的古戏台，就是当地社戏——山梆子的最重要演出场所。随着岁月的变迁，时间的流逝，本地方言和生活习俗的相互结合，"山梆子"这一古老戏种早已与河北梆子有异曲同工之处。

山梆子戏

前几年，村里成立了梆子戏剧团，30 多名成员利用农闲时节排练演出，现在已经能够熟练演出 30 多个剧目。每年的正月十四到正月十六，昌平区流村镇长峪城村山梆子剧团的村民们都要到村里的戏园子——永兴寺演上几天的山梆子戏。他们为本村演出，还为到村里观光、旅游的游客演出，剧团演员们的彩妆、行头一样不少，生、旦、净、末、丑一应俱全，唱、念、做、打有板有眼，丝毫不差。

4. 传统村落

（1）**康陵村**　位于昌平区十三陵镇西北部，天寿

康陵村

山陵区莲花山东麓，总面积 170 公顷。康陵村建于明朝，依明朝正德皇帝的陵而建，村中至今还保存有大量的明朝老墙，许多砖块有明朝的烙印。

康陵村布局呈正方形，由古监墙圈围而成，清晰有条理，整齐排列。村民居住在监墙内。村中央有一株千年的古银杏树，大门口生长着两株 800 年的古槐树。村内有民俗接待户 45 户，经营特色的"康陵正德春饼宴"，可同时接待游客 2 500 人，年产柿子、樱桃等各类果品 40 万公斤。

（2）漆园村 漆园村位于昌平区西部，属流村镇，距镇政府 6.5 千米，三面环山，村域面积 16.3 平方千米。南与海淀区西山农场接壤，西与瓦窑、北照台村相邻，东至南流村、白虎涧村，北到南雁路。漆园村拥有依托村庄传承的省级非物质文化遗产——龙鼓。

漆园村

龙鼓原名锅子鼓，相传有 400 年的历史。清乾隆八年（1743 年）京畿大旱，漆园村赴黑龙潭祈雨，天降甘霖。皇帝得知，颁旨赏赐龙幡一幅、龙鼓六面、鸳鸯钹 48 副。"龙鼓"因此得名，传承至今 260 余年。

（3）后牛坊村 后牛坊村为昌平区小汤山镇辖村，位于昌平城区东南 13.5 千米，距镇人民政府 2 千米。东南距兴寿镇肖村 1 千米，南距小汤山村 1 千米，西距百善镇狮子营 5 千米，北距兴寿镇东庄 2.5 千米。村域面积 4.25 平方千米。后牛坊村历史上曾经是一个大村，成村于元代中统三年（1262 年）。过去在此地养牛，称牛坊。清代改称后牛坊。

后牛坊村

后牛坊村"花钹大鼓"是国家级非物质文化遗产。每年春节、正月十五、四月二十七，本村的庙会都要以"走会"的形式进香膜拜，"花钹大鼓"是最重要的表演内容。年复一年的民俗活动，使后牛坊"花钹大鼓"得以传承和发展。新中国成立以来，会首郝纯芒致力于后牛坊村"花钹大鼓"的恢复工作，教授了一大批新学员，并开始吸收女学员参加表演。后又经几任会首传承，"花钹大鼓"得到了快速发展。全村村民有一半以上能熟练掌握技术动作，目前有一支近百人的、稳定的表演队伍，可以参加各种表演活动。2005年"花钹大鼓"被列为北京市非物质文化遗产，2008年被列为国家级非物质文化遗产。

（4）**长峪城村** 长峪城村位于昌平区流村镇西北部，与河北省怀来县毗邻，地处太行山与燕山的交汇处，属太行余脉。村域面积21 209亩。长峪城建于1520年，1537年扩建，为明代长城戍边城堡中的"营城"，其位置十分险要，是从延庆盆地进京的一个要道。城池在两山夹持的山谷之中，城墙与山上长城相接。清军入关后，演变为村落。目前长峪城保存相对较好，还存留着南门、北门和一小段城墙，而且均有不完整的瓮城。村落总体呈条状颁布，长度近1千米。现存新、旧两座城，旧城轮廓可寻，北门于2011年修缮过。新城位于旧城南面，现可见东门及两侧城墙，城门外建有瓮城。城内还保持着与当年戍边文化密切相关的三座寺庙——永兴寺、药王庙和关帝庙。永兴寺内有古戏楼一座，现仍用于民间传统戏曲的演出。村外存有长城敌楼等遗迹。2003年长峪城及其村内寺庙被确立为昌平县文物保护单位。2013年，长峪城村列入国家级传统村落名录。

长峪城村

茂陵村

（5）**茂陵村** 茂陵村属十三陵镇管辖，位于明十三陵风景区内，距昌平城区15千米，毗连分水岭村、石头元村、康陵村、锥石口村。村域面积 1.41 平方千米。

茂陵村历史悠久，《汉书·武帝传》记载：二年"初置茂陵邑。"村落布局基本成方型，主要由古代监墙围办事，村庄北侧与东侧有部分住宅位于监墙外，整体布局较为规整、紧凑，监墙基本保存下来。

（6）**德陵村**　德陵村位于昌平区十三陵镇东部，潭峪岭西麓，村域面积 4 577 亩。

该村明代为德陵神宫监。清顺治元年（1644年）设司寿官和陵户，后通湖城村的陵为名。村庄的居住区分布在村南侧德陵神宫监内和北上坡，周边多为山区林地，自然环境良好。宫监为主要居住区，位于村庄南部，整体布局和风貌保存良好，内有古树一处。

德陵村

（7）**万娘坟村**　万娘坟村布局清晰有条理，整齐排列。村中两条主路，一条进村主路由古墙大门至国道，另一条北通往德胜口桥，南经思陵至悼陵监村；村落位于山体处东南方向，整个村

万娘坟村

落背靠山岚，后面的山势成莲花盛开花瓣状。万娘坟位于苏山东麓，坐西北朝东南，整体布局为前方后圆。方形院落面宽 197.8 米，进深 138.5 米，园寝围墙用绿色琉璃筒瓦，黄色琉璃滴水。正中为硬山式琉璃构件的园寝门，两侧各有一座随墙角门。门内为两进院落，第二进院落正中有享殿，面阔五间，进深三间，两厢配殿各三间。享殿后有门，可进入半圆形的寝园，中轴线上由前至后设照壁、石碣（即圆顶的碑石）、石供案和墓冢。明代设官军守卫，有官员管理。清代改为坟户看守后，看坟人及家眷即住在园寝的第一进院落内，经世代繁衍，形成村落。后因院内狭小，清末民初就将民居扩建到园寝院外，形成现在的村落格局。

5. 传统美食及制作

（1）**康陵正德春饼宴** 春饼是一种极普通的面食，但康陵春饼宴不是单一的春饼面食，而是以春饼为主角，配一大桌子地道的农家菜，一般有东北酸菜、炒肉丝、韭菜炒鸡蛋、炒绿豆芽、炒粉丝、红烧肉、鹌鹑蛋和多种野菜。传说，明朝的皇帝朱厚照当时喜欢去各地巡游，但觉得吃饭特别耽误时间，于是让大臣们发明了这种皇帝快餐——就是我们现在吃到的春饼。

康陵正德春饼宴

（2）**长陵永乐饸饹宴** 饸饹也叫河漏，是将玉米面、小米面、荞麦面或其他杂豆面和软，用饸饹床子把面通过圆眼压出来，形成小圆条。比一般面条要粗些，但比面条韧、软，食用方式和面条差不多。豆面有时候需要加入面丹来调节面的软硬度和口感。

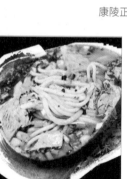

长陵永乐饸饹宴

据传，长陵村的永乐饸饹宴与明永乐皇帝有一定的渊源。永乐七年，朱棣到黄土山（现在长陵所在地）考察，途经康家庄时，见村口大核桃树下垒着一个大灶，灶上架着一口大铁锅，下面炭火熊熊，锅里滚开的水冒出白白的蒸汽，再往上面有一个木头架子。朱棣小声问道："那是什么？"随行礼部尚书赵羾说："爷，那木头架子是饸饹床子，这儿是间饸饹馆。"掌柜是个年轻力壮的小伙子，见二位衣着光鲜华美的客人进了他的小馆，便格外殷勤、卖力。掌柜那轧面、挑面、浇卤等一连串的动作将朱棣看呆了，再加上饸饹和各种山野菜的香味儿顿时让朱棣胃口大开，转眼间一大碗饸饹便被他吃了下去。在回宫的路上，赵羾问朱棣："饸饹的味道怎么样？"朱棣一边咂摸着滋味一边说："好吃，比御膳房的山珍海味都好吃。"赵羾告诉他："这不是一般的饸饹，您吃的是用荞麦轧的，还有用玉米、高粱、小米等各种粗粮做的呢。"朱棣一听兴趣更大了，就令赵羾收集各色饸饹，品尝后甚是喜欢，并将饸饹定为皇家贡品。随后，朱棣封黄土山为天寿山，并于永乐七年五月，在黄土山营造陵寝。康家庄也从此改名为长陵村。而饸饹的加工工艺在长陵民间的发展愈加成熟，直至传承到现在。该地村民每逢佳节各家都有吃饸饹的习俗，寓意和和美美，健康快乐。

（3）**上口马武寨驴打滚宴**　上口村的驴打滚历史悠久，是由 2000 多年前东汉大将马武传承而来的。上口村一带至今流传着"二十八宿之一"的汉将马武与"驴打滚"的故事：传说当年在深山时刻准备抵御关外之敌的将士们马武寨驻守，经常食用山中生长的黄米面蒸馍，久而久之出现厌食现象。那天，统帅马武忽然看到，驮运粮草的毛驴，在间歇时就地打滚，浑身沾满了黄土，于是灵机一动，叫伙夫用黄米面卷入红豆馅儿，然后把黄豆炒熟碾成粉末，像毛驴打滚一样把蒸熟的黄米馍滚上黄豆粉，切成均匀块儿，既好看又有趣。兵士见到这种吃食，争相食用，食后精力充沛。后来，大家把这种食品称作"驴打滚"，一直流传至今。驴打滚再佐以其他美食，就是上口马武寨驴打滚宴。

（4）**悼陵监烙糕子宴**　十三陵悼陵监烙糕子是一种地域性很强的美食，它是采用青嫩玉米浆掺上细箩的玉米面，制成黏稠的玉米糊糊，烙在专门的圆形铁铛上，出锅后外焦里嫩、澄如金、松软甘甜的烙糕子，夹着本地特有的鲜嫩野菜，再佐以胖头鱼火锅、梅菜扣肉、香辣豆腐鱼、时令野菜、豆面汤等美食，就是烙糕宴。

上口马武寨驴打滚宴

（5）**甜酱姜芽**　甜酱姜芽是北京酱菜中的一种传统美味佳品，也是昌平地区日常必备的美食之一。北京著名的六必居酱菜创自明朝中叶，甜酱姜芽作为六必居十二种传统产品在那个时候就已存在了。

悼陵监烙糕子宴

原料配方为鲜姜芽 100 千克、食盐 25 千克、二酱 50 千克和甜面酱 140～150 千克。制作方法第一步是选料，姜芽选自夏季伏天生成的嫩芽，肥嫩洁白，收成后洗净泥土进行腌制。第二步是腌制，鲜姜加盐，摆一层鲜姜撒一层盐，注意上层稍多于下层加盐量。第三步是酱制，为确保酱制质量，姜芽的酱制应分两步进行。头酱是将腌制后的姜芽称好重后放入清水中浸泡 5～6 小时，析出姜中部分盐分，压榨出多余水分，然后放入二酱（即前次酱制时剩下的酱）中酱渍。然后从头酱缸中捞出姜芽，去掉粘在上面的酱，放入原汁甜面酱中酱制。

甜酱姜芽

鲜肉虾泥馄饨

北京黄糕

薄脆

酱制初期应注意每日打扒 3～4 次，以后可酌情减少，2 周后成熟即为成品。产品呈金黄色，富有光泽。食之甜、咸并兼有辣味，脆嫩鲜香，具有浓郁酱香味和酯香气。

（6）**鲜肉虾泥馄饨** 鲜肉虾泥馄饨是北京特色风味小吃，也是昌平地区的日常美食。鲜肉虾泥馄饨以猪肉馅、虾仁、芹菜等为原料，辅以蛋清和多种调料。制作时，首先将虾仁洗净，拭干水分，去泥肠后碾碎；猪肉馅剁细，与虾泥一起再剁匀后，加入蛋清和调料拌匀成馅料。每张馄饨皮用刮刀抹一层馅料后，用指尖捏拢做成官帽式馄饨，再放入开水中煮熟至浮起。调味料清汤适量、盐少许、香油少许放碗内，盛入煮好的馄饨，再撒入洗净、切碎的芹菜末及葱花即成。

（7）**北京黄糕** 北京黄糕是北京特色风味小吃，也是昌平地区美食之一。具有色泽鲜黄，质地松软，味甜香润，营养丰富的特色。北京黄糕以面粉、鸡蛋、白糖、绍酒、糖桂花为原料，将面粉放入笼屉中，用旺火蒸 15 分钟取出，过细箩；将鸡蛋打入盆中，加入白糖、糖桂花和绍酒，搅打半小时成糊状时，加入蒸好的面粉搅成稠糊；在笼屉上放好模子，铺上湿屉布，倒入稠糊摊平；将锅中水烧沸，放上笼屉蒸 20 分钟，取出晾凉，切成小块即成。

（8）**薄脆** 为北京传统风味小吃，也是昌平地区日常美食之一。薄脆，顾名思义，即薄又脆，但薄而不碎，脆而不艮，香酥可口。薄脆现为民间小吃，以前曾是清宫中的御膳食品。《北京琐闻录》中记载，清康熙十二年（1673 年）康熙微服私访到圆明园，路过西直门广通寺，在忆禄居的薄脆大加赞赏，后传旨进奉，薄脆更加闻名遐迩了。老北京有"西直门外有三贵：火绒金糕大薄脆"的俗语。薄脆酥脆焦香，可以现制现吃，也可以捏碎与菜馅拌和当素馅的原料，是人们非常喜爱的小吃。但由于费工费时，市场虽有供应，但不能经常保证，常有断档现象。

制作方法是将明矾、精盐、碱面与温水一起用木槌研化，随即倒入面粉和温水，和成面团，然后摊平，横竖各叠三折，再放入盆中，盖上湿布饧 6 小时，面团饧好后，按成八分厚的大面块，刷上一层花生油，用小炸刀切成面剂。花生油用旺火烧至八成热，将面剂按成一尺长、六寸宽的长方形面皮，用刀尖在面皮上任意划许多小口，双手提起面皮，先放入热油中蘸两下，以利于成形，再放入油中，炸至两面焦黄捞出即成。

（9）**阳坊涮羊肉** 据史料记载，阳坊是北京西北燕山脚下的一个古老重镇，曾经是连接南北交通及牛羊果品的大型集散市场，也是京城回民集中的地区之一。阳坊涮肉由来已久，新中国成立后阳坊人民发挥聪敏才智，对涮羊肉品质大加改进，现在形成了独具特色的涮羊肉风味。其独到之处在于，肉质鲜嫩，入口即化，不腻不柴，越食越香，而且调料选用了30多种中药材、香料以科学配比调制而成，保证调料的色香味俱全，同时起到滋补健身作用。阳坊涮羊肉具有回族传统饮食文化的韵味。

阳坊涮羊肉

（10）**咸酥烧饼** 咸酥烧饼是北京的炸、烙、烤小吃，常以"酥活"为贵，在昌平地区也十分常见。酥烧饼味有咸、甜之分，形有圆、方之别。咸酥烧饼起酥恰到好处，所以层次分明，酥香利口，春、秋、冬三季凉食较为适宜。

咸酥烧饼

（11）**炖吊子** 炖吊子为满汉小吃。炖吊子以猪肠、猪心、猪肚、猪肺为原料，独不加猪肝，并辅以多种调料。制作的时候，将猪肺、猪肠、猪心、猪肚洗净，先用开水焯五分钟后捞出用净水漂洗；漂洗后再下锅，煮沸2~3小时，捞出控干，晾凉；所有原料分别改刀，切成2厘米见方的块；将所有料块加高汤上火煮开，改温火炖半小时，加调料，尝好味即成。食用时再加香菜末、葱丝和味精。炖吊子的特色是清淡鲜美，亦汤亦菜。

炖吊子

（12）**爆肚冯** 爆肚冯是北京百年老字号小吃，开创于清光绪年间，如今第三代、第四代冯氏传人已将"爆肚冯"发扬光大，分店很多，吃的人也络绎不绝。

"爆肚冯"由山东陵县人冯立山于清光绪年间创业于北京后门桥，清光绪末年由第二代传人冯金河继续经营，一直深受宫内画匠、太监以及旗人的偏爱。后经宫内太监推荐，爆肚冯成了清宫御膳房专用肚子的特供点，及至清帝逊位，清宫的专供也渐渐取消了。为了维持生意，冯金河便迁至前门外廊房二条与爆肉马、烫而饺马等五家组成了一个小吃店，当时被誉为"小六国饭店"的美称。

爆肚冯

第三代传人冯广聚 1935 年在门框胡同北段路东开设了爆肚冯饭馆，因 1937 年全面抗战爆发而关闭，而在门框胡同南段与豆腐脑白、年糕杨、厨子杨、爆肚杨、豌豆黄宛、年糕王、复顺斋酱牛肉老店、奶酪魏等形成了门框胡同小吃街。1937—1957 年是门框胡同最风光的时代，后来爆肚冯与爆肚杨合营进门框胡同的同羲馆饭馆。爆肚冯 1999 年曾两次被请到钓鱼台国宾馆，与羊头马、老月盛斋、豆腐脑白为庆祝 50 年大庆及国宾馆馆庆为国家领导人现场制作。爆肚冯的"爆肚仁三品"于 2000 年 4 月 26 日被评为中国名菜点。1998—1999 年爆肚冯申请并建立了北京市爆肚冯餐饮服务有限责任公司。2001 年 11 月，北京申奥成功清真烹饪技术大赛，爆肚冯获得金奖，并且获得个人金牌。

（13）**炸糕** 炸糕是北京人爱吃的面食之一，也常作早点。炸糕分奶油炸糕、黄米面炸糕、江米面炸糕和烫面炸糕。北京小吃中奶油炸糕是富有营养的小吃。它由元朝蒙族人的饮食习惯沿袭下来。蒙古人建元朝后，将一些奶制食品带入中原，溶进北京人的饮食之中。

制作方法是将面粉为原料，先烧开水，水开后改用小火，将面粉倒入锅内，迅速搅拌直到面团由白变成灰白色，不粘手时，取出稍晾成烫面。用水将白糖和香草粉用水化开，将鸡蛋液在碗内搅匀，分几次倒入烫面中，最后加入奶油、糖水、香草粉水，揉搓均匀。锅内倒油，不宜用芝麻油，旺火烧至冒烟后，改用小火，将揉匀搅拌好的面团分成小球，小球用手摁成圆饼，逐个下入油中，待饼膨起如球状，并呈金黄色时捞出，滚上白糖即成。奶油炸糕呈圆形，外焦里嫩，香味浓郁，富有营养，易于消化。

黄米面炸糕和江米面炸糕的制作是用水磨米面为原料，面要加水和好后发酵，面和得不要太硬，要适当揉进一点碱。制作时抓一块面约 50~60 克，用手指在中间按一个坑儿，包进豆沙馅，将口封严，随包随入温油锅中炸至金黄色即可。这种炸糕外焦里嫩，香甜可口。

炸糕

还有一种烫面炸糕，先把水烧开后，倒入面粉搅拌均匀，面烫好后出锅分成大块，摊开晾凉，兑上发面和适量碱面，揉匀揪成小剂，摁扁，包上红糖、桂花、面干拌匀制成的馅儿，用温油炸。这种炸糕外焦酥、内软嫩，易消化。

（14）**豆面糕（驴打滚）** 豆面糕又称驴打滚，是北京小吃中的古老品种之一，它的原料是用黄米面加水蒸熟，和面时稍多加水和软些。另将黄豆炒熟后，轧成粉面。制作时将蒸熟发黄米面外面沾上黄豆粉面擀成片，然后抹上赤豆沙馅（也可用红糖）卷起来，切成 100 克左右的小块，撒上白糖就成了。制作时要求馅卷得均匀，层次分明，外表呈黄色，特点是香、甜、黏，有浓郁的黄豆粉香味儿。

豆面糕

豆面糕以黄豆面为其主要原料，故称豆面糕。称为"驴打滚"似乎是一种形象比喻，制得后放在黄豆面中滚一下，如郊野真驴打滚，扬起灰尘似的，故而得名。《燕都小食品杂咏》中就说："红糖水馅巧安排，黄面成团豆里埋。何事群呼驴打滚，称名未免近诙谐。"还说："黄豆黏米，蒸熟，裹以红糖水馅，滚于炒豆面中，置盘上售之，取名驴打滚真不可思议之称也。"可见"驴打滚"的叫法已约定俗成。如今，很多人只知雅号俗称，不知其正名了。现各家小吃店一年四季都有供应，但大多数已不用黄米面，改用江米面了，因外滚黄豆粉面，其颜色仍为黄色，是群众非常喜爱的一种小吃。

豆腐脑

（15）北京豆腐脑　北京的传统风味小吃。豆腐脑色白软嫩，鲜香可口。豆腐脑在北京都是清真的，卤的味道堪称一绝，其卤不泄，脑嫩而不散，清香扑鼻。现今的豆腐脑已不是当年的味道，原因在于原料除去黄豆外，都得用代用品，绿豆粉价高，改用白薯、土豆粉，不用口蘑而用香菇。味道大减。器皿也有讲究，用砂锅，砂锅体轻、导热快，特别是可以保持原味，不受金属器皿的影响。早年前门外门框胡同的豆腐脑白和鼓楼豆腐脑马最为有名，人称"南白北马"。

制作方法是将黄豆用凉水泡涨洗净，磨成稀糊，加水搅匀，细箩过滤，将浆汁上面的泡沫撇掉，倒入锅中用旺火烧沸，舀出，其余舀入瓷桶内保温。将熟石膏粉放在水勺内，用温水调匀，浸入到瓷桶内，往上一提，把石膏汁倒入浆汁内，将另外滗濛的浆汁往瓷桶里一冲，使石膏汁与浆充分融合，静置几分钟后撇去泡沫，凝结起来的就是豆腐脑锅内凉水烧沸，放入羊肉片，用勺搅动几下，水将沸时倒入酱油、口蘑水、盐和味精；水再沸时，倒入芡汁，沸后即成卤。食时把豆腐脑盛入碗中，浇上适量卤和蒜泥、辣椒油即成。

（三）已消失的农业文化遗产

1. 传统农业民俗

（1）吃祖坟会　过去除了武会之外，还有文会，是以各种物质为供品的会，有清茶会、馒头会、青菜会、提灯会、献花会、燃灯会、拜师会等。昌平平原地区多见的是清明节的吃祖坟会。同姓同宗有共同的祖坟，祖坟有几亩坟地，由同族人轮流耕种，谁种地就由谁出资，在清明节办祭祖，同宗人都去祭祖吃会。

（2）祭山神会　农历十月十五的祭山神会在昌平山区半山区比较多见。祭山神会由村户组成，各户轮流办会。办会户养一头猪，养一年，到农历十月十五日屠猪到山神庙祭山神，求山神保佑平安。供祭完毕，入会户到办会户家里吃猪肉，下一年再由另外一户办会。

（3）关帝庙会（老爷庙会、杏秋庙会）　关帝庙会，俗称老爷庙会，供奉的是三国时蜀国大将关羽。它建在县城东关外约 200 米处，坐东朝西，庙门正对瓮城。庙前是一片广场，山门外有一对石狮，山门南北两侧各有一座旁门，进山门是三层殿堂，殿堂之间，各有一座院落，每个院落南北两侧各有厢房若干间。

关帝庙会就是在庙前广场和庙宇内举办。关帝庙会在每年农历五月十一日至十三日举行，传说五月十三日是关老爷磨刀的日子，所以最热闹。五月中旬，正是黄杏成熟季节，昌平东北各乡又盛产黄杏，庙会上卖黄杏的特别多，因此，有人又把关帝庙会称之为杏秋庙会。庙会开始之前，商贩和文艺团体都要做好准备，商贩设置摊点和文艺活动都有固定地段。

农历五月十一日清晨，庙内钟声一响，庙会开始。这时，随着四乡八镇赶庙会的男女老少陆续到来，各种商贩的叫卖声也越来越高，叫卖声更是有词有调，独具特色，以此吸引顾客，做成买卖。赶庙会是一件大事儿，所以一般人都要刮刮脸、剃剃头、穿双新鞋，换件新衣。尤其是青年妇女，往往要打扮一番，给庙会增加了色彩和喜庆气氛。赶庙会的人一般先各处参观一番，然后去吃小吃，再挤进人群看武术杂耍，最后带着选购的物品满载而归，因为正值三夏大忙时节，雨季即将来临，所以买农具和雨具的人最多。庙会第三天

昌平关帝庙

是正日子，城内商店要给伙计、徒弟放假，发点儿零花钱，让他们痛痛快快地玩一天。这天，有时还在戏台上唱戏，成立的各种花会要走会。因此人更多，更热闹。庙会期间摆摊的商贩要向当地缴纳一定的地皮捐，还要向庙内道士敬献一定的香火费。

（4）龙山庙会（西瓜庙会）　龙山庙是俗称，实际它叫都龙王庙，建在城南六里一座小山上，坐北朝南，俗称上寺。另外山脚东南还有下寺。因其山后有一清泉，建有九龙池，山顶又有龙王古刹，故又称龙王庙。每年的龙山庙会就在山前广场和古寺举行，上寺则主要供逛庙会的人烧香敬神和参观游览。龙山庙会从农历六月十一日开始，十三日为正日，会期一共三天。

龙山庙会的活动同关帝庙会大同小异，但因为正处盛夏，又离县城远，也有不同特点。第一，龙山庙会正是西瓜、甜瓜上市季节，瓜摊瓜棚比比皆是，卖瓜声更是不绝于耳，故又称之为西瓜庙会。第二，卖酸梅汤、冰棍、冰激凌、刨冰等冷饮的特多；第三，买卖草帽、雨伞的特多；第四，这里有山有水，绿树成荫，古木参天，风光秀丽，昔日为"燕平八景"之一，故而趁着赶庙会游山玩水的多；第五，因距离城关较远，又常有男人嬉水游泳，因此赶此庙会的妇女较少。

（5）旧县庙会（山里红庙会）　旧县村是唐代至明初昌平县治所在。旧县庙会每年农历九月初一到初三在"梁公庙"（纪念狄仁杰的祠堂"狄梁公祠"）及其周围举行。

旧县庙会举办时，正值金秋季节，天气逐渐变凉，故又有不同特点。第一，时过盛夏，一切冷食冷饮及夏令用品不复出现，而代之以秋冬食品和用品；第二，因远离城关，坐车和骑驴逛庙会的人大大增加，庙会周围一辆辆马车，一头头毛驴，远观就像一处牲口交易市场，颇有几分塞外风光；第三，因为是水果收获季节，干鲜果品琳琅满目，最多的是柿子和山里红，都是当地产品。旧县卖山里红与众不同，不论斤出售，而是将山里红分成大中小三类，分别用麻绳串成长短不一的挂，论挂出售。逛此庙会的人无不以买几挂山里红为一大快事。他们买后并不立刻吃掉，而是挂在脖子上带回家，故有人称旧县庙会为"山里红庙会"。

（6）燕丹村剪纸　新中国成立前，昌平燕丹村的剪纸艺术是相当出名的。剪纸也叫"足花样"，是当地群众的一项手工艺，也是一项副业。不少人家就靠这项副业收入弥补生活不足，还有的专门靠"卖花样"来养家糊口。每年秋收后，燕丹村的一些老年妇女就肩挑两个"花样"篮子游乡串巷叫卖，有庙会则赶庙会。那时候，人们生活虽然艰苦，但在有条件的范围内，也喜爱打扮自己，尤其是年轻妇女都喜欢穿绣花鞋、绣花兜肚，姑娘从很小就开始学习针线、刺绣。她们爱打扮，从扎荷包开始练习刺绣，以后熟练了就绣花鞋、绣枕头顶、绣花兜肚，所以姑娘和媳妇成了花样的主要买主。剪纸种类有绣门帘、鞋垫、枕头顶、兜肚、手帕、连脚裤花样图案，多是花鸟虫鱼和飞禽走兽等也有的剪"招财进宝""五谷丰登""三阳开泰""五女拜寿""麒麟送子""黄金万两"的千张和挂钞。

（7）**罐歌**　罐歌是菜农用辘轳和柳罐从井里往上绞水时唱的歌。因为这种歌的每一段唱词都带有数目字，所以有的人也把它叫做"数花罐"。

以前昌平有许多人以种植蔬菜为业，被称为"园子主"，后来这个名称改为菜农。菜农种菜需要经常灌溉浇水，才能保证蔬菜茁壮成长，所以就要打井，在井口安装辘轳，用柳罐往上绞水。一般浇菜时都配备两个人，一个人绞水，另外一个人看水改畦口，绞到 50 罐时二人对换。为此，绞水就需要记罐数，并要把所记罐数大声报出来，让改畦口的伙伴听到。怎么个报法呢？一、二、三、四、五这样数下去，显然太平淡了，因而广大菜农在长期的劳动中，创造出了唱罐歌的方法。这种方法不仅解决了改畦口时的沟通问题，而且还增加了劳动情趣，减轻了疲劳。罐歌就这样经过不断丰富和发展，形成了一种独具地方特色的民间小调。然而随着社会的发展，菜田的减少，以及辘轳、柳罐逐渐被水车和抽水机等先进的生产工具代替，罐歌已经消失。

（8）**牛坊村药王庙会**　药王庙会是民间普遍流行的药王节，通常是中国神仙文化与中医文化在民间杂合的产物。农历四月二十七这天，以本村"花钹大鼓"为主的走会活动先到药王庙进香，然后表演正式开始，全部的表演结束后，沿途再拜各庙，最后回到药王庙表演收场。药王庙会这天药王殿前也十分热闹，除了卖叉把扫帚、铁木工具以及小吃之外，大都是远近村落的村民到庙里进香上供。此外，还有一项非常重要的内容就是由"花钹大鼓"会首组织的，本村在外经商的村民资助的一系列行善活动。一半多为在药王殿前摆桌舍茶半个月，凡是来赶庙会或者路过这儿的人，都可以在此歇息、饮茶、喝绿豆汤，分文不收，且在此期间本村的"花钹大鼓"还会定时表演，以供众人观赏。

（9）**麻峪村娘娘庙庙会**　每逢农历四月十五娘娘庙庙会，方圆几十里的百姓一大早就来赶庙会。娘娘庙前的整条街都是人，两边摆满了摊位，有卖笸箩簸箕农用木制家具的，有卖镰铲犁铧等铁制农具的，有卖针头线脑女人用品的，还有卖弹球洋画小孩玩意儿的。山门庙台附近，有卖油条、麻花、大烧饼的，有卖粽子、蒲包、驴打滚的，还有卖花生、瓜子、糖葫芦的。庙南戏台周围空场上，有吹糖人、捏面人的，还有变戏法、耍狗立子的。到处都是叫卖声、谈笑声，热闹非凡。

麻峪村娘娘庙的庙会不仅热闹，而且庙里的香火也非常旺盛。烧香还愿的人络绎不绝。一方面，一些婚后不育、求子心切的媳妇，进香时到庙里买根蓝带子，借着给娘娘烧香上供，趁别人不注意，羞答答从桌上偷一个小瓷娃娃，忙用蓝带子拴上，藏在衣服里悄悄带回家。到家后，把小瓷娃娃小心地放在炕席底下，每天吃饭还要假装喂吃喂喝。百日之后，若能怀孕，就再买一个瓷娃娃，连同偷来的一起放回原处，了却心愿。另外一方面，家里的小孩养得娇气或者体弱多病的，大人便带着孩子到庙里烧香上供，求娘娘保佑。并在娘娘面前许下跳墙和尚，病危的就许长和尚。此后每年的四月十五，小孩都要穿白口鞋子，头上留个小辫或留片马子盖，由大人带着到庙里烧香上供。

等孩子长到八九岁，有时十五六岁时，就该跳墙还愿了。跳墙得先择日子，找有儿有女的全合老人，头天还要请全合老人和庙里的老僧吃一顿。第二天一早，由全合老人领着，带上蒸好的馒头，买好的蒲包子，装好的点心匣子，再拿上笤帚、簸箕、一把红筷子来到庙里。老僧事先在殿前准备好一条板凳，小孩由老人搀着跳板凳。跳时，老僧嘴里念念有词"你娘亲，你娘爱，前殿你不扫，后殿你不拜，一百禅杖打你山门外，永远你也别回来！"边说边用筷子往小孩身上摔，筷子散开落地，小孩便往家走，不许回头，到家后剃成光头，去时所带物品全归老僧，事后还要买头小驴或到首饰楼打制个小银驴送给老僧，以表谢意，这就叫在娘娘面前还愿了，也就是还俗了。

2. 传统村落

在昌平地区，有一些村子历史悠久，曾颇具传统特色，但随着城市化进程，多已逐渐失去了古村落的味道。

（1）**古将村**　元代成村。古将民俗村位于昌平西北部，南距北京城 30 千米。古将民俗村属半山区，北依太行山余脉，地处上风上水，青山环绕，林木覆盖率 85% 以上，自然生态完美，野生动物繁多，空气质量优良。自然环境优美，民风淳朴，百年的山泉老井清水流畅。

（2）**西峰山村**　流村镇辖村，位于镇域东部，距昌平城区 25 千米，距八达岭高速路 17 千米，省级公路南雁路、水台路分别从村南和村西贯穿而过。西峰山村地理优越，三面环山，诸水交汇。地处太行山余脉和燕山山脉交汇处，海拔 320 米，土壤肥沃，地下水资源丰富，全村林木覆盖率 86% 以上，以小枣、盖柿为主。

西峰山村成村于宋代，兴盛于明、清时期。穆桂英曾在此处大摆迷魂阵。现西峰山村还留有宋代战场遗迹，如六郎井、望儿坨等。解放后一直归流村镇（乡）管辖。村中有一古寺，始建于明代，因年久失修，坍塌严重，后毁于文革。现仅存一株 500 多年的银杏树，为国家一级保护树木。村中部有古井一口，井深 18 丈，井口方圆 4 米，名曰"六郎井"，现保存完好。村东南部山峰上有望儿坨，传说为穆桂英登高望子垒垫而成。

村以林果业为主，小枣和盖柿是村经济的主要依托，特别是具有优秀传统、远近闻名的西峰山小枣，作为村林果业的一大品牌，已被市工商行政管理局注册为北京市知名商标，在市农副产品中占有一席之地。

(3) 泰陵园村　泰陵园建园于明嘉靖年间，种植蔬菜、瓜果，专供泰陵祭祀所需。清代成村。本村张姓为原明朝派来驻守陵园的大将军张奇功的后代。该村原在明光宗朱常洛郭皇后的墓墙内，娘娘坟迁出后留有占地 150 平方米的大坑。村内原有太平寺，建于明末清初。在"文革"期间，庙门、寺内及一对大石狮子遭破坏。后在此处建立了泰陵园小学。村西、村东各有古井两口，现已干枯。

泰陵园村东 1 千米处曾为占地 8 万平方米的明代行宫，是为帝后谒陵时驻跸之所。这处行宫是嘉靖十六年（1537 年）正月建，嘉靖十七年（1538 年）二月建成。其建筑朝向为南偏西，有重门及正寝二殿，围房 500 余间。正殿名感思殿，门曰感思门。行宫毁于清初。现遗址位于一高起的土台之上，其内已辟为农田，有柱础石、条石、碎砖瓦（黄、绿、青不同颜色的琉璃构件）等堆放于田埂间。遗址面宽和进深各约 250 米。

泰陵园村是"陵园村"，属于"陵邑"村落的一种类型。泰陵园村历史悠久，明代嘉靖年间建园成村，并因园得名。该村以种植蔬菜水果为主，供应明泰陵祭祀所需供品，这是该村作为陵园村的一大特征。随着社会经济的变迁，泰陵园村自明代时为陵园种植蔬菜水果的职能早已不复存在。虽然该村目前依然种植桃、柿子、李子等水果，以种植业为主导产业，但是果品供应对象和销售方式都已发生显著变化，村落的空间结构和形态也发生了较大变化。

(4) 雪山村　雪山文化遗址是新石器文化遗址，是昌平农业与文明的起点。位于昌平县到南口的公路南侧雪山村。1958 年发现，1962 年开始发掘。遗址分布在雪山东南的台地上，地势西北高东南低。整个遗址面积 1 平方千米，内涵可分为三个时期：早期文化遗址与中原仰韶文化、东北的红山文化有相似之处，距今 6000 年，陶器以红陶为主；中期属龙山文化范畴，已属于原始社会末期，距今 5000 年，树轮校正年代距今约 5500 年。雪山文化遗址文化层的一、二期的社会性质为原始社会阶段，相当于母系氏族社会向父系氏族社会转化时期。雪山文化晚期，近似于夏家店下层文化与中原地区的商文化的遗址，距今 4000 年左右，是昌平区距今有史可考的最早的人类活动的遗址。也就是说，早在 6000 年前，昌平雪山村就有人类活动，昌平到了文明起源的前夜，雪山村成为农业资源最为丰富的聚集地。随着时间推移，这片土地上的人口一代一代繁衍生息逐渐增多，为以后昌平文明的发展打下了人口和农业的基础。

（5）**老峪沟村**　流村镇老峪沟村是北京西北郊一个典型的山区村庄。老峪沟村域内重峦叠嶂，沟壑纵横，夏季凉爽多雨，冬季寒冷干燥，村址海拔平均在750～1 100米，村庄中心距离北京城区约65千米。村域面积1 473公顷，23个自然村，村落分散且人均资源少。村域内自然资源极具优势：昌平区最高山峰——黄花坡就位于村域北部，山峰上空灵清新的环境，让其有了"北京小西藏"的美称，不仅如此，阎罗堆秦长城古刹、烽火台遗址等人文景观令村庄更具历史气息。

十、平谷区

本次普查中，在平谷区共发现系统性农业文化遗产2项（另有1项已被农业部认定为中国重要农业文化遗产），要素类农业文化遗产1项，已消失的农业文化遗产7项。

（一）系统性农业文化遗产

1. 平谷四座楼麻核桃生产系统

（1）**地理位置** 平谷四座楼麻核桃生产系统于2015年被农业部认定为第三批中国重要农业文化遗产。遗产地范围为平谷北部四座楼山区，东经116°55″～117°24″，北纬40°02″～40°22″，包括八个乡镇，分别为熊儿寨乡、黄松峪乡、镇罗营镇、金海湖镇、大华山镇、王辛庄镇、南独乐河镇和山东庄镇，总面积278.44平方千米。

（2）**历史起源** 平谷四座楼山区是我国麻核桃的原产地和主产区，有近2000多年的栽培历史。对四座楼

平谷四座楼麻核桃生产系统中国重要农业文化遗产石碑

山区麻核桃老树进行树龄测定，发现现存最古老的四座楼麻核桃树约有 500 多年树龄，前几年遭人为毁坏的野生麻核桃古树树龄更是高达 1000 多年，均是我国当时和现存最古老的麻核桃树，是我国麻核桃树的原生树和鼻祖。最晚在明清时期，平谷先民已经成功从野生四座楼麻核桃老树中人为选择、嫁接培育出适合农户种植的四座楼麻核桃树。

四座楼狮子头

（3）系统特征与价值

① 生态地理特征。四座楼山区是我国麻核桃集中分布区域。虽然国内麻核桃资源在东北、西北和华北等地均有分布，但具有悠久历史、优良质地和原生麻核桃古树资源的地区仅平谷四座楼山区和河北涞水县山区。目前，平谷拥有 10 多棵树龄 300 年以上、150 多棵树龄在 100 年以上的原生四座楼麻核桃老树，另有许多原生四座楼麻核桃树散落分布在四座楼深山里。

平谷三面环山，地形以山区和半山区为主，平原耕地资源较少，自然生态环境良好。为了在维护好自然生态环境的同时提升土地的利用率和产出率，平谷先民在利用山地和平原大力发展核桃产业的同时，引入农业循环经济理念，独辟蹊径地形成了多种核桃树下复合种养殖模式。作为北京的后花园和重要的生态涵养区，平谷自然资源和生态环境得到了有效保护，这项土地利用传统和景观一直保留至今，在全国具有较高代表性。

② 生物多样性特征。平谷四座楼麻核桃生产系统内植被丰厚，蕴含着丰富的林木资源和矿产资源。海拔 400 米以上的植被以油松、侧柏、栎、山杨、平榛和荆条等杂木灌丛为主，低山岗台植被以果树、油松、刺槐和荆条灌丛黄白草为主，山间平地、平原河谷及村庄周旁以果树、杨柳树为主。丫髻山、四座楼等山区经过多年封山育林，从西北至东南形成大面积防护林带，林中有一级古树 23 棵，二级古树 37 棵，包括银杏、国槐、油松、侧柏等。

平谷核桃油

平谷四座楼麻核桃生产系统内野生植物繁多，受气候和地形地貌等自然条件的影响，有野生植物资源 500 余种。其中四座楼风景区山体植被茂密丰富，主要是野生山核桃、麻核桃、核桃、山杏、山梨、红果、红梅、栎树等阔叶树种，山峰上部多松、柏，森林覆盖率达95%。山林中野生灌木和山草密布，有野生动物金钱豹、梅花鹿、蟒蛇、獾、狐狸、狼、山鸡、青羊、狍子、苍鹭、大白鹭、山斑鸠、雨燕、翠鸟、野鸡、云雀、野鸭等近百种。

③ 经济价值。平谷四座楼山区农业结合生态保护，发展农、林、牧相结合的生态循环农业和特色农产品生产及农产品加工业，形成了以四座楼麻核桃为主导，以麻核桃园、麻核桃林为主要生境的复合种养殖模式，为当地社区和周边地区提供了丰富多样的农业产品。其中较有代表性的包括薄皮食用核桃、板栗、玉米、蔬菜、花卉、药材、蛋鸡等。

麻核桃产业是平谷四座楼山区农户家庭收入的主要来源，对改善当地民生起到了重要作用。麻核桃是文玩核桃的精品。从全国范围来看，麻核桃资源较少，市场供不应求，价格一直居高不下。特别是近年来，一对上好的四座楼麻核桃最低几千元，最高数万元甚至十多万元，即使这样仍然是一核难求。当前，四座楼麻核桃产业从业人员达到2 000余人，年收入5 000余万元。目前，已经形成环四座楼山、环花峪水库、环黄松峪水库、沿将军关沟域环金海湖4个千亩四座楼麻核桃产业区（沟、带、片）。除了建立麻核桃生产基地，还在网上建立麻核桃销售、展示交易平台，在麻核桃主产地四座楼附近选择合适地点建设集观、赏、玩、赌、藏等多功能的原产地综合交易市场，带动当地麻核桃产业及相关旅游业的发展。

④ 生态与景观特征。四座楼山历来是平谷重要的生态涵养地和生态观光休闲

平谷麻核桃复合种养殖景观

平谷麻核桃林下套作间种景观

旅游区，土壤以棕壤为主。保护区内植物资源丰富，动物种类繁多。海拔 900 米以上以蒙椴、紫椴和辽东栎等天然次生林为主；海拔 500 米以下广泛分布着槲树林、荆条灌丛和白草黄草群落；北水峪一带生长着 200 公顷具有几百年树龄的天然侧柏林。四座楼麻核桃古树多生长在山涧、山坡边，与自然生态、民居建筑融为一体，美感度较高。

平谷麻核桃树嫁接技术

四座楼山区不仅是农业生产的重要地区，也是区域的重要生态屏障，是市级重点自然保护区。四座楼山区农业的发展一直坚持注重保护原生四座楼麻核桃古树、丰富的种质资源、良好的生态环境和丰富的生物多样性。这其中一大部分是建立在水土资源的合理利用与分配基础上的，而科学的水肥管理为此提供了可能。此外，为延长原生四座楼麻核桃古树的寿命和提升农户所种植四座楼麻核桃的产量和品质，当地对农药化肥施用有着严格的控制。一方面，保障了产品的安全，另一方面对于生态环境的恢复和可持续性有着极为重要的意义。

⑤ 文化特征。麻核桃是四座楼山区农户传统的经济作物之一。围绕四座楼麻核桃的生产经营管理，一直流传着一套完整的农业文化体系。这一体系包括农业器具、传统知识、农时和与生产相关的制度文化。同时，四座楼山区以麻核桃生产为主的复合种养殖的农业形态，形成了多样性、复合性的农业文化特征。其中，较为突出的是以果树为主导的经济林木的混合种植方式，所产出的食用核桃、林特产品和蔬菜等，口感一流。

文玩核桃起源于汉魏，

平谷麻核桃雕刻艺术品

赌青皮

流行于唐宋，盛行于明清。在2 000多年的历史长河中盛传不衰，形成了丰富多彩的民俗文化。在民谣方面，平谷先人根据社会上把玩核桃的盛况，总结出朗朗上口的民谚俗语，如："核桃不离手，能活八十九。超过乾隆爷，阎王叫不走""文人玩核桃，武人转铁球，富人揣葫芦，闲人去遛狗""贝勒手上有三宝，扳指、核桃、笼中鸟"等等。在民俗方面，作为麻核桃主产区之一的平谷丫髻山自康熙帝始就被视作皇室家庙，成为皇家大型宗教活动场所，四座楼麻核桃伴随丫髻山皇室家庙的兴盛也逐步走向辉煌，游人众多，逛庙会、玩核桃的习俗一直延续至今。

平谷地区传承至今的麻核桃赌青皮、包树等交易文化具有浓厚的平谷特色和中国特点，也是中国传统麻核桃文化的重要组成部分。包树是每到白露核桃成熟的季节，商贩便到山里的麻核桃产地承包一棵树，满树的核桃，大小一起数，按照数量给总价。赌青皮则是买家在市场上先交钱选出一对青皮核桃，剥开皮后无论大小都归买家，赌到好品相的核桃便是赢了。无论是包树还是赌青皮靠的都是三分眼力七分运气，久而久之，这种"隔皮买瓢"的销售方式形成了麻核桃市场上独特的产业文化。

（4）**主要问题**　麻核桃树种质资源保护力度不足，传统知识难以传承与推广，协调保护机制尚未建立，环境污染问题依然严峻，现代经营理念较为缺乏，周边产区产品竞争日益激烈等。

2. 平谷佛见喜梨栽培系统

（1）**地理位置** 该系统位于平谷区金海湖镇茅山后村，西南距平谷城区 18.5 千米，距镇政府驻地 4.1 千米，村东有路与上（宅）陡（子峪）公路相接，西（樊各庄）烟（简岭）路从村南过境。茅山后村面积 1.84 平方千米，66 户，211 人。聚落呈散列状，海拔 197 米。

佛见喜梨

（2）**历史起源** 茅山后村佛见喜梨已有 200 多年历史。佛见喜梨清末进贡皇宫，因"慈禧老佛爷"爱吃此梨，后下旨命名为"佛见喜"。文献《清稗类钞》《中国果树志》《北京果树志》中记载此梨干脆异常，阳面着鲜红色晕，果型端正。佛见喜梨本为濒危品种，后来在茅山后村得到挽救性保护，现种植规模超过 500 亩，40 000 多棵树，进入丰产期后产量 300 万斤。

（3）**系统特征与价值**

① 生态地理特征。茅山后村拥有良好的自然条件，也造就了佛见喜梨独特的口感。第一，地形独特形成村内小气候。茅山后村东西北三面环山，南面地势低，为入村路口，村域内形如"葫芦"，南窄北宽，入口窄内部宽，形成区域小气候，昼夜温差大，使得果品糖分积累，佛见喜梨口感香甜。第二，坡地分布广不会出现内涝现象。平地和坡地相比较，平地地势低，夏天雨水多时出现内涝现象，旱地变成水浇地，果品的口感就大打折扣。而坡地就优势明显，茅山后村土地几乎全部为山地及林地，坡度明显，夏天雨水多时可以顺坡排出，完全不会出现内涝现象，口感大大提升，而村内坡顶处几乎都设有水窖，旱时可以随时浇树。第三，土壤独特。茅山后村土壤大部分为红黏土加火石子，富含钾元素，使得佛见喜梨口感极佳。钾元素作为农作物必需元素之一，能够使作物抗逆性强，根系发达，并促进作物光合作用增强口感，也能增强果品耐储藏性。

佛见喜梨

平谷佛见喜梨树

② 品种资源特征。佛见喜梨是一种独特的梨品种，中型果，表面有红色。据资料记载，"佛见喜梨只分布在平谷东部地区，是一种濒临灭绝的品种"。佛见喜梨形似苹果，但不是苹果梨，也不是红肖梨，而是一种独特的品种。

佛见喜梨果型美观，果实扁圆或近圆形，萼洼深广，萼片脱落，平均单果重 250 克，最大果重可达 500 克；果皮浅黄色，阳面着鲜红色晕，皮薄；果肉白色，肉质致密，脆而多汁，石细胞少，风味适口，品质优，成熟期 10 月上旬，耐储存。

③ 产业发展。茅山后村佛见喜梨发展为"果农＋村委会＋专业合作社"的模式，果农是其重中之重。果农通过发展佛见喜梨收入提高是支持佛见喜梨产业发展的原因。

金海湖镇"茅山后佛见喜梨"2013 年列入了全国第一次地域特色农产品资源普查名录，2016 年获农业部农产品地理标志登记保护。

（4）**主要问题** 依附于传统品种栽培的传统民俗活动、文化习俗等多已消失。

3. 平谷蜜梨栽培系统

（1）**地理位置** 该系统位于平谷区镇罗营镇，面积 3 000 亩，其中杨家台村 1 000 亩，关上村 500 亩，五里庙村 500 亩，西寺峪村 300 亩，核桃洼村 200 亩，清水湖村 200 亩，张家台村 200 亩，玻璃台村 100 亩。

（2）**历史起源** 镇罗营蜜梨生产历史悠久，早在明清两朝，便已是御用佳品。

平谷镇罗营蜜梨

（3）系统特征与价值

① 品种资源特征。蜜梨含有丰富的维生素、游离酸、果胶质、蛋白质、脂肪和钙、镁、磷、铁等营养成分，再加上有机蜜梨个大、皮薄、汁多、清脆、糖分高、口感好，深受广大消费者的喜爱。

镇政府根据历史渊源于 2008 年注册"乐逍遥"商标。2015 年，镇罗营镇蜜梨已成功被入选为农业部第五批全国"一村一品"示范村镇。

② 景观特征。镇罗营镇的梨花大道，总面积 12 000 亩，连接西寺峪村、东寺峪村、核桃洼村、关上村、清水湖村、杨家台村等十几个村庄，大道全长达到 15 千米，使沿途的 20 余处山、水、泉、洞等景观相互串联。

梨花大道经过的东寺峪村有一个风景优美的"梨花顶"登山步道，全长 1 600 米，途中设有 5 个休憩亭。走上去，既可以看到如白色海洋的梨花海，还可以欣赏连绵不绝的群峰。

（4）主要问题 传统民

平谷镇罗营蜜梨采摘

平谷镇罗营梨花大道

平谷镇罗营梨花

俗活动与林果栽培相关的活动较少，产品深加工程度不够，产品单一。

（二）要素类农业文化遗产

1. 特色农产品

（1）**苏子峪蜜枣**　大华山镇苏子峪，成村于康熙年间，土地面积 5 000 亩，192 户，653 口人，因苏姓先来，居住于京东燕山山脉浅山区沟谷中，故名苏子峪。该村位于大华山镇域东南部，东南距平谷城区约 20 千米，距镇中心约 3.5 千米，2006 年被评为市级民俗村。

苏子峪蜜枣种植历史悠久，早在清朝时，就被用作朝廷贡品，有关部门每年都要到苏子峪采购鲜枣和干枣，供国宴专用。苏子峪蜜枣长圆形，平均单果重 10~12 克，最大果重 20 克，核小；肉厚，皮薄，品质上乘，风味极佳，果肉香甜，酥脆，含糖量达 40%，干枣高达 73.8%，干枣掰开，糖丝可拉尺余长而不断，并能正常存放一年不变质。9 月下旬成熟上市，属北京地区名特优稀传统优种。1974 年曾获北京市金果杯奖，2008 年作为北京奥运推荐果品。2002 年 7 月 3 日向国家商标局申请了商标注册，商标名称苏子峪，现已通过有机食品认证。

苏子峪蜜枣

欧李

（2）**欧李**　欧李主要分布在东高村镇南宅庄户村，占地共计 11 公顷。为蔷薇科樱桃属灌木树种，学名中国钙果，以富含果酸钙著称，是为人体补充活性钙的绝佳选择。欧李在历史上曾作为"贡品"，康熙皇帝从幼年时就对欧李情有独钟，甚至曾派员为皇宫专门种植。

欧李适应性极强，耐寒耐旱喜阴，在背阴处长势较好，多为华北地区野生，可成片种植，播种第二年即可产果，生产效率较高，单株可结果 300 余粒。欧李口感酸甜，单果大约重 8～14g，成熟期在每年的七八月份，持续时间十五天左右。

（3）**平谷大桃** 平谷素有中国桃乡之称，大桃栽培历史悠久。新中国成立前，主要栽培的是毛桃，随后逐渐开始发展到栽培黄桃、白桃、蟠桃、油桃等多个系列。截至目前，全区已开发果树超过 1 万公顷，建成以大桃为龙头的八大果品基地。2006 年，平谷大桃被批准列为地理标志保护产品。

平谷大桃

（4）**北寨红杏** 北寨红杏产于平谷区南独乐河镇北寨村。独特的地理位置、土壤条件、气候环境，造就了"北寨红杏"特有的品质。主要有以下八大特点：一是果大形圆，平均单果重 40 克，最大单果重达 110 克；二是色泽艳丽，黄里透红；

北寨红杏

三是皮薄肉厚核小；四是味美汁多，甜酸可口，含糖量 12% ～ 16.5%；五是鲜食不伤胃，食用后口有余香；六是干核甜仁，杏仁香脆可口；七是营养丰富，含有维生素 C、胡萝卜素、果糖、果酸、蛋白质、钙、磷、钾等多种营养成分；八是耐贮运，常温下可贮存 20 天左右，长途运输不油皮。早在 1982 年就被北京市果品鉴定协会确定为名特优产品，1995 年又取得了农业部颁发的"绿色食品"认证。

北寨红杏是北寨人自己选育出来的品种。大约在 20 世纪 50 年代，当地村民从嫁接"芽变"的野生杏开始，发展到上万亩红杏林。2015 年，北寨红杏被列为国家地理标志保护产品。

（5）**大磨盘柿** 北京郊区盛产柿子，品种也很多，但最有名气的要数大磨盘，属于北京特产。

大磨盘柿，又名大盖柿，因果实中部有缢痕，形如上下两扇石磨而得名，又因

大磨盘柿

柿子形似有盖的容器，亦有大盖柿之称。为华北主要栽培品种。平谷境内以井儿峪村产的大盖柿最出名，色、味、形俱佳。这种柿子个头大，一般重250克左右，大的一只就有500克。大磨盘柿味美适口，营养丰富。还具有降血压、止血、润肠等功效。

大磨盘柿果实扁圆形，中部有缢痕，果顶平或凹，果基部圆，梗洼广深，萼片大而平。果皮橙黄色到橙红色，果肉淡黄色，纤维少，汁多味甜，宜生食，耐贮运。可加工"柿饼"，亦可切块制柿干，鲜果及加工品在国内享有盛名，倍受客商青睐。

（6）**东樊各庄香椿**　香椿又称椿树、椿芽树。属楝科，落叶乔木，是我国特有的材、菜兼用速生树种。春季摘取嫩梢或嫩叶供食用，是高营养蔬菜。在京郊各区、县均有零星栽培，而以平谷区西北部峪口镇东樊各庄的香椿品质最佳，是该地的土特产品。其栽培历史悠久，据传说乾隆年间就有栽培，至今已有200多年的历史。

香椿叶通常为偶数羽状复叶，叶痕扁圆，叶长20～25厘米，叶柄基部膨大，有浅沟。小叶片5～10对，长6～12厘米，宽2～4厘米，对生或近对生，浅锯齿状，嫩时叶下有毛，后脱落。该地所产香椿的特点是：嫩梢、嫩叶均为茶红色，盐渍后汁液为红色。香、脆、鲜、俱佳，纤维少。不仅有独特的清香味，而且含有钙、磷、铁等多种矿物质和丰富的维生素E等，是一种营养价值很高、极富特色的蔬菜。

东樊各庄香椿

香椿每年3月底发芽长叶，数日后长到10厘米左右，即可食用，由于其再生能力强，每棵树可采摘三茬，以第一茬味道最佳。

香椿的食用方法很多，如鸡蛋炒香椿、油炸香椿鱼，香椿拌豆腐等，也可做其他菜的调味品，腌制或晒干贮藏，可常年食用，味道不减，在市场上极受欢迎。

2. 传统农业民俗

花会　平谷民间花会始于明末清初。常见的花会有开路、中幡、吵子、秧歌、诗赋闲（什不闲儿）、五虎棍、少林拳、狮子舞、耍坛子、杠子、大鼓、小车、旱船、龙灯等。

历史上有花会活动的村子达 63 个，各类会种 200 余档。一进腊月就着手准备春节前后排练。演出先在本村，然后到邻村，沿途遇到茶桌就要打场，表演绝艺，非常精彩。正月十五，演出活动达到高潮，二月至五月，峨嵋山村水峪寺（又名兴善寺）庙会、县旧城城隍庙庙会、北部的丫髻山庙会等庙会相继开始，附近村庄的花会作为一项民俗活动去拜庙、祈福。

如今，平谷民间花会已有 40 余档，花会表演已成为市民体验民俗、追忆传统、交流艺术的文化盛宴。

（三）已消失的农业文化遗产

特色农产品

龙家务稻　为清代京郊贡米，产于平谷区夏各庄镇。现已失传。

十一、怀柔区

本次普查中，在怀柔区共发现系统性农业文化遗产 3 项，要素类农业文化遗产 8 项，已消失的农业文化遗产 2 项。

（一）系统性农业文化遗产

1. 怀柔板栗栽培系统

（1）**地理位置** 怀柔区现有板栗种植面积 21.9 万亩，分布于区内 11 个乡镇，其中以渤海、九渡河两个板栗专业镇面积最大，占全区板栗总面积的 70% 以上。

（2）**历史起源** 怀柔地处山区，板栗种植历史最早可追溯到汉代，距今已有 400 多年的历史。清代《日下旧闻考》中记载："五方皆有栗，唯渔阳范阳栗甜美味长，他方者悉不及也"。渔阳是汉代怀柔地区的旧称，可见早在汉代怀柔就已有板栗种植了。

怀柔板栗品质优良，历史上一直被选为贡品。明代皇家即在怀柔及周边地区广设榛厂，以满足皇陵祭供及宫廷特需。到了现代，板栗已是怀柔地区出口创汇的重要商品，远销世界各地。

怀柔板栗园

（3）系统特征与价值

① 生态地理特征。资料表明，中国板栗最佳产区位于北纬 40°左右，东经 110°～ 120°，即东起山海关，西至怀安，长约 500 千米的燕山山脉，包括京津冀北的怀柔、蓟县、遵化、迁西、迁安和兴隆县等著名传统"京东板栗"产区。怀柔属温带大陆性半湿润季风气候，四季分明，温和冷凉，昼夜温差大，其地理位置、海拔高度、降水量、温度和土质等条件均适合板栗生长，因而一直为燕山板栗最佳种植带。板栗树要求酸性或微酸性的砾质沙壤土，土壤 pH 值为 5.0 ～ 6.0。而燕山山脉绝大部分地区是由花岗岩、片麻岩风化形成的微酸性土壤，含有大量硅酸，板栗果实吸收硅酸后其内皮腊质含量增加，炒熟后内果皮易剥离，这正是这一地区板栗享誉国内外的原因所在。

② 品种资源特征。怀柔板栗坚果重 7.5 ～ 8 克，果实维生素和胡萝卜素含量高出大米、面粉 30 余倍；含糖淀粉 50% 以上，蛋白质 5.7% ～ 10.7%；脂肪 2%~7%；氨基酸 4.5% 左右，是低脂肪高蛋白的健康食品。独特的地理、土壤、气候条件使怀柔板栗以其果形玲珑、色泽美观、肉质细腻、果味甘甜、营养丰富、易剥内皮、糯性强、便于贮存等特点，驰名中外，有"板栗之冠""天然果脯"之美称。

③ 传统栽培与管理技术。怀柔板栗大部分分布在区内九渡河镇和渤海镇，这里山场辽阔，山势平缓，很

怀柔板栗（1）

怀柔板栗（2）

适合板栗的栽培。在长期的摸索和实践中，当地百姓总结出一套成熟的板栗栽培、管理、贮藏技术。栽培板栗首先要选优良的栗种，再经过移栽、嫁接、松土、锄草、施肥等一系列劳作，至9月中下旬栗子成熟，采用拾栗法和打栗法分批采收。而栗子的贮藏一般用沙藏法，选势地势高，干燥背风处挖一条一米深的沟，沟底铺沙，然后将栗子与沙分层入沟埋藏。

怀柔板栗的栽培、管理技术，是广大劳动人民在长期的生产实践中总结出来的，反映了当地百姓认识自然，顺应自然规律的智慧。

④ 产业发展。怀柔板栗种植的发展，为当地百姓带来一定经济收益，极大地改善了山区人民的生活，同时也为保护自然生态环境做出了巨大贡献。目前怀柔板栗产业已初具规模，已形成"农户＋板栗生产基地＋板栗加工企业＋市场"的产业格局，有多个大型的板栗加工企业。此外，怀柔拥有各类板栗集散市场，产业拥有良好的基础环境。板栗生产量随着技术的提升也在逐年增加。

近年来，怀柔区充分发挥现有资源优势，大力培育以板栗为主导产业的经济林产业，实现板栗产业规模化发展。2001年国家林业局授予怀柔"中国板栗之乡"称号。2006年，"怀柔板栗"通过国家质量监督检验检疫总局的审批，成为国家地理标志保护产品。"怀柔板栗"具有原产地证明商标专用权。2007年7月，以渤海、九渡河为代表的怀柔板栗栽培技术被列入北京市第二批非物质文化遗产保护名录。

（4）**主要问题** 板栗的主要食用方式为直接炒食和煮食，产品绝大多数仍以栗子（坚果）形式出现在商品市场，由于加工能力及贮运技术的局限，加工后的系列制成品如板栗糖水罐头、板栗酱、栗粉、栗饼等比重极低。怀柔区板栗的加工业落后于板栗的种植业，当地目前的板栗加工产品只有干栗仁、开口栗、速冻栗仁等几种产品，产品的种类相对比较单一。

2. 怀柔红肖梨栽培系统

（1）**地理位置** 该系统主要分布在怀北镇河防口、大水峪和新峰等村。

（2）**历史起源** 早在明清时期，红肖梨便已是御用佳品。

（3）**系统特征与价值**

① 生态地理特征。红肖梨主产区位于怀北镇，多年平均降水量663.2毫米，年平均气温7～12℃，全年日照时数为2 700～2 800小时，年日照率为62%左右，无霜期180～200天。该镇现有果树两万余亩，主要树种有梨、苹果、桃、板栗等，其中最为出名的是"京北名果"红肖梨。怀北镇栽培红肖梨2 000亩，年均产量超过200万公斤。

② 品种资源特征。红肖梨又称红梨，果实近圆形或短卵圆形，纵径 5.2～6.4 厘米，横径 5.7～6.8 厘米，果中大，单果重多在 120 克左右，最大可达 250 克以上。成熟时，果品底色为黄绿色，阳面为鲜红色，鲜艳漂亮。花芽膨大期在 4 月上旬，开花期为 4 月下旬至 5 月初，新梢开始生长为 4 月下旬，果实采收期为 10 月上中旬。红肖梨因属野生，抗性强，病虫害少，系绿色健康食品。

怀柔红肖梨果

③ 营养与药用价值。《本草纲目》记载，"肖梨有治风热、润肺凉心、消痰降炎、解毒之功也"。而民间典故亦传，红肖梨能治百病，是老少咸宜的食疗佳果。由于该地区特殊的土壤和水质，红肖梨果实近圆形，果个大，肉质较粗，味酸甜而有涩味，性属凉，含有多种对人体所需的钙、铁、锌等微量元素和维生素，有鲜食生津止渴，蒸食润肺止咳的功效。

红肖梨果肉白色多汁，甜酸爽口，含糖量 8.77%，

怀柔红肖梨树 (1)

怀柔红肖梨树 (2)

含酸量 0.47%，果实可食部分占总果重的 78.4%，含有丰富的维生素及钙、铁、锌，简易条件下可储至第 2 年 5 ～ 6 月且风味不变。

④ 果脯传统制作技艺。本地区梨果是北京果脯制作主要原料之一。技艺上主要是把原料经过处理，糖煮，然后干燥而成，其色泽有棕色、金黄色或琥珀色，鲜亮透明，表面干燥，稍有黏性，含水量在 20% 以下。

（4）**主要问题**　产品深加工不够，品种单一，品牌价值不突出。

3. 怀柔尜尜枣栽培系统

（1）**地理位置**　该系统主要集中于桥梓镇辖区内的 24 个行政村，西起上王峪，东至后桥梓村，北起口头村，南至前桥梓村。

怀柔尜尜枣（1）

怀柔尜尜枣树（2）

（2）**历史起源**　尜尜枣是北京本地枣，也是桥梓镇的传统果品，明朝时曾作为贡品出现在皇宫院内。但是没过多久，尜尜枣就迅速减产，一度濒临灭绝。如今，尜尜枣在桥梓镇得到了很大的发展，可采摘面积达到 20 000 亩。品种包括尜尜枣在内有冬枣、金丝枣等100 多个品种，但仍以尜尜枣为主。

（3）**系统特征与价值**

① 生态地理特征。桥梓镇地处燕山山脉的浅山丘陵地带，属前山暖坡，丘陵、荒坡面积广阔，野生酸枣资源丰富，有充足的嫁接砧木大枣品种，林木覆盖率为 57.43%。境内水资源丰富，怀沙河、怀九河、京

密引水渠穿境而过，沙峪口水库等 7 座水库点缀其间，还有 30 多眼深百米以上的地下岩石井，水质甘甜清凉，富含多种有益健康的矿物质。优质的自然条件为尜尜枣的生长奠定了良好的基础。

尜尜枣

桥梓镇属暖温带半湿润大陆季风气候，其特点是四季分明，冬季寒冷干燥，夏季温热湿润，春秋时间短，但日照时间长，光照充足。全年日照时数在 2 748～2 873 小时。桥梓镇东西两部分的气候有较明显的差异，西部年均气温 9～11℃，无霜期 180 天；东南部年平均气温 11～12℃，无霜期 200 天。这种气候条件不仅适合种枣，而且枣的成熟期也相应延长，非常适合尜尜枣的生长，有利于尜尜枣糖分的积累。

优越的地理环境和宜人的气候环境不仅十分适合桥梓尜尜枣的自然生长，从而造就了"桥梓尜尜枣"特有的品质。

② 品种资源特征。尜尜枣果实为两头小，中间大。大小较均匀，果皮鲜红色，完熟期暗红色，果面光滑，色泽艳丽。果核细长呈纺锤形，果皮薄、脆，果肉脆熟期白绿色，完熟期黄绿色，果肉致密、酥脆，汁液多，风味甜或略有酸味，完熟期果实风味极甜，品质上等。

③ 营养与药用价值。尜尜枣含有丰富的糖、蛋白质及多种维生素，鲜枣含糖量 35.3%，每百克含维生素 C332.86 毫克。可溶性固形物含量脆熟期为 26.10%、完熟期为 31.50%，可食率 96.30%。尜尜枣还有药用价值，可以滋补身体，辅助治疗脾胃虚弱、消化不良、肺虚咳嗽、贫血等病症。民间素有"一日食三枣，百岁不显老""五谷加大枣，胜似灵芝草"之说。

(4) **主要问题** 产品深加工不够，品种单一。由于多数林果种植分散，很难达到规模效应，产量不足。此外，传统习俗传承不够，文化附加值有待提升。

（二）要素类农业文化遗产

1. 特色农业物种

（1）**童鱼** 为怀柔传统名产。清康熙《怀柔县志》载："童鱼，大者径尺，味胜滦童，出黄花镇川。渔者得之，辄至怀柔城市卖，遂称怀童。"肉质鲜美，为待客佳品。

2. 特色农产品

怀柔核桃

（1）**怀柔核桃** 核桃是落叶乔木，雌雄同株，果实球形，富含营养。核桃仁榨油后，剩渣可作核桃酱；干炒或油炸核桃仁更是特色小吃；不仅可以食用、榨油、还可入药。怀柔核桃每个在 10 克以上，出油率在 45%～65%。每百克核桃仁含蛋白质 15.4 克，脂肪 63 克，碳水化合物 10.7 克，钙 108 毫克，磷 329 毫克，铁 3.2 毫克，胡萝卜素 0.17 毫克，维生素 B_1 0.32 毫克，B_2 0.11 毫克，尼克酸 1 毫克。

核桃，曾称"胡桃"或"羌桃"，原产地是西亚、南欧一带。汉武帝时使臣张骞出使西域，回国后将核桃引进了我国。晋人张华的《博物志》载："张骞使西域还，得胡桃种，故以胡桃为名。"明代李时珍的《本草纲目》也有如下记述："核桃，此果木出胡羌。汉时张骞使西域得种还，种之秦中，渐及东土。"据传，公元 319 年，大将胡人石勒占据中原，建立后赵，因忌讳"胡"字，改"胡桃"为"核桃"，沿袭至今。

现代医学研究认为，核桃中的磷脂，对脑神经有良好保健作用。核桃油含有不饱和脂肪酸，有防治动脉硬化的功效。核桃仁中含有锌、锰、铬等人体不可缺少的微量元素。人体在衰老过程中锌、锰含量日渐降低，铬有促进葡萄糖利用、胆固醇代谢和保护心血管的功能。核桃仁的镇咳平喘作用也十分明显，冬季对慢性气管炎和哮喘病患者疗效极佳。经常食用核桃，既能健身体，又能抗衰老。

怀柔杏仁

（2）**怀柔杏仁** 怀柔杏仁是北京著名的特产之一，它含有大量对人体有益的成分，适量食用不仅可以有效控制人体内胆固醇的含量，还能显著降低心脏病和多种慢性病的发病危险。素食者食用甜杏仁可以及时补充蛋白质、微量元素和维生素，例如铁、锌及维生素 E。甜杏仁中所含的脂肪是健康人士所必需的，是一种对心脏有益的高不饱和脂肪。研究发现，每天吃 50～100 克杏仁（40～80 粒杏仁），体重不会增加。甜杏仁中不仅蛋白质含量高，其中的大量纤维可以让人减少饥饿感，这就对保持体重有益。纤维有益肠道组织并且可降低肠癌发病率、胆固醇含量和心脏病的危险。所以，肥胖者选择甜杏仁作为零食，可以达到控制体重的效果。此外，甜杏仁能促进皮肤微循环，使皮肤红润光泽，具有美容的功效。

（3）**芦庄葫芦**　芦庄村位于怀柔区怀柔镇北，东伴雁栖湖景区，西接慕田峪长城，南邻红螺湖岛，北毗著名佛教圣地"京北巨刹"红螺寺，为市级民俗旅游接待村。北京人玩葫芦已经有几百年的历史，因为葫芦是"福禄"的谐音，所以象征着和谐美满。清朝康熙、乾隆年间，在宫廷内有专门的工匠种植和制作匏器。芦庄村得名于此，葫芦除了鲜嫩的做馅、刮条，老的切开做瓢之外，还发展出文玩葫芦工艺。该村正以打造"京北葫芦第一村"为契机，大力发展葫芦产业，弘扬葫芦文化。

（4）**山楂**　新中国成立前，红果多集中在岐庄、苏峪口一带，品质最好的是红林村红果。新中国成立后逐步推陈出新，引进大金星、红棉球等名优品种，红果基地已遍及长城内外。

怀柔芦庄葫芦

怀柔山楂

3. 传统农业民俗

（1）**长哨营满族食俗**　满族的饮食保持了传统的民族特点，体现了地处寒冷北方的地域特征。满族人以玉米、高粱米、小米为主食。一日三餐习惯早晚吃干饭或稀饭，中午吃用黄米或高粱等做成的饼、糕、馒头、饽饽、水团子之类。做干饭多用小米、高粱、玉米，副食有各种蔬菜。

满族人的烹调以烧、烤见长，擅用生酱（大酱）。蔬菜随季节不同而变化，杂以野菜及菌类。满族先人好渔猎，祭祀时除用家禽、家畜肉外，还有鹿、雁、鱼等。尤其喜食猪肉。满族人忌吃狗肉，设大宴时多用烤全羊。

长哨营满族食品历史悠久，制作技艺几百年不衰，主要原因是它具有独特的技艺特点，其制作技艺的原理、材料和工艺流程，不仅具有科学价值，更具有学术价值。另外加强对满族小吃的认识和研究，有助于了解古时饮食文化。

然而随着掌握满族小吃制作技艺人的年龄不断增大，年轻人又少有愿意学习者，如今掌握这种食品制作技艺的人越来越少，满族小吃制作技术亟需保护和传承。

（2）敛巧饭风俗　怀柔区杨树底下村于清代嘉庆、道光年间（1796—1850年）渐成聚落。从村落形成之日起，该村村民每年都有在一起吃敛巧饭风俗，至今约有180多年历史。

敛巧饭，即在每年正月十六日前夕，村中十二三岁少女至各家敛收食粮、菜蔬。待正月十六日这天，由成人妇女协助，将其做熟，全村女人共食。期间锅内放入针线、铜钱等物，食之者，便证明其乞到了巧艺及财运。另外，"巧"字是当地人对麻雀、山雀等鸟儿的别称。在人们吃敛巧饭之前，要扬饭喂巧，即扬饭喂雀儿，同时口念吉祥之词，一是为向雀儿谢恩，二是为祈求来年丰收之意。饭后人们还要在冰上行走，曰走百冰（病），即去掉百病。每到此时，还有戏班及花会助兴演出。

杨树底下村敛巧饭风俗历史悠久，传承持续不断，具有鲜明的地域特色，是当地春节民俗活动的组成部分，反映了北京地区独特的民间传统文化形态。这项民俗活动同时也是当地人们一种思想意识的反映，有较高的文化价值。

为使敛巧饭风俗得到保护和传承，琉璃庙镇以"敛巧饭"的由来和发展历史为内容制作了图文并茂的文化墙，同时还加大对当地传统戏曲表演、民间儿童游戏、农作物现场加工等民俗的保护。但随着社会生活环境的变化以及多种娱乐方式的出现，敛巧饭风俗中许多传统活动或已消失，或失去原始寓意。

4. 传统美食及制作

（1）**北京果脯**　北京果脯的制作始于明、清，脱胎于宫廷御膳。

相传明末，为了保证皇帝一年四季都能吃上新鲜果品，厨师们就将各季节所产的水果，分类泡在蜂蜜里，并逐渐加入煮制等制作工艺。到了清朝，果脯制作技艺由宫廷传入民间。金易在《宫女谈往录》中，记载了慈禧身边的宫女对果脯的描述：

"宫里头出名的是零碎小吃。秋冬的蜜饯、果脯，夏天的甜碗子，简直是精美极了……。"

此时的北京果脯制作以北方特有的桃、梨、杏、枣等为主料，有桃脯、杏脯、梨脯、苹果脯，还有金丝蜜枣，去核加松子核桃等。此时北京果脯制作达到鼎盛，果脯、蜜饯之间也有了严格的区分。

北京果脯加工

北京人习惯把含水分低并不带汁的称为果脯，例如苹果脯、梨脯、杏脯、桃脯、沙果脯、香果脯、海棠脯、枣脯（又称金丝蜜枣）、青梅脯、红果脯等。这些果脯是把原料经过处理，糖煮，然后干燥而成，其色泽有棕色、金黄色或琥珀色，鲜亮透明，表面干燥，稍有黏性，含水量在 20% 以下。

这种果制品，也称"北果脯"或"北蜜"。而冬瓜条、糖荸荠、糖藕片、糖姜片等表面挂有一层粉状白糖衣的称为糖衣果脯，也叫"南果脯"或"南蜜"，是来自福建、广东、上海等南方果脯，其质地清脆，含糖量多。十几样果脯合在一起，名之为"什锦果脯"，北京人俗称"高杂拌儿"或"细杂拌儿"。

（三）已消失的农业文化遗产

1. 特色农业物种

渤海所稻 为京郊清代贡米，主要分布于怀柔渤海所村，现已失传。

2. 传统农耕技术

牲畜饲喂 大牲畜中，马属动物以谷草及豆秸为上等饲草，每年秋收后要集中时间进行铡草，贮足半年以上的饲草。山区饲养牛用玉米秸秆直接投饲，西部果产区有利用杏叶喂猪的习惯，农民还在夏秋季上山收割青草为牛、羊及大牲畜贮备饲草。

十二、密云区

本次普查中，在密云区共发现系统性农业文化遗产 2 项，要素类农业文化遗产 55 项，已消失的农业文化遗产 7 项。

（一）系统性农业文化遗产

1. 密云黄土坎鸭梨栽培系统

（1）**地理位置**　密云黄土坎鸭梨栽培系统东至燕落，西至转山子，北至柳家沟，南至密云水库高程 155 米，地理坐标北纬 40° 57′，东经 116° 97′。

（2）**历史起源**　早在明代，黄土坎地区就开始栽种鸭梨，距今已有 600 多年的历史。《密云县志》记载："（密云）鸭梨以黄土坎村为最好，故又称黄土坎鸭梨……到清朝时已驰名遐迩。"相传乾隆年间，清帝与文武百官由承德回京，行至杨各庄驿馆，天色将晚，不便再行，于是歇息于此。酒宴过后，地方献上各色果品，却都不能引起乾隆皇帝半分兴趣，就在君臣兴味索然之际，地

黄土坎鸭梨（1）

方村正献上黄土坎鸭梨一盘。倦怠的皇帝眼睛一亮：好个金黄如玉、耀眼生辉的果中仙品！细细品来，真是清香满口，甘美如饴，连称"梨中之王"，急呼刘墉作《鸭梨赋》一首。刘墉真不愧为海内奇才，稍加思索，一挥而就，赋曰："梨之佳者有五美，否则具四恶。四恶为何？曰酸，曰涩，曰有渣，曰多核；美则甜也，松也，大也，汁多而皮薄也。存五美而去四恶者，其唯黄土坎之梨乎！尔乃灵关至味，玄圃奇葩。金桃媲美，火枣同夸。到处有佳梨，而入贡必需黄土坎；世间无美种，而此本出自天界。其大如升，其甘胜蜜。琼浆满腹而剖之不流，玉液填胸而吸

黄土坎鸭梨（2）

黄土坎鸭梨（3）

之不出。才入口兮辄苏，未经嚼兮成汁。询诸喉而喉曰润，质之口而口曰可。无微不巨，孔融取小而无所用其谦；见热即消，肃宗欲烧而难以投诸火。不识字者，误认为伐脏之斧斤；稍知书者，皆识为太上之灵果。"自此，经乾隆皇帝金口，大学士刘墉亲书，黄土坎鸭梨便成为清廷御用贡品，扬名京城，如今已成为国宴的"常客"。

（3）系统特征与价值

① 生态地理特征。因其鸭梨瓣形似鸭嘴，故称黄土坎鸭梨，产于密云水库北岸水源保护区、云峰山前麓的不老屯镇。不老屯镇的地下蕴藏着丰富的麦饭石，总储量在 1 亿吨以上，而黄土坎鸭梨就生长在巨大的麦饭石矿床上，素有"梨中之王"的美誉。

② 品种资源特征。黄土坎鸭梨果体硕大，单果足有半斤重；果皮金黄，灿灿生辉；果肉细嫩，含糖量高，折光糖度在 13% 以上，最高达到 20%，远远高于梨的平

黄土坎鸭梨（4）

黄土坎鸭梨（5）

均含糖量；果核细小，肉厚酥脆；果味甘美香醇，窖藏后其香气更加浓郁，芬芳之气飘散数里。

③ 营养价值。黄土坎鸭梨由于多年生长在微量元素丰富的麦饭石矿床上，对人体有益的元素含量相当高。据 2003 年 10 月 14 日国家食品质量监督检测中心对黄土坎鸭梨的检测报告，其中：总酸占 0.14%，总糖占 6.9%，灰分 <0.1%，维生素 C 占 4.1%，钙 25.0 毫克 / 千克，锌 0.76 毫克/ 千克，钾 958 毫克 / 千克，硒 0.01 毫克 / 千克，磷 38.7 毫克 / 千克。特别是硒，有较强的抗氧化功能。黄土坎所有的农作物都不同程度的含有"高抗氧"物质，而鸭梨含量最高。长期食用富硒食品不但抗衰老，而且还有美容的功效。经有关专家实验证明，硒还有防癌抗癌的作用，癌症患者长期食用可延长寿命。长期食用黄土坎鸭梨还可增强体质，促进血液运动和赋予生命活力，排除体内陈积废物，对经痛、腰痛、肩痛、胃酸过多、寒症、乳腺炎、肝病、肾病、糖尿病、膀胱炎、高血压、便秘等病症都有一定治疗作用。

④ 产业发展。目前，以黄土坎为中心的鸭梨生产基地，面积达 7 000 亩，年产量 500 万千克。

（4）**主要问题**　缺乏统一管理，果品质量有待提升，果园基础配套设施有待完善等。

2. 密云御皇李子栽培系统

（1）**地理位置** 密云御皇李子栽培系统位于密云南部的东邵渠镇，地理坐标北纬 40°57′，东经 116°97′。

（2）**历史起源** 御皇李子为中国传统名果。元代王祯《农书》载："御黄李，形大、肉厚、核小、甘香而美。"明嘉靖皇帝幼年曾尝此果，登基后定其为贡品，赐名曰"御黄李"，名带"御"字，足见此果之珍贵。明万历《顺天府志》、清光绪《宛平县志》记载：密云石峨御皇李以明、清两朝皇室贡品而闻名。史载清康熙帝路经此地，时温高气

御皇李子（1）

燥，君臣饥渴，偶见李树园，其果皮色黄澄，鲜亮如玉，薄带粉霜，细细品尝，则肉质细密，汁多味甜，康熙帝龙颜大悦，喜对群臣曰：李唐有天下，此果未得封。果虽为"李"姓，今生于大清之土，可为御用之品。一经金口，石峨御李便名扬天下、享誉四海，成为每年进献宫廷的御品，石峨村亦因之成为"御李之乡"。

（3）**系统特征与价值** 东邵渠镇属暖温带大陆性季风气候，年均降水量 650 毫米，年日照时数 2 800 小时，石灰岩土质，含多种矿物质，独特自然条件造就御皇李子人间美味。其果皮黄澄，鲜亮如玉，果味甘甜，营养丰富。

御皇李子（2）

御皇李子（3）

御皇李子（4）　　　　　　　　　　　　御皇李子（5）

东邵渠镇李子产业发展迅猛，已成为北方最大李子产业基地，被誉为"中国御皇李子之乡"。李子品种 30 余种，面积 5 000 余亩，注册"御皇"商标，获有机食品认证。

（4）**主要问题**　果树缺乏管理，农民销售难，果农种植积极性不高。

（二）要素类农业文化遗产

1. 特色农产品

（1）**红肖梨**　产品又名北京红梨，主产区是密云大城子镇，被称为"红梨之乡"。素有"京北名果"之称的大城子红肖梨，自明朝开始栽培，在大城子镇有树龄100 年以上的梨树近万株，目前种植面积有 400 公顷左右。

红肖梨属白梨系统，单果重多在 120 克左右，最大可达 200 克以上。成熟后外观鲜艳、漂亮。果肉白色多汁、甜酸爽口，可溶性固型物含量 8%～10%，还含有较丰富的维生素及钙、铁、锌等微量元素。红肖梨果实极耐储藏，在简易条件下可储存至第二年六月份，且风味不变。红肖梨因属野生，抗性强，病虫害少，系绿色健康食品。"鲜食生津止渴，蒸食润肺止咳"和

大城子红肖梨

"正月糖梨二月肖（红肖梨）"是老北京人对红肖梨最真实的评价和赞美。

（2）**北台玉葱** 密云古北口镇北台玉葱开始种植于唐朝，距今1000多年，目前种植面积有14公顷。

北台村的葱，翠绿的叶、白嫩的茎，像玉一样细嫩，所以被称为"北台玉葱"。据村里老人讲，古北口人最爱吃的荷叶饼和薄

北台玉葱

饼，如果不能卷着北台的玉葱，就觉得不香，用别处的葱是代替不了的；不论孩子、大人，得了伤风感冒，用些北台的玉葱熬水一喝，就会水到病除；脾胃虚弱，食欲不佳的人，吃些北台的玉葱蘸酱，就会胃口大开。古北口人倘有几天吃不着北台的玉葱，就要想方设法去找来。

据说康熙年间，康熙往承德避暑，途径古北口北台村，见村边大葱叶绿如碧葱白如玉，食之清脆甘甜爽口。是夜临幸，倍感体力充沛，到避暑山庄后，仍念念不忘，从此北台大葱名声鹊起，成为皇家贡品。素有"赛鹿茸"之称。

北台玉葱还有一段美丽的传说。相传有一年春天，村里有很多人都得了瘟疫。王母娘娘派天宫里的玉葱仙女下凡，给村里的人治病。村民在玉葱仙女的帮助下，都好了起来，村里的瘟疫解除了。从此村民都喜欢上了玉葱仙女。玉葱仙女也觉得人间比天上好，不想再回到天上去了。不久，村里一个勤劳善良的小伙和玉葱仙女相爱了，他们成了一对恩爱的夫妻。王母娘娘知道玉葱仙女和凡人成婚后，认为这是给上天丢脸，就派天兵来捉玉葱仙女回去。可是玉葱仙女生活在人群中，天兵很难发现。王母娘娘恼羞成怒，又派闪娘来用电光寻找，紧接着就是雷公的一声炸雷，玉葱仙女一下被劈的粉身碎骨。此时碰巧玉葱仙女已有身孕，炸雷把她的子女散布到村子的土地上，于是，村子的土地上很快都长起了白嫩嫩、绿油油的小玉葱。虽然只是个传说，但是北台玉葱确实是历史悠久，远近闻名。不管历史如何变迁，北台百姓一直种植大葱至今。北台玉葱，葱籽代代相传，产出的葱口感好，鲜、嫩、甜，而且耐保存，是北台村的主导产业。

（3）**金叵罗小米** 金叵罗小米作为密云"八大特产之一"，曾为皇宫贡品，其细

金叵罗小米

腻的口感及极高的营养价值曾很受宫廷喜爱。20世纪50年代初，金叵罗村有耕地50顷，种谷子的面积有3 600亩，亩产一石左右，按一斗谷子27斤计算，可产谷子50万千克。当时全村不足2 000人，人均占有谷子250千克。品种有大白谷、大黄谷、大青谷、紫根白谷等，以大白谷最好。如今种植面积仍达800余亩，为北京为数不多的规模种植区域。

金叵罗村位于密云溪翁庄镇，紧临密云水库，历史悠久。早在唐朝时期就有此村。金叵罗村的特殊地理条件造就了闻名一世的进贡产品——金叵罗御膳宫小米。早在清朝年间，当时执政的慈禧太后到承德避暑山庄路经密云（当时的渔阳）间歇之时曾用餐到小米粥一碗，食用后慈禧颇为赞赏，称此米金黄剔透、色泽诱人、滑润爽口，口感细腻，伴有清香，便派下人打探此米产自何地，方知产自密云往北15千米处一个被人们誉为风水宝地的一个村庄——金叵罗村，慈禧对此米颇感兴趣并指派后宫大臣把此米作为皇宫进贡产品。

这里三面环山、环境优美、土壤肥沃。淳朴的村民为传承小米的品质，保护土壤中的各种微量元素，小米的种植和管理一直延用六锄八耪的传统耕作方式，严格按照规律进行轮作和休耕。生长过程原生态、施农家肥，不用农药，为保证小米新鲜、营养不流失，待谷子成熟让其自然风干后，采用传统的人工掐谷方式收割，脱皮脱壳全手工磨制，并带壳保存。

（4）**西葫贡米** 东邵渠镇西葫芦峪村西葫贡米是一种比较有特色的小米，早在明朝就被朝廷指定为贡米，该小米金黄有光泽，适口性好，有很高的营养价值与医疗作用。特别是对某些化学致癌物质有抵抗作用，每百克小米含硒2.5毫克。

（5）**西葫贡枣** 西葫贡枣栽植历史在千年以上，清乾隆年间作为皇室贡品。据李时珍《本草纲目》中称："密云所出小枣脆润核细味美甘甜皆可充果品"。干枣肉厚且富有弹性，拨开果肉可拉出金黄色糖丝，故又称金丝小枣。西葫贡米色泽殷红，果实小，果皮薄，果汁较多，味道极甜，即可鲜食，也可晒制干枣。干枣肉厚且富有弹性，枣核很小，剥开果肉可拉出许多金黄色的糖丝，与鸭梨、核桃并称"密云三宝"。

西葫贡米

西葫贡枣

（6）**金星红果** 金星红果为北京主栽品种，在密云东邵渠镇栽植已有 400 多年的历史，当地果农称其为"小金星"。红果不但营养价值丰富，而且有较强的药理作用，目前东邵渠镇栽植红果 2 000 亩，年产量达到 200 万千克。

（7）**密云板栗** 密云板栗生产历史悠久，是京郊板栗大县，为燕山板栗重要产区。经过多年倾心培育，板栗产业已经成为密云农民增收的主导产业之一，同时板栗又是首都重要饮用水源基地生态保护的优良经济树种，具有显著的生态效益和经济效益。如今，密云板栗种植面积已达 30 万余亩，占北京市板栗种植总面积的近一半。主要分布于密云水库环湖东、西、北岸的 10

小金星红果

密云甘栗

个乡镇，板栗种植农户 4.5 万户，占全县果农的 60%，板栗年产量在 1 万吨以上。2009 年，密云 30 万余亩板栗已全部完成绿色食品认证；2004 年 12 月，密云获得国家林业局授予的"中国板栗之乡"荣誉称号；2005 年 10 月，申请注册了"密云甘栗"商标。

板栗营养丰富，是高热量、低脂肪、高蛋白质、不含胆固醇的健康食品。据记载，清代慈禧为了延年益寿，经常食用栗子面窝头，后传至民间，成为著名的北京小吃之一。

目前，燕山板栗已经是国家地理标志保护产品，密云境内种植区包括石城镇、冯家峪镇、不老屯镇、北庄镇、太师屯镇、高岭镇、大城子镇、巨各庄镇、穆家峪镇、溪翁庄镇。

(8) **红香酥梨** 穆家峪镇庄头峪村位于镇域东北部，距县城 17 千米，辖庄头峪、万岭两个自然村。村域面积 5.88 平方千米，明代成村。现有村民 502 户、1 300 人。

红香酥梨

红香酥梨有"百果之宗"的美誉，鲜甜可口、香脆多汁、富含维生素。梨子生长周期很短，9 月份成熟即可采摘，10 月中旬梨子就全部下树，虽然成熟得快，但这种梨耐贮藏。

庄头峪村千亩红香酥梨园，是密云最大的红香酥梨种植和采摘基地。2005 年，庄头峪的红香酥梨获得了由中国质量认证中心颁发的有机认证书。

(9) **"云岫"李子** 密云新城子镇地处雾灵山脚下，境内海拔 300～1 735 米，属暖温带大陆干旱季风型气候，年平均降雨量 760 毫米，年日照时数 2 800 小时。昼夜温差大，日照时间长，独特的气候极适宜李子的生长。

云岫李子

新城子镇李子生产具有悠久的历史。"云岫"李子颜色鲜艳，着色 80% 以上，风味美，具有良好的耐储型；平均单果重 150 克左右，果型整齐。2001 年 5 月获得北京市食用农产品的安全认证。

（10）**密云柿子** 我国是柿子的原产国，也是世界上产柿最多的国家，年产鲜柿 70 万吨。北京种植柿子历史悠久，质量上乘，在山区有广泛种植。柿子品种繁多，约有 300 多种。密云种植的主要是磨盘柿，扁圆体大，形似磨盘。

密云柿子

柿子营养价值很高，含有丰富的蔗糖、葡萄糖、果糖、蛋白质、胡萝卜素、维生素 C、瓜氨酸、碘、钙、磷、铁。所含维生素和糖分比一般水果高 1～2 倍，假如一个人每天吃一个柿子，所摄取的维生素 C，基本上就能满足一天需要量的一半。未成熟果实含鞣质。涩柿子中含碳水化合物很多，每 100 克柿子中含 10.8 克，其中主要是蔗糖、葡萄糖及果糖，这也是大家感到柿子很甜的原因。新鲜柿子含碘很高，能够防治地方性甲状腺肿大。另外，柿子富含果胶，它是一种水溶性的膳食纤维，有良好的润肠通便作用，对于纠正便秘，保持肠道正常菌群生长等有很好的作用。

（11）**坟庄核桃** 坟庄核桃产于密云坟庄村，是北京著名的干果，也是我国知名的核桃种类。目前，坟庄村有核桃树 3 万多棵，占地 1 000 亩。其中树龄在 300 年左右的核桃树有 50 余棵，150 年以上的 40 棵，百年树龄以上的 100 多棵，年产核桃 4 万千克。坟庄村核桃树定植于 17 世纪末，历史悠久。核桃果品在清代年间是皇家清宫贡品。密云特产中流传着"西

坟庄核桃

田各庄的小枣、黄土坎的鸭梨、坟庄的核桃好拨皮"的谚语。

密云核桃不仅味美，而且所富含的营养很高，被誉为"万岁子""长寿果"。核桃的药用价值很高，广泛用于治疗神经衰弱、高血压、冠心病、肺气肿、胃痛等症。中医应用广泛。祖国医学认为核桃性温、味甘、无毒，有健胃、补血、润肺、养神等功效。《神农本草经》将核桃列为久服轻身益气、延年益寿的上品。唐代孟诜著《食疗本草》中记述，吃核桃仁可以开胃，通润血脉，使骨肉细腻。宋代刘翰等著《开宝本草》中记述，核桃仁"食之令肥健，润肌，黑须发，多食利小水，去五痔。"明代李时珍著《本草纲目》记述，核桃仁有"补气养血，润燥化痰，益命门，处三焦，温肺

润肠，治虚寒喘咳，腰脚重疼，心腹疝痛，血痢肠风"等功效。

2. 传统农业民俗

（1）密云蝴蝶会　密云花会很有特色，流传较广的有中幡会、狮子会、蝴蝶会、舞龙会、高跷会、小车会、少林会、牛头虎、旱船、风秧歌、地排子、大头和尚逗柳翠、老汉背少妻、和尚背尼姑、耍钢叉、竹马、轧鼓、吵子、杠上官、皇杠箱会等。其中蝴蝶会以着装艳丽、舞姿优美而最特殊，八家庄和古北口两地的蝴蝶会最著名。目前，密云蝴蝶会已经被列入第一批北京市市级非物质文化遗产。

密云蝴蝶会

蝴蝶会是以蝴蝶为形象特征的一种传统民间舞蹈表演形式，因其通常随走会队伍进行表演，也被视为一个会档，深受当地群众欢迎。

据传说，蝴蝶会起源于元朝初年。就已知材料证明，在密云至少已流传200多年。密云蝴蝶会与国内其他地区以蝴蝶为形象特征的表演形式不同，它采取成人与儿童叠加上肩的表演形式，拓展了表演的空间，增加了表演的观赏性。选择强壮的青壮年作腿子演员，选学龄前儿童3名、4名、5名、7名或12名5～9岁的小男孩儿扮成蝴蝶形象，由腿子演员肩托蝴蝶演员作模仿蝴蝶飞舞及儿童戏蝶的各种动作。

蝴蝶会的表演展示内容包括造型、服饰、道具、动作四个部分：造型为装扮成蝴蝶的儿童演员站在腿子演员肩上表演；服饰分雌性蝴蝶、雄性蝴蝶、腿子和替肩、乐队四种；道具有扇子、花束或假蝴蝶；动作包括持道具方法、基本步伐、基础动作、技巧动作四个方面。

蝴蝶会以成人（腿子）与儿童（蝴蝶）的相互配合为表演主体，以区域传统民俗、民间信仰和花会传统为依托，融舞蹈、杂技、音乐、服饰等多种艺术成分为一体，同时运用一定技巧和丰富队形变化，具有独特的艺术魅力，是北京地区独一无二、密云地区民众独创的一种传统民间艺术形式，具有较高的历史文化价值、审美价值和情感价值。

（2）**五音大鼓** 五音大鼓已经被列入第一批北京市市级非物质文化遗产，它世代流传在密云蔡家洼的五亩地村，由于"五音大鼓"源远流长，音律美妙，被称为密云的纳西古乐。

密云五音大鼓

五音大鼓是北京市的传统曲艺曲种之一。由一人持鼓板站立击节，说唱相间表演，另四人分别操持三弦、四胡、打琴（扬琴）和瓦琴伴奏的说唱曲艺形式。

五音大鼓产生于清代乾隆年间的陪都承德，在成为清陪都承德行宫提供娱乐的过程中，相互交流、碰撞融合的产物。在宫内称"清音会"，后流入中国民间。之后又被艺人们带到京南、天津、河北安次（廊坊）一带。其中，传到安次的五音大鼓在京津一带发生变异一分为二，其中一支经河北省安次、兴隆传入密云巨各庄镇蔡家洼村保存至今。现已流传 100 余年。

五音大鼓的"五音"较为可靠的说法是：在奉调、四平调、柳子板、慢口梅花、二性板五个曲种中各取其中的一个曲调，融汇形成的一个独立的曲艺品种。几种曲调来回变换，音韵悦耳动听。五音大鼓的唱词和书目体现出深厚的传统文化内涵和底蕴。词曲用字用韵工整、合辙押韵琅琅上口，文学性很浓。书目内容丰富，有较强的教化作用和娱乐功能。代表性节目有：报母恩、水漫金山寺、新世纪新密云等。密云蔡家洼村五音大鼓使用的乐器历史悠久，其中瓦琴、打琴更为珍贵。

（3）**上金山狮舞** 上金山狮舞又称狮子会，是一种以花会形式进行表演的民间舞蹈。始于清同治末年，兴于光绪年间，流传至今已有百余年历史。上金山虎狮盔头制作工艺独特，造型美观，做工要求严格，其制作过程独具匠心，蕴含着浓郁的汉民族风情，具有很高的艺术审美价值，虎狮的盔头与狮身巧妙地结合，更显艺术魅力。在表演上，上金山虎狮舞乡土气息浓郁，套路丰富，风格古朴，尤其是独特的狮头造型，显示出与众不同的民俗艺术价值和丰厚的汉族文化内涵。上金山狮舞

上金山狮舞

已经是第二批北京市市级非物质文化遗产。

上金山狮舞与其他民间舞狮不同，狮头鼻梁上有"王"字，无毛、无崽，青黄两只，既像狮又像虎，故称"虎头太师狮"。表演时以铜翁筒伴奏，虎狮头上的二十四个铜铃声与铜翁筒的吼声和为一体，刚柔相济、和谐美妙。两头青黄虎狮演艺套路别具一格，各领风骚。最主要的舞蹈动作有：四大套、跳三步、敬神拜庙、三鞠躬。演员各具绝活，如单作轮、套峪、轧滚、上高桌、过板凳等。现已挖掘整理出五大套共67个舞蹈动作。

虎狮盔头制作，按民间传统工艺精选原材料，经堆模、造型、裱糊、配备下巴和耳朵、定型和上颜色、制作铜铃铛、安装虎狮皮等十余道工序制作完成。工序严谨复杂，造型独特美观。

上金山虎狮舞历经百年兴衰传承至今，但由于舞蹈动作难度大，学习起来较为困难，再加上虎狮盔头制作工序精细、复杂，现代的年轻人已少有人从事该艺术行业，这给上金山虎狮舞传承、发展带来很大困难。

整个狮舞队伍由瓮手、香手、教练等20余人组成。如今，村民在农闲时都会自行练习，每年正月初五都会在村里或者到白龙潭景区为老百姓表演，深受人们欢迎。上金山的两头狮子身上挂着12颗铜铃，分别代表12生肖和一年中的12个月份，合起来24颗铃铛，舞动起来响声也各不相同，又代表着24节气。同时，"虎头太师狮"在出会前，还有两只长约1.5米的铜瓮筒和"肃""静""回""避"四面正方大旗，瓮筒吹起来惊天吼地代表着天圆，四面彩旗一层意思代表地方，另一层意思代表四季。

（4）**九曲黄河阵灯会** 九曲黄河阵灯会，俗称灯场子，明洪武四年（公元1371年），山西移民将灯场子带入密云东田各庄村，至今已有600多年的历史。九曲黄河阵灯会已经是第二批北京市市级非物质文化遗产。

九曲黄河阵的阵式，按周易九宫八卦之方位，以富贵不断头传统图案九曲而成。阵内有乾、坎、艮、震、巽、离、坤、兑八宫和中宫共九宫，象征中华九州。人们从入口进，顺利的通过连环阵，再从出口返

东田各庄九曲黄河阵灯会

回，就意味着一年顺顺当当，平平安安。

东田各庄九曲黄河阵灯会的显著特点是灯场、花会以及戏曲三位一体，相映生辉，形成了别具一格的特色。村中与九曲黄河阵灯会相伴而生的花会—德缘善会远近闻名。而作为灯会的另一个重要组成部分，业余河北梆子剧团始建于光绪年间，百余年来久演不衰。入夜，阵上华灯齐放，火红一片。一阵鞭炮声过后，阵上灯竹一齐点燃，十几档花会由五面中幡前引，狮子、轧鼓、高跷、十不闲、吵子、音乐等依序而入，边走边演，大约两个小时后走出 1 500 米的灯阵。阵内旗幡招展，锣鼓喧天，阵外人流如潮，欢声一片。

九曲黄河阵灯会作为东田各庄村的一大盛事，集民间扎制工艺和游艺于一体，具有独特的欣赏价值；寓民众智慧于"九曲黄河阵"，是当地村民元宵节期间重要的文化活动，在给人们带来愉悦的同时传承了中华传统文化，具有重要的历史认识价值；同时九曲黄河阵灯会作为村中十几档花会以及河北梆子表演的载体，对其他艺术形式的发展也起到了促进作用，活跃了地方文化事业。

(5) **西邵渠金钟总督老会**　西邵渠金钟总督老会是第二批北京市市级非物质文化遗产。

西邵渠金钟总督老会起源于 1464 年，距今已有 500 多年的历史。金钟总督老会共有 7 档会，依次是大筛、五虎棍、仙家老会、奉秧歌、奉秧福、雷音、响器，按规定需要 148 名演职人员。

金钟总督老会信奉孔子的忠、孝、节、烈、仁、义、礼、智、信，花会中许多词曲有明显的教化作用。主要功能有三项：一是节日庆典活动；二是祈福；三是求雨。

金钟总督老会各档会都有不同的乐器、道具，不同的表演形式，内容非常丰富。如仙家老会，有 14 套队形变化，唱腔独特，有流水板、垛板、和大板，曲调悠扬，歌曲最多时达 180 首，其中蝴蝶精的翻锣打法最为独特；"响音大鼓"共有 12 面大鼓、2 个钹、2 个铛子，81 套打法，打出来气势磅礴，夜深人静时声音能传遍方圆 20 里；五虎棍为武打项目，有长棍、短棍、双节棍、三节棍，节奏变化快、热闹火爆，深受观众欢

西邵渠金钟总督老会

迎；奉秧福最大特点是触景生情、即兴表演，它的词曲内容丰富，多数有警示和教化作用。

西邵渠村金钟总督老会，历史上曾有过辉煌的记录。1949年，"响音大鼓"参加了中华人民共和国的开国大典。西邵渠村金钟总督老会是一支保留着古老传统、有着较高知名度和丰富文化底蕴的花会队伍，与民众生活密切相关，对于凝聚村民情感、活跃民众文化生活、构建和谐社会具有积极的现实意义。

（6）密云高跷会 密云高跷会历史悠久，起源于宋末，发展于元代，兴盛于清代。流传在密云东邵渠、大城子、城关、穆家峪、高岭、古北口、西田各庄等乡镇的40多个村庄中。密云高跷会众档纷呈，其中北甸子高跷会、古北口高跷会和八家庄高跷会水平较高，也最为有名。

密云高跷会

据传，在乾隆二十四年（1759年），乾隆一行去木兰围场打猎练兵，途经潮河时，水位猛涨，这时北甸子会头带领着全体高跷会员来到河边助其过河。过河后乾隆很受感动，封赐古北口北甸子高跷会为"隆福老会"，有乾隆得福之意。虽然各档高跷会的来历不尽相同，但都是民间自发组织，会头大多由村里有名望的爱好者担任，所需资金全部都由民间筹措。高跷会会旗大都为杏黄旗，且有明确而且严格的内外会规和礼节。每逢过年、节日庙会、旱年祈雨、富户人家红白喜事，都有高跷会等表演助兴。

（7）大鼓书 新中国成立前，密云穷困闭塞、交通不便，文化生活贫乏，文化活动主要是每年的庙会，但

京东大鼓

是庙会只有几天，农民一年四季缺少艺术和娱乐。民间鼓书艺人，以其演唱担任起常年满足群众文化生活的重任。

乐亭大鼓起源于河北省乐亭县，流行于河北东部及东北等地。乐亭大鼓于晚清时期传入密云，逐渐成为本县最流行、演唱艺人最多的曲种。群众简称为"乐腔大鼓"或者"靠山调"。

西河大鼓也叫西河调、河间大鼓，起源于河北省中部农村，流行于河北、山东、河南及东北、西北部分地区。20世纪三四十年代由平谷县马长营村传入密云大城子乡一带。

京东大鼓，流行于北京的通州、三河、香河和天津的武清、宝坻、蓟县、宁河一带。"文革"期间，密云的"毛泽东思想文艺宣传队"曾经以此曲种演唱《送女儿上大学》，深受听众欢迎。其后密云20世纪80年代的评剧队下乡兼演艺节目，也以京东大鼓演唱过《星期天》，并被中央电台录音在"对郊区农村广播"栏目中播放。

3. 传统农耕技术

（1）密云蜜蜂养殖　密云山清水秀的自然环境，孕育了得天独厚的植物资源。密云野生蜜源植物丰富，共涉及60科156的201个种，其中以刺槐、蒙椴、糠椴、六道木、荆条、酸枣、山杏、葎草、甘菊为主，人工栽培的蜜源植物主要有粮油植物30万亩和果树植物45.4万亩。由于各种林木、果树、农作物和野生花卉花期相互交错，密云基本上是一年四季中三季有花，为养蜂业的可持续发展奠定了坚实基础。据估计，密云现有的蜜粉源植物至少可承载15万～20万群蜜蜂饲养。

密云有悠久的养蜂历史。密云早期特产"潮河白蜜"曾久负盛名。1973年全国养蜂大会曾在密云成功举办。密云现有蜂农1 714户，蜂群8.5万群，其中西方蜜蜂8.35万群，中华蜜蜂1 500群，蜂群数量占全

密云蜜蜂养殖

市总量的 38.77%。悠久的养蜂历史、广泛的养蜂基础和丰富的养蜂经验为县养蜂业的快速发展奠定了坚实的基础。

4. 传统村落

（1）**古北口村**　古北口村隶属于密云区古北口镇，在村南紧邻出关处的隧道旁，一座四米高用行楷镂金大字写着"古御道"的仿古牌楼，格外显眼。沿牌楼望去，在青山绿树的掩映下，一条四米宽用青石板铺成的古道蜿蜒伸向蟠龙山深处。起初这条古御道是清康熙出关时修建的，如今为了重塑边塞文化、发展休闲经济，镇里参照当年的历史文献对其进行了复古改造，整条御道宽 4 米，长 1 500 米，全部用花岗岩板铺成。

古北口村

村北蟠龙山为古北口封口锁关的两大屏障之一，其上长城以保持历史原貌而著称，将军楼和 24 眼楼是这段长城建筑的精华所在。景区内除明代长城外，还有北京市最古老的北齐长城。除长城外，村中还有古御道和建于 1025 年的杨令公庙、财神庙以及药王庙，建于金泰和五年（1205 年）的三眼井等名胜。多年来，古北口村一直以仿古、修旧如旧、表现古代历史人文风貌为发展理念，结合恢复村中令公庙、财神庙、药王庙、二郎庙、北口和古御道等古代建筑，在村域内设立民俗旅游展览馆，修建严格仿古建筑风格，增强旅游服务功能，大力开发民俗旅游业。古北口村 2005 年被评为市级生态文明村，2008 年被评为"北京最美乡村"，并进入中国传统村落名单。

（2）**吉家营村**　吉家营村位于密云新城子镇安达木河南岸。村子孤零零地坐落在山坳中，四周被高高的城墙"包裹"起来，仿佛与世隔绝。据资料记载，明代以前该村称吉家庄，明代万历年间在该地建成边营城，城东门横匾上刻有吉家营，后改今名。

据雾灵山大字石记载：明崇祯年吉家营曾驻守备武官。村内有明代修关帝庙。吉家营地处群山环抱的丘陵地带，在新城子往南十里的位置，是新城子镇曹家路口的后防。如今的吉家营仍保留着东、西两个城门，门头上分别题有"镇远门"和"吉家营门"，城墙为砖石结构，中间加夯土砌成。城周长1 000米，城高7米，顶宽4米，城墙的上半截已有残缺。城堡的城东门外有演武厅、点兵台、教练场等军事

吉家营村

设施。专家考证这里就是当时的一个士兵培训基地。

如今，古堡中的一部分住户，他们的祖祖辈辈已经在这里繁衍生息了500余年。随着生活条件的改善，这里翻盖新房的越来越多，古堡也由最初的防御设施逐渐发展成为一种新的村落形式。吉家营村已经被列入中国传统村落。

(3) 河东村　河东村在历史上可以说是古北口的政治中心。明清以前，这里就是镇守关口的兵马司所在地。在宋朝，它是辽国属地，在清朝它又是通往承德的必经之地。所以，这些都造就了古北口独特的地域文化和人文景观，如人们所说的那样"七郎坟，令公庙，琉璃影壁靠大道""一步三眼井，两步三座庙"。这些

河东村

物质文化遗产至今还保存完好。凭借古御道悠久的历史文化和物质遗产，河东村很好地利用和开展了乡村旅游。

(4) 河西村　河西村与河东村为一河之隔，是古代商贾云集的地方，大多在此置业安家，现存的大宅院有段家大院、白家大院。该村每家每户都以剪纸画来装饰

河西村

和布置房间，有的在历届北京民间剪纸艺术赛上多次荣获奖励，国内外游客纷纷购买，作为收藏和室内布置之用。

河西村的百家姓是全国独一无二的，全村大约600户人家，居然洋洋洒洒有137个姓氏，除了近几年个别外来媳妇带来的新姓外，大部分来自当年全国各地到此驻军的兵士们。不仅如此，除了汉族，村里还有蒙古族、回族、朝鲜族、苗族、布依族等少数民族。几百年来，这些不同民族和地域的人们生活在一起，保持着各自的生活习惯和宗教信仰，彼此都能和睦相处。也许正因为此，河西村人形成了包容、开朗、头脑灵活、善于接受新事物的集体性格和气质。在河西村有一种奇特的风俗，那就是"露八分"。它是河西村一种独一无二的"语言"。明清时期它曾是商贾之间的行话，慢慢成为当地人茶余饭后的一种说话方式。

（5）曹家路村　曹家路是历史名村，西临古北口、司马台长城、云岫谷、雾灵湖，南临雾灵山，东与河北省兴隆、滦平两县交界，号称"一鸡鸣三县"。也是北京市最早见到阳光的地方，有"京东第一村"之称。因在雾灵山脚下，自唐朝起，僧人众多。该村内就曾建有庙宇十三座、砖塔两座。因地处军事要塞，兵家必争之地，逢有险峻山峰之处，均可见到长城、烽火台、古城

曹家路村

墙。曾是长城的重要关口，蓟镇西协四路之一。曹家路的村口采用了中国传统式的牌楼建筑，公路是穿村而过。2010年，曹家路村获"北京最美乡村"称号。

（6）遥桥峪村　遥桥峪古堡是密云乃至京郊地区保存完好的古堡，村民还世代居住在堡内，四周高大的城墙围成为一个巨大的院落，城楼还保留着当年的风貌，村

民们安详地生活其内。虽然远古的战马嘶叫已经不再有，旌旗已不再飘扬，但凭借古堡遗风，可以找到只能在书中才有的古堡人家。

（7）花园村 2009年，花园村获"北京最美乡村"称号。花园村位于新城子镇东北部，燕山山脉主峰雾灵山脚下，安达木河上游，与河北省滦平、承德、兴隆三县接壤，有"鸡鸣四县"之称。该地成村前名叫瓜园，后依"瓜"与"花"谐音，演变为花园。在花园村南 10 里处有一奇特的长城城墙构造，城墙中间有两座并列的门，因为城门顶着四只虎头，城门旁边还有一只雕刻的卧虎，故称"五虎关"，又因为这两座城门都是专为流水通过而设，又有"五虎水门"之称。五虎关为曹家路（蓟镇西协密云四路之一）所属 22 处关寨之一。

（8）口门子村 口门子村位于密云水库坝下，隶属溪翁庄镇为北京市级民俗村。其生态渔村美食一条街享有盛名，也是密云旅游的一张王牌。口门子村历史悠

遥桥峪村

花园村

口门子村

黑山寺

久，长城穿村而过，长城爬上村子西山后朝沙坡峪而去。关于口门子这段长城，大多都叫前后杖子长城，其实，长城离最近的后杖子村还很远，而是从口门子村穿村而过。

（9）**黑山寺村**　黑山寺村以村旁有一座庙而得名。传说，清朝宰相刘庸奉旨来密云查办该地黑山寺横行霸道的戴勇和尚。乾隆皇帝降口谕说："惊一惊，罢了"。百姓们恨透了戴勇，借皇帝的金口玉言，利用谐音，把"惊一惊"变成了"耕一耕"。他们把戴勇埋在地里，只露出个头。套上牲口，像耕地一样，连耕带踩，不过三遍，"戴老虎"便被"惊"死了。刘墉回京后向乾隆复命说将和尚"犁下了"，意思是说将和尚放在犁下了，乾隆以为只是吓唬了一下和尚，也就没有深究。

黑山寺始建于唐代，毁于战火，2006年重建，已经具有相当规模，庙宇按唐代式样建设，山门前有一株平顶松，寺前有放生池，寺内大雄宝殿前有一棵千年古银杏树。黑山寺位于石崖摹刻"舞动的北京"山脚下之下。晴日，这"舞动的北京"在阳光的照耀之下，在群山峻岭之中，在翩翩起舞，显得格外的妩媚和刚劲有力。

（10）**石马峪村**　石马峪村位于溪翁庄镇东部，密云水库内湖南侧、云蒙山脚下。石锅宴为该村的一个特色美食。石马峪村名车自于一个美丽的传说。石马峪村有着悠久的历史，在《轩辕本纪》中，有着关于"神马"的描述："时有神马出生泽中，因名泽马，一名吉光，又名吉良。出大封国。文马缟身千鬣，乘之寿千岁，以圣人为政应而出。"而石马峪村名的由来，便与此有关。

（11）**尖岩村**　尖岩村位于密云水库大坝的西侧，云蒙山风景区的入口。尖岩村原址位于白河西岸，因山得名，明代成村。1958年修建密云水库时西迁至现址，沿用旧名。该村最具特色的是民俗风情表演，其表演团队就上百人，各种锣鼓、乐器、服装齐备，每逢庆典和重大节日，村里就组织巡回在乡里表演。

（12）**石塘路村**　石塘路村位于密云水库西岸，历史上为长城的重要关隘和交通要冲，被誉为"密云首险"。村中钟鼓楼是明万历年间所建，与村南山顶上空心敌楼遥相响应。2008 年被评为北京市最美丽乡村。

（13）**水堡子村**　水堡子村隶属于密云区古城镇，位于密云水库西岸，云蒙山峡东，南靠水川河。明代万历年间修长城，在该地筑城，称东水岩堡，后发展成村。抗日战争时期改名水家堡子，后又称今名。

石塘路村

水堡子村

（14）**贾峪村**　贾峪村位于北京市密云县西北部，距密云 40 千米，距北京 110 千米，由青龙背和贾峪两个自然村组成。据资料记载，古时该村东山口驻有官兵，有一将领经常来此地，有时卸下盔甲休息，故有甲峪之称，后谐音称贾峪。相传十万年前这里就有人居住成村了，一代代勤劳质朴的农民在这里繁衍生息。留下许多神奇的传说和历史久远的山川地貌，风土人情，人物古迹。在贾峪村旁的石壁上有一只大脚印，传说是当年二郎神经由此地时留下的。

（15）**朱家湾南沟村**　朱家湾村隶属于北庄乡、相邻营房村、北庄村、干峪沟村、暖泉会村。这里历史悠久，物产丰富，主要农产品有桃子、南瓜、羽衣甘蓝盒芒果。朱家湾村不仅种植果蔬出名，还是远近闻名的豆腐村，村民自家生产的豆腐靠推

贾峪村

朱家湾村

杨家堡村

车叫卖的方式出售。由于清水河的长年流淌，河面开阔，河滩有不少能供鸟类栖息的湿地。

（16）**杨家堡村** 杨家堡村位于密云县北庄镇东北部，与河北省兴隆县相邻。据说明代以前，有一姓杨的大户在主村居住，修建了一个堡子，因此得名杨家堡。也有说法是因为当年杨家将在此驻军，故称杨家堡，现存一点将台，据说是杨家将点兵之处。杨家堡村地势险要，易守难攻，是中原和北方少数民族的一个分隔地，明朝修长城时，在这里修建了城堡，有边关将领驻守。几百年来，村里一直流传着杨家坟与杨家将的故事，因为杨家坟的存在，而给杨家将的传说增添了传奇。杨家坟位于阳坡岭自然村山脚下，距离杨家堡遗址1000米左右。村里人相信，杨家坟就是杨家将后人的坟墓。历经岁月洗礼，几经盗墓破坏和文革时期破四旧、平坟运动，如今杨家坟在地面上已经看不到了。现在能证明杨家坟存在的，只有文革时从杨家坟搬来的3个祭祀用的石桌。

（17）**双圣峪村** 双圣峪村原称流漕峪，清末始有人定居，山沟流水不断，故得此名。1961年建生产大队。现在称双圣峪村。双圣峪村的建筑具有典型的北方民居特色，为木质结构红砖青瓦，每家庭院里瓜果飘香，屋内几乎家家有火炕，户户会编制，苏绣、十字绣手工艺品栩栩如生。

（18）**龙潭沟村** 龙潭沟村名的由来，还有一个美丽的传说。据说在远古时代，一条白龙和一条黑龙同时云游至此，相中了村中的一汪深潭，因而发生争斗。最终白龙不敌黑龙，落败而去，化作人形后受雇于石匣镇一地主家中。主人命他浇地，却不见他挖沟扒陇，然夜间白龙尾入水井，口喷水柱，百亩良地顷刻水润稻田。主人得知此人乃真龙，便助其夺回深潭。转日，白龙与黑龙争斗，地主见水面成黑色状，便命人投进山石，见水面泛白，便唤人扔进馒头、烙饼。黑龙终体力不支快快而去，白龙潭因此而得名。至百姓口口相传，村以所在山沟命名为龙潭沟村。龙潭沟村历史悠久，白龙潭风景区便位于龙潭沟村内。景区内有始建于元世祖忽必烈至元二十四年的龙泉寺，景区内还有四殿

龙潭沟村

十八亭台，为宋、元、明、清历代几经修
建而成。

不老屯村

（19）**不老屯村**　不老屯村是北京市
密云区不老屯镇一个自然村，与燕落村、
转山子村、黄土坎村相邻。不老屯村有着
悠久的历史，其村名来源于王志砍柴遇仙
的一个民间传说故事。很早很早以前，这
里的一个名叫王志的穷小伙子进山打柴，
巧遇神仙，自己也被点化成仙。王志的奇
遇一传十、十传百，人人都知道村里出了个长生不老的人。打这以后，这个村庄就有
了名儿，人称"不老谷"。后来，又叫成"不老屯"。

（20）**董各庄村**　董各庄村邻近密云水库。董各庄村邻近密云水库，历史悠久。
董各庄曾经有一个名为"北华亭"的皇室花园，经过多次地震已经不知所踪。传说在
明末清初的时期，根据风水先生推算，董家会出一位真龙天子，不过那时人还小，但
是当时董家有在朝里当丞相的人，据说还在董各庄修了银銮殿，和金銮殿一样，后来
被一会看风水的南蛮子把董家的风水给破了，导致推算的真龙天子死掉，董家被抄。

（21）**达峪村**　达峪村是金鼎湖边的一个小村，依山傍水。据传说达峪先人在明
初由山东迁至本地，因有河流经过村前得名迎水村，后改名为五岭村。明末农民起义
军兵至此地摆设兵台，取名路军兵到达之意，得名达峪。

董各庄村

达峪村

（22）**小水峪村**　小水峪村隶属于密云区西田各庄镇，因地处山前小山水河谷
地，故名小水峪。明代成村。小水峪村自然环境优良，有一个人工水库，村口有上百

年的古树，小水峪火车站是密云为数不多的村级火车站之一。

（23）**牛盆峪村** 牛盆峪村有一个大峡谷，山谷曲折蜿蜒，内崖壁陡峭，山势险峻，潭瀑遍布、溪流湍急、青山绿水、丛林飞瀑、云雾缭绕，完全是一种原始的自然风光，游人置身其内，真正回归到了大自然中，身心得到彻底的放松。明代成村。

小水峪村

牛盆峪村

（24）**捧河岩村** 捧河岩村位于石城镇域中部，距密云县城 25 千米，属浅山区。有村民 150 户、335 口人，村域总面积 8.16 平方千米。因村位于白河东岸两座断头山之间，两座山似两条巨臂捧着村前的白河，故名捧河岩。捧河岩村辖捧河岩、黄土板地、塌山、许戏子、沙驼子五个自然村，且全部分布在白河峡谷中，海拔 165～185 米。

捧河岩村流传着这样一首民谣："一道白河弯三弯，中间还隔一座山。许戏不唱戏，河东塌了山。"相传，早年间白河上游植被茂密，两岸多是原始森林，由于当时没有公路，木材全部要由白河放筏而下。有一年，有一位商人买了一批木材，雇一对父子放筏运出，筏走到一处悬崖下时，忽然听到岸上有人呼喊父子二人的名字。他们停筏上岸，却不见呼唤之人，正诧异间，只听身后山崩地裂地一声巨响，父子俩回头看时，长长的筏排不

捧河岩村

见了，身后的悬崖塌了下来，将整个筏排砸在了下面。父子二人这才明白，刚才的喊声救了他们一命，于是望天便拜，感谢神仙的搭救之恩。木材砸在了山下，商人赔了本儿，他请了一位算命先生给他算了一卦。算命先生说他冲撞了河神，要想挖出木材，必须给河神上贡并许诺唱一台大戏。商人答应了，并在岸边焚香祷告河神，在塌山对岸的地方搭了一个戏台，一面组织人力挖木材，一面筹备祭河神唱戏的大事。开始木材挖得很顺利，商人见利忘义，不把祭神当回事。他为了省钱，从附近买了一口生过几窝小猪的老母猪，收拾干净后敬献给了河神。唱戏那天，商人没请正式的戏班，而是请了一个"草班子"，并自己化装上台唱戏，戏词儿也是自己临时编的："我许一台大戏，没许几个人；我许肥猪一口，没许是老猪是小猪"。河神受了商人的戏弄，大怒，夜里悬崖又塌了，这回，商人再也弄不出一根儿木材了。后来在塌山的地方形成了一个小村庄，就叫"塌山"了，而与之一河之隔、唱戏的地方就叫"许戏子"，两个村庄的名字一直流传至今。

白云峡风景区位于捧河岩村域内，是一处集历史文化、自然生态、人文景观为一体的休闲旅游胜地。景区由白河下切形成，峡谷内峭壁千仞，是攀岩爱好者的理想之地。白河如一条蓝色的带子飘在山腰间，宝瓶口、神龙探水、洗墨滩、官印石、桃花潭、对弈坪、白云湖、三官洞等 20 多个景致散落其间。在这里不仅可以看到北京市海拔最高的白云瀑布，还可以看到稀有的国家一级保护动物黑鹳、二级保护动物苍鹭戏水捕食的情景。白云峡天生丽质，鬼斧神工，没有雕琢的痕迹，独特的自然、人文景观，举目远眺，闭目遐思，品评人之伟力，自然之广博。正是"白云瀑布天上来，清清白河敞襟怀，野鸭戏水游弋处，山峦处处百花开"。

（25）北穆家峪村　北穆家峪村隶属于密云穆家峪镇，是回族民俗村。北穆家峪村位于密云城东北，穆家峪镇中部，密云水库南侧。北穆家峪村有着独特的民族文化，建有清真寺，由阿主持宗教活动。具有典型的回族传统，遵循教规，讲究卫生。服饰方面，基本吸收了汉族的习俗，但在头饰方面部分人还保持着古老的传统。在饮食方面，本村保留了部分民族传统，如八大碗等。传统的开斋节和古尔邦节当地也会举办小型的活动。

5. 传统美食及制作

（1）北京果脯　密云是北京果脯的重要生产和加工重地之一。北京果脯采用宫廷传统秘方，由鲜果加工精制而成，口味酸甜适中，爽口滑润，甜而不腻，果味浓郁，主要有杏脯、梨脯、秋海棠等上千个品种、几百个

北京果脯

规格的各类产品，均被农业部认定为绿色食品。

北京的果脯蜜饯制作来源于皇宫御膳房。为了保证皇帝一年四季都能吃上新鲜果品，厨师们就将各季节所产的水果，分类泡在蜂蜜里，好让皇帝随时食用。后来，这种制作方法从皇宫里传出来，北京就有了专门生产果脯的作坊。采摘讲究，果实要成熟到果核与果肉能够分离，马上摘下送到工厂加工，鲜杏去核成两瓣，用白糖溶液煮制，或者浸糖液用抽空压缩机抽去果内水分。选料精、加工细，所以产品色泽好，味道正，柔软爽口。色泽由浅黄到桔黄，呈椭圆形，不破不烂，不反糖，不粘手，吃起来柔软，酸甜适口。果脯的营养果脯蜜饯中含糖量最高可达 35% 以上，而转化糖的含量可占总糖量的 10% 左右，从营养角度来看，它容易被人吸收利用。另外，还含有果酸、矿物质和维生素C，由此可见，果脯蜜饯是营养价值很高的食品。

（2）**老北京炸酱面**　老北京炸酱面是北京有名的特色美食，在密云区也颇受欢迎。它的原料包括面条、袋装干黄酱、带皮五花肉、绿豆芽、黄瓜、心里美萝卜、香菜和调料适量。做法是先把干黄酱放入一个大碗里，加少许凉开水调匀。把五花肉洗净切成指甲盖大小的丁。

老北京炸酱面

黄瓜和萝卜去皮切细丝，香菜切段，绿豆芽淖水。然后炒锅下油，油热后下葱姜末，爆出香味后下肉丁翻炒，同时加入料酒，少许盐，酱油，待肉丁炒熟时倒入调好的黄酱，不停翻炒，同时加入料酒，盐，白糖，炒至酱鼓出大泡，颜色变深即成，盛入大碗中。大锅加水烧开，放入面条煮熟，事先准备好一个盛面的大碗，碗内放入温开水，煮熟的面捞入放了温开水的碗里，上桌。吃时把面条捞出沥水盛入碗中，加入一大勺酱，放入黄瓜丝，萝卜丝，香菜段，绿豆芽。爱吃酸辣味的可以加辣椒油和醋，然后象拌热干面一样搅拌均匀。

（3）**茯苓夹饼**　茯苓夹饼是清朝宫廷糕点，慈禧御膳，由茯苓、芝麻、蜂蜜、桂花、花生等加工而成，早在 800 年前就有记载："茯苓4两，白面2两，水调作饼，以黄蜡煎熟"。这种蜡煎的饼不好吃。到了清初，有人提出"糕贵乎松，饼利于薄"的主张，后来饼就越来越薄。乾隆时山东孔繁台家制的饼"薄若蝉翼，柔腻绝伦"。到了清朝中期，人们加了甜馅，用两张饼合起来，中间夹以核桃仁、松子仁、瓜子仁等香料和蜂蜜，名曰"封糕"。形状象满月，白似雪，薄如纸，珍美甘香，风味独特。本品含有人体所需的蛋白质和多种维生素，营养丰富，口味鲜美，具有

茯苓夹饼

滋养肝肾，补气润肠之功效，长期食用，可增强体力，养颜护肤，亦是馈赠亲友的佳品。

（4）七彩拉皮　七彩拉皮在密云是十分受欢迎的美食之一。原料包括旱黄瓜、白菜心、黑木耳、椰菜、鸡蛋、心里美萝卜、胡萝卜、肉丝、大白葱丝、粉皮。配料包括蒜蓉、老醋、芝麻酱、芥末油。做法是先把种蔬菜原料切丝，黑木耳、鸡蛋、肉丝分别煮熟再切丝。然后把这些丝搅拌在一起。再把配料混在一起，调制成特别的蘸酱。苦苣菜洗干净，挑选软嫩的部分，与熟牛肉以及配料搅拌在一起。一来为了好看，二来是为了口感爽脆均匀。

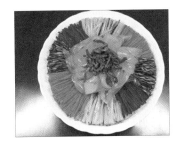

七彩拉皮

（5）北京秋梨膏　密云是北京秋梨膏的生产和加工基地之一，它的做法是首先要选取当年生产的秋梨，把它们清洗干净后擦成丝条，再用纱布包紧挤出梨汁来。接着再把梨汁倒入特制的锅里熬煮。熬梨汁的锅是铜质的，锅里镀了一层锡。在熬煮梨汁过程中一定要加入蜂蜜、白糖和生姜等配料。最后还要根据不同的配方，分别加入茯苓、贝母、燕窝等药料。等到把梨汁熬成黏稠状态后，秋梨膏便制成了。秋梨膏甜爽可口，具有润肺、化痰、止咳祛喘、安神、健脾胃等功效。

秋梨膏

（6）熘鸡脯　熘鸡脯的原料包括鸡脯肉、鲜豌豆。调料包括鸡蛋清、盐、味精、黄酒、高汤、水菱粉。操作方法是先将鸡脯剔去筋膜，细斩，剁成鸦泥茸，加入高汤调匀待用。然后烧热锅，加入色拉油，待油温时，将鸡泥茸倒入漏勺内再漏到锅内，几分钟后捞起待用。最后烧热锅，加入高汤等调料，烧滚后，将鸡脯、豌豆倒入，勾芡即成。

熘鸡脯

（7）烤黄花鱼　黄花鱼学名大黄鱼，生于东海中，鱼头中有两颗坚硬的石头，故又名石首鱼。是我国主要海产经济鱼类之一，鱼味鲜美，肉嫩滑且肉质呈蒜瓣状，具有开胃益气，补肾利尿功效。烤黄花鱼为密云人喜爱的食品之一。选取黄渤海中自然生鱼类，经精洗后原样

烤黄花鱼

香葱猪蹄

玉米酸菜蒸饺

幸福枣糕

多彩猫耳朵

高温烤制而成。有麻辣味和五香味两种，特别适用于佐餐、下酒及馈赠亲友。

（8）**香葱猪蹄**　香葱猪蹄的原料是葱和猪蹄，做法是将猪蹄拔去毛桩，洗净，用刀划口。然后将葱切段，与猪蹄一同放入锅中，加水适量和食盐少许，先用武火烧沸，后用文火炖熬，直至熟烂即成。

（9）**玉米酸菜蒸饺**　玉米酸菜蒸饺的原料包括玉米面，白面，酸菜，盐，酱油，料酒，味精，葱，姜，香油。制作方法是用温水和好玉米面稍晾一下，加入白面用手反复揉成团。然后把酸菜和调料一起和好，搅拌成馅。再把玉米面团搓成条，揪成小剂子，用擀面杖擀成圆皮，包入饺子馅，捏成饺子。最后蒸锅加水，上炉点火烧开，蒸屉铺布，把饺子码上，用旺火蒸 10～15 分钟即可。

（10）**幸福枣糕**　幸福枣糕的原料包括玉米面，白面，红枣，糖，发酵粉。制作方法是把玉米面和白面放入盆内，加糖，发酵粉一起拌匀，再用凉水搅拌成较稠的面糊，放置一会儿。把红枣用凉水洗净。蒸锅加水，上灶点火，烧开，给蒸屉铺上蒸布，把调好的面糊放入布上，按上红枣，蒸上 20 分钟即可。把蒸好的发糕取出来，倒在案板上，稍微晾一会儿，切成小块装盘上桌。枣能提高人体免疫力，抑制癌细胞，还含有维生素，具有抗氧化的作用。

（11）**多彩猫耳朵**　多彩猫耳朵的原料包括白面、菠菜汁、紫甘蓝汁、番茄汁、胡萝卜、葱头、盐、味精、香油、酱油。制作方法是把所有的蔬菜切碎加少许盐腌一会儿，留下蔬菜汁备用。把面粉分成四份，一份用水直接活好，反复揉匀，放置备用。把剩下的面粉用蔬菜汁分别活好，做成彩色面团。把所有面团分别搓成细条，揪成小剂子。用手在案板上搓成猫耳朵形状。把猫耳朵放入开水中煮熟，过凉水捞出。把剩下的调料上锅炒出香味，到入煮好的猫耳朵，炒均匀就可以了。把炒好的多彩猫耳朵装盘上桌。

（三）已消失的农业文化遗产

1. 传统农业民俗

（1）天齐庙会　旧时北京密云一带汉族及其他民族所举行的源于祭祀东岳大帝等神祇的经济文化节会。每年农历三月二十八日举行。该庙位于县城东门外，内祀东岳大帝、玉皇大帝、四大金刚、十八罗汉等神祇。每逢庙会，城乡善男信女成群结队而至，抵庙焚香行祭，置供拜神，以祈求东岳大帝保佑逢凶化吉、走运升迁、大富大贵、长寿安居、人丁兴旺、吉祥如意。一些商贩于庙前设摊售货，主要有风味小吃、祭祀用品、土特产品、儿童玩具等。庙会期间正值桃花盛开时节，人们在拜神购物之余，赏景观花、遣兴揽胜、各得其乐，有的还聚餐会饮，尽兴始归。

（2）五月庙会　旧时北京密云一带汉族及其他民族所举行的源于祭祀城隍和关圣帝君的系列经济文化节会。每年农历五月初七至十五日举行。城隍庙位于县城西门内大街路北，内祀城隍、城隍奶奶等神祇。关帝庙位于县城南门内西街，内祀关圣帝君、关平、周仓等神祇。每逢庙会，信众施主纷纷抵庙置供献牲，诚信行祭许愿还愿，以祈神佑。城内各商号焕然一新，当地及外地商贾小贩于称重鼓楼至西门内大街两侧设置摊棚，陈列百货，叫卖营业，供人选购，生意极佳。戏班艺人应聘前来助兴，登台献艺，主要剧种有京剧、评剧、河北梆子等。

（3）九月庙会　旧时北京密云一带汉族及其他民族所举行的源于宗教祭祀的经济文化节会。每年农历九月举行。每逢庙会，善男信女抵真武庙进香，献牲行祭，顶礼膜拜，以祈求真武大帝保佑，多福多寿，走运升迁，大吉大利，免遭水火之灾。来自本地和京津唐地区及周围数省的商贩，在鼓楼东西两侧和真武庙内搭设摊棚，分行列肆，货源充足，品种齐全，主要有日用百货、土特产品、应季果品、儿童玩具、手工艺品、风味小吃等。生意格外兴隆。戏班艺人应聘前来助兴，登台献艺，主要剧种有京剧、评剧、河北梆子等。

（4）白龙潭庙会　旧时北京密云一带祭祀神龙所举行的定期节会。每年农历三月初三举行。白龙潭位于密云城区东北25千米处的龙潭山下，为京东名胜之一。相传，水潭畔的"石林水库"之内，居住着一条白龙，常化作书生公子，为当地居民解除困苦，天旱则作法施雨，使五谷丰登，人得温饱，百姓感其恩德，故年年上香行祭。

（5）福峰山庙会　在南关村的西南面，是一片起伏的山地，其中有一座馒头状的小山峦紧靠公路，它叫福峰山，山顶有一座规模比较宏伟的娘娘庙。据说这庙里的娘娘，和平谷的丫髻山、密云的五指山娘娘庙供的娘娘是姐妹三个，都是玉皇大帝和王母娘娘的女儿，又传说是封神演义中所说的云霄、琼霄、碧霄，是赵公明的妹妹。

每年农历四月十八日，是娘娘的诞辰，由十六至十九日，为会日，每逢庙会期间，商贾云集，百艺皆临，摆摊的、卖艺的、席棚、布帐，连成一片，形成一个临时活跃的大商场，再加上野台戏每年必唱，于是香客游人熙熙攘攘由四面八方向福峰山下的会场涌来，十分热闹。

（6）**药王庙会**　古北口药王庙是一组以药王庙为主的庙宇群，包括关帝庙、药王庙、菩萨阁，统健在一高台上，俗称"两步三座庙"。药王庙戏楼建在门口处，面阔三间，进深二间。虽不是重檐但分上下两层，下层为进院通道，面积83平方米，上层为戏台。现前檐及脊已坏需修复。药王庙、观音菩萨庙，已修葺完善，戏楼也修复好，但其壁画已不存在。关帝庙与龙王庙尚未修复。建筑格局与寺庙布局，十分独特少见。与当地民居相协调，墙是石砌，砖瓦为青色，沿山体而建。药王庙庙会是周边地区盛大的民间庙会，每年参加人数达30 000人之多，庙会于每年农历九月十四举行。药王庙是周边其它庙宇中修建年代最早，始建于明王朝，人们为了寻求上苍的保佑就有了药王庙。药王庙是由于祈福，关帝庙是为了守关，龙王庙是祈祷风调雨顺，观音菩萨庙有送子观音之称，而财神庙是人们为了祈求多财多福，它们均是古北口镇作为商贸重镇的一个多民俗文化表现。

（7）**杨令公庙会**　杨令公庙位于密云古北口镇，距京城约100千米。原称杨令公祠，1992年古北口镇政府拨款重建。杨令公，名继业，是北宋抗击契丹的名将。在宋辽战争中，多次大获全胜，人称"无敌"。在宋辽和好后，辽国为收买北宋军民，也为激励本国将士，于1021—1056年建成此庙。原庙有三间正殿，后增后殿。殿内的宋代彩色塑像，配真盔真甲，神态威武，壁画神形兼备。杨令公庙周围峰峦叠翠，花木繁茂，景色清幽。

杨令公庙建成以后，先后曾四次重建。占地600多平方米。前殿内塑杨家男将；后殿内雕杨家女英。前殿东西两侧各有配房和禅堂。在山门外东西两壁墙上，书写着高约1米的8个大字"威震边关，气壮山河"。每年的农历九月十三（杨令公的生日），人们从四面八方来到古北口瞻仰这位英雄。日久天长人们就形成了这样的习惯，每年到了这天人们兴高采烈地举行盛大的庙会来纪念杨令公。

十三、延庆区

本次普查中，在延庆区共发现系统性农业文化遗产 4 项，要素类农业文化遗产 20 项，已消失的农业文化遗产 6 项。

（一）系统性农业文化遗产

1. 延庆香槟果栽培系统

（1）**地理位置**　该系统位于延庆区八达岭镇西南部的帮水峪村。

（2）**历史起源**　帮水峪村是香槟果的原产地之一，栽培历史可追溯到明代，在清朝曾作为贡品。

（3）**系统特征与价值**

① 生态地理特征。帮水峪村全村总面积 10.8 平方千米，耕地总面积 1 224 亩，林地 973.6 亩。帮水峪村有独特的自然资源、丰富的旅游资源和得天独厚的人文景观。帮水峪有季节河，上游源于石峡河、陈家堡河，河水从村中流过，村民便取依山傍水之意，称"傍水峪"。村落三面环山，平均海拔 605 米，植被丰茂，有成

香槟果果实

香槟果果树

帮水峪牌香槟果

片的松、椴、桦、苦栎等多种乔灌木，其中有 300 年左右的古槐树 4 棵。还有遗存的古长城、泰山顶、奶奶庙、龙王庙等较多的历史遗迹。

②品种资源特征。香槟果属介于苹果和沙果之间的小苹果，果皮厚韧光滑，果肉淡黄色，芳香沁人心脾；食之酸甜，置于室内则满室清香，十分怡人；尤为奇特的是，果肉在空气中裸露 10 多个小时竟不变锈色。

香槟果，尖顶，紫红，香气异常浓郁，放几个于室内，满屋生香。果型小于苹果而大于海棠，平均单果重约 40 克。

③产业发展。帮水峪村是全国三大槟子原产地之一，20 世纪 60~70 年代，帮水峪的槟子在北京地区很有名气。到了 80 年代，受富士苹果冲击、果园管理粗放，小果类品种保留的面积越来越少，几乎到了灭绝地步。近年来，进行了恢复种植，现逐渐进入成熟期。

（4）**主要问题** 种植效益低，香槟果树越来越少。

香槟果包装进箱

香槟果采摘

2. 延庆八棱海棠栽培系统

（1）**地理位置** 该系统主要分布在延庆区八达岭镇帮水峪村和石峡村、康庄镇榆林堡村和大小王庄村、张山营镇、旧县镇、永宁镇、井庄镇和刘斌堡乡等地区。东经 115° 44′～116° 34′，北纬 40° 16′～40° 47′。

（2）**历史起源** 海棠在我国古代被统称为李，《诗经》中"投我以木李，报之以琼琚"，其中的"木李"就是指海棠，到了唐朝时才出现海棠这一称谓。延庆区栽植海棠有几百年的历史，海棠种植很广泛，一直以八棱海棠最为著称。早年的《林业志》就记载延庆传统名特优果品有八棱海棠。后来在延庆下营村发现了八棱海棠的变异品种，民间称之为"延庆八棱脆海棠"，以后这一变异品种的种植面积越来越大。

（3）系统特征与价值

① 生态地理特征。延庆区独特的气候条件以及优越的地理位置适合八棱脆海棠的种植与推广。相对于市区，延庆区海拔高、昼夜温差大、光照充足，生产的海棠含糖量高、硬度大、易上色、耐贮运，是北京地区最佳海棠树生长区域。

延庆八棱海棠果树

八棱海棠适应能力强、抗逆性强，耐旱、耐瘠薄，适合在山区栽培。八棱海棠根系发达，可以在贫瘠而干旱的山地生长，山区水土保持起到重要作用。

延庆八棱海棠原产于"延怀盆地"一带，从海拔 400～1 600 米均能种植，八棱脆海棠花色艳丽，花蕾期呈粉红色，随着花朵开放逐渐由粉色变为白色，具有较高的观赏价值。

② 品种资源特征。八棱脆海棠树冠中等大小，呈扁圆头形，树姿张开，多年生枝条呈棕褐色，皮粗糙，皮孔突出，新枝条呈黄褐色，较硬。八棱海棠叶片为阔椭圆形，先端渐尖，长 8.5~9.5 厘米，宽 5.0～5.5 厘米，深绿色。八棱海棠一般 4~5 年结果，萌芽力强，成枝力中等，以短枝结果为主，亩产一般在 1 500～2 500 千克。

③ 营养与药用价值。海棠果是一种营养价值很高的健康果品，延庆八棱脆海棠更是如此。经测定，每 100 克海棠果肉含碳水化合物 19.2 克、蛋白质 0.3 克、脂肪 0.2 克、膳食纤维 1.8 克，含胡萝卜素 710 微克、维生素 A 118 微克、维生素

延庆八棱海棠挂果

枝头上的八棱海棠果

B_1 0.05 毫克、维生素 B_2 0.03 毫克、烟酸（也称维生素 B_3）0.2 毫克、维生素 C 为 20 毫克、维生素 E 为 0.25 毫克，含钾 263 毫克、磷 16 毫克、钙 15 毫克、镁 13 毫克、钠 0.6 毫克、铁 0.4 毫克、锰 0.11 毫克、铜 0.11 毫克、锌 0.04 毫克。可软化血管，对高血压、冠心病有明显的预防作用，海棠还可切片晒干，加蔗糖冲水饮用，口味酸甜，含有浓郁的鲜海棠香气，且清凉泻火，健脾开胃，具有很好的食疗保健作用。

八棱海棠除鲜食外，还可以用来酿酒、做蜜饯、果醋、果酒、果丹皮等食品。2013 年列入北京市地域特色农产品。

（4）主要问题　与其他水果相比，种植效益低，产量少。

即将成熟的八棱海棠果

八棱海棠果与果树

3. 延庆玉皇庙李子栽培系统

（1）**地理位置**　该系统主要分布在延庆区张山营镇玉皇庙村。

（2）**历史起源**　延庆玉皇庙李子栽植可追溯到明朝
宣德年间，距今已有 580 多年的历史。

（3）**系统特征与价值**

① 生态地理特征。玉皇庙村位于延庆城西北约 15
千米处，东南距西羊坊 1.5 千米，背靠玉渡山风景区，
西南距下板泉村 1 千米，海拔约 545 米。明宣德七年
（1432 年）州人吕建玉皇庙，后于庙旁形成村落，村取
庙名。明嘉靖十六年（1537 年）加筑围墙，称玉皇庙屯
堡，清代演今名。

玉皇庙李子果

玉皇庙李子树

玉皇庙李子果园

玉皇庙李子气候适应性强，土壤只要土层较深，有一定的肥力，不论何种土质都
可以栽种。但对空气和土壤湿度要求较高，极不耐积水，果园排水不良，常致使烂
根，生长不良或易发生各种病害。

② 营养与药用价值。玉皇庙李子个头大，如玉般晶莹过皮带淡淡白霜，成熟的
李子侧耳一摇便会听到核舞之声，用手轻轻一摆核即跃出。入口后果肉含沙，香醇甘
美，香醇甘香而不外溢，具有健脾和胃之功效。

李子味酸，能促进胃酸和胃消化酶的分泌，并能促进胃肠蠕动，因而有改善食
欲，促进消化的作用，尤其对胃酸缺乏、食后饱胀、大便秘结者有效。新鲜李肉中的
丝氨酸、甘氨酸、脯氨酸、谷酰胺等氨基酸，有利尿消肿的作用，对肝硬化有辅助治
疗效果。

李子中含有多种营养成分，有养颜美容、润滑肌肤的作用，李子中抗氧化剂含量
高，堪称是抗衰老、防疾病的"超级水果"。

2013年玉皇庙李子入选全国地域特色农产品资源普查目录。

枝头上的玉皇庙李子　　　　　　　　　　　　即将成熟的玉皇庙李子

4. 延庆葡萄栽培系统

（1）**地理位置**　延庆葡萄主要分布在延庆区西部沿北山和南山的张山营镇、旧县镇、香营乡、永宁镇、八达岭镇和康庄镇等地。地理坐标为东经115°44′00″～116°34′00″，北纬40°16′00″～40°47′00″。

（2）**历史起源**　据嘉靖《隆庆志》记载，延庆在明朝嘉靖年间就有葡萄栽培，距今已有近500年的历史，到了清代，延庆栽培葡萄已经很普遍，当时栽培的葡萄有龙眼、牛奶、无核白等。

（3）**系统特征与价值**

① 生态地理特征。延庆区地处"延怀盆地"，地理条件得天独厚，光照强、海拔高、昼夜温差大，是我国优质葡萄栽培区之一，延庆葡萄种植面积居京郊之首。

延怀盆地的气候条件极其适合发展葡萄产业，这里

延庆葡萄园

生产的葡萄果穗整齐，果粒均匀，独特的日照条件使葡萄果实着色浓艳、果粉厚、果肉脆，葡萄中的可溶性固形物含量高，葡萄芳香，风味浓郁。

②营养与药用价值。葡萄含糖量高达 $10\% \sim 30\%$，以葡萄糖为主。葡萄中的多量果酸有助于消化，适当多吃些葡萄，能健脾和胃。葡萄中含有矿物质钙、钾、磷、铁、蛋白质以及多种维生素 B_1、维生素 B_2、维生素 B_6、维生素 C 和维生素 P 等，还含

等待采摘的延庆葡萄

有多种人体所需的氨基酸，常食葡萄对神经衰弱、疲劳过度大有裨益，此外它还含有多种具有生理功能的物质。把葡萄制成葡萄干后，糖和铁的含量会相对高，是妇女、儿童和体弱贫血者的滋补佳品。

③产业发展与品牌建设。延庆葡萄不是一个独特的品种，而是一个多种葡萄的独特产区。在京津冀协同发展的背景下，未来将要在具有相近自然条件的北京市延庆区和河北省怀来县打造"延庆——怀来盆地葡萄产业带"。

1998 年，延庆葡萄"红地球""里扎玛特"和"黑奥林"三个品种，在全国

市民采摘葡萄

即将成熟的延庆葡萄

市民休闲采摘

葡萄专项展评会上均被评为优质产品。2004年，延庆葡萄"金星无核葡萄"获得"中国优质葡萄擂台赛"金奖，"京亚葡萄"获得"中国优质葡萄擂台赛"优质奖。2007年9月，延庆生产的"里扎玛特""黑奥林"两个品种的有机葡萄荣获"北京奥运推荐果品评选"综合组评比二等奖。

2008年延庆"红地球葡萄"获得"中华名果"的称号，2010年，延庆葡萄荣获2010年度"中国特色农产品博览会"金奖，同年，延庆被评为中国葡萄"无公害科技创新示范县"。2011年延庆葡萄通过了农业部农产品地理标志认证。

（二）要素类农业文化遗产

1. 特色农业物种

（1）"三扁一帽"杏核　主要产于黄塔、齐家庄、斋堂、大村和上苇甸等乡的柏峪扁、马套扁、苇甸扁及龙王帽，称"三扁一帽"，为杏核中的精品。其特点是核大仁满，仁型扁平，外形美观，营养丰富，经济价值很高，驰名国内市场，还远销国外。

"三扁一帽"杏核

杏的用途可分为生食用、生食加工兼用、仁干兼用和仁用四种类型。北京地区的仁用杏主要分布在京西和北部山区，以怀柔县、延庆县和门头沟区栽培面积较大。

2. 地方特色农产品

（1）冰糖李子　"冰糖李子"产于四海镇永安堡村，已有100多年的历史，原属野生。相传永安堡村一村民上山砍柴，偶然发现一棵山李子，绿叶映衬下

冰糖李子

的红李子果体圆润、色泽鲜艳，内有透明晶体，像冰糖一样，味道香甜淳正，鲜美无比。随后，村民将其嫁接到自己家院内，从此永安堡村便有了"冰糖李子"。现在，全村家家户户都有冰糖李子树，多则几十棵，少则五六棵，年产鲜李子 1 万千克。别村慕名而来，或移栽，或嫁接，李子树结果后都没有永安堡村的李子味道好。

（2）**国光苹果** 张山营村是北京市主产国光苹果的专业村，是北京市及全国各地小有名气的果树专业村。国光苹果是我国高纬度、昼夜温差大、寒冷地区的主栽品种，距今已有 60 多年的历史。张山营村有独特的地理气候条件，孕育了张山营国光苹果独有的滋味，硬度强、糖度高、色泽艳，素有北方苹果之秀的美名，形成了与民俗息息相关的文化节庆。1973 年张山营村国光苹果被农业部认定为苹果类的金奖产品。

张山营村位于延庆城区西北 9 千米，是张山营镇政府所在地。东有小河屯村，西有佛峪口村，南有下卢凤营村，南临官厅水库，北依小海坨山，是延庆区张山营镇中心村，是北京市的西大门直通西北五省区的必经之路。

国光苹果

国光苹果

国光苹果

（3）**珍珠泉鸭蛋** 产于延庆区珍珠泉乡。

珍珠泉乡处于北京延庆区深山区，原有"养鸭之乡"的美誉，鸭蛋在明清时期作为贡品上进宫廷。该地区气候宜人，空气新鲜，水质纯净，山场广阔。蛋鸭主要以高蛋白野生昆虫、鱼虾、野草及野草药、有机玉米为饲料，引用深山无污染泉水，因而蛋鸭肉具有浓鲜可口的

珍珠泉鸭蛋

珍珠泉鸭蛋

野味特征。鸭蛋切开后，蛋黄油珠四溢、黄里透红，利沙而不沾；蛋清白如雪，软如棉；且营养丰富，含维生素 A、维生素 D、维生素 C、维生素 E 和多种有机矿物质，是天然绿色食品。市场需求供不应求，卖出了每千克 20 元的"珍珠"价。

珍珠泉鸭蛋已经获北京市名特优商标、被农业部产品质量检验部门批准为北京市安全食品、通过了国家 QS 有机认证。

3. 传统农业民俗

（1）鸟节　主要在珍珠泉乡水泉子村。

相传在远古时期，人间还没有谷种，王母娘娘身边的一位侍女看到人们靠吃树皮、野菜度日，非常同情，于是偷偷把谷种送到人间，触犯了天条，被贬下凡间变为一只小鸟，每到春天来临的时候，她就用"布谷、布谷"的声音提醒人们要开始种田了，人们亲切地称之为"布谷鸟"。后来，为了感谢这位仙女，水泉子村的村民每年正月十六这一天，就会你家出一碗米，我家出一块肉，全村男女老少共同在大街上支锅做饭。在吃饭前，先撒一些饭粒到墙头、路边，感谢仙女把谷种送到人间。2013 年以来，珍珠泉乡政府投资 30 余万元，在水泉子水库边修建了占地 300 平方米的停车场和 8 800 平方米的鸟节文化广场，为纪念活动提供了安全

延庆鸟节（1）

延庆鸟节（2）

舒适的场所。

据该村的老年人讲，他们小时候就听说水泉子村有这样的活动，后来由于战乱就终止了。一直到 2009 年才恢复了庆祝活动，如今水泉子村的"鸟节"在三里五村也有了一定的影响，附近村民得知消息后，也纷纷赶来凑个热闹，水泉子村村民把来参加活动的人都当贵客看待，欢迎前来参加活动的乡亲和游客们来免费品尝他们的美食，制作红豆饭、馒头、酸菜粉条、大炖菜等。水泉子村的"鸟节"已经成为大家沟通感情、化解矛盾的桥梁，参加庆祝活动的村民像一个和谐大家庭一样，脸上无不洋溢着幸福、快乐的笑容。

(2) **妫川豆塑** 妫川豆塑用三两颗豆子塑造一个人物，用三两个人物讲一个故事，用一个故事展现一段历史、一方民情。目前，已经开发的豆塑题材有：古诗词典故、农村生活、民俗幽默、民族风情和爱情婚姻等题材。

妫川豆塑

豆本为食用，豆塑画却利用豆子天然的形、色、纹塑造不同时代的人物形象，可塑老北京的铜匠、鼓书艺人，也可塑当代新型农民，可塑人物亦可以塑造动物。

豆塑将中国文化蕴含其中。在豆塑工艺品中注入中国古文化、民俗文化、民族文化，增加工艺品的文化内涵，提升工艺品的厚重感，发扬中国千年文化。

豆塑工艺品的制作过程比较复杂，大致有以下几个环节：设计，画底画→题词→压平底画，豆子防蛀处理→选豆→摆豆→磨豆→贴豆，画配饰→剪配饰→贴配饰，画眉眼胡须，装裱，整个过程都是手工完成。

(3) **延庆旱船** 延庆历史悠久，传统文化积淀丰厚，历史上民间舞蹈很引人注目，而旱船是其中最有代表性的一类。根据地方史志记述，延庆旱船产生于 400 年前的明代。因明代有大量的江淮贬谪官员定居延庆，所以对延庆文化影响很大。延庆旱船广泛地活动于延庆城乡，尤其是在每年的正月十五前后三天聚众表演，其场面壮观、热闹非凡。

延庆旱船表演的道具有一只船（双人驾，俗称大船）、三只船、九只船、多只船

延庆旱船

的划分，这是延庆旱船在历史上不断创新和发展的结果。在表演套路上，主要以不断出现的"圆"为基础的套路，以各种"葫芦"命名的套路很多。

延庆旱船伴奏的音乐曲牌喜庆热烈，以唢呐、笙、大鼓、大镲、小镲、大铙、小铙为主要的伴奏乐器，对于烘托浓郁的节日气氛起到了积极作用。其主要演奏的曲牌有《刹鼓》《八板》《小钉缸》《小番召》《将军令》等十余套。

延庆旱船融文学、绘画、音乐、舞蹈、建筑等艺术于一体，其价值表现在三个方面：独特的道具造型，丰富的表演套路，粗犷的音乐伴奏。

现延庆旱船正面临诸多问题，如现存的档数急剧减少（兴盛时期有二十余档，现在仅存五六档）；表演套路和技巧正在被简化或失传；道具制作粗糙；音乐伴奏中传统的曲牌和传承人急剧减少等，亟待加以抢救和保护。

延庆旱船已入选北京市级非物质文化遗产名录。

4. 传统农耕技术

芦苇编制　妫水河中下游两岸盛产芦苇，编席、囤业历史长久，尤以县城北关、水磨、临河和未迁移前的耿家营、平房等村最出名。

1955 年，由北关、临河等村的个体手工业艺人 23 名自愿组成"席业生产合作社"，年内编制席、囤条（有苇和高粱秸两种）、降篷等千余件，后交延庆镇管理。20 世纪 60～70 年代，各类编织业为生产队副业。80 年代只有零星编织匠断续生产。

5. 传统农业工具

（1）**粪箕子**　利用荆条经人工编织而成，形似簸箕，顶端编成丁字形提手。到春耕播种季节，用来撒农家肥。

（2）**犁铧**　是耕地松土壤，用铁打造的工具。人工扶犁，驴骡拉套，相互配合，完成耕地松土工作。

（3）**耧**　是用来播种的木质工具。春耕播种时节，将籽种放入耧箱，耧箱底部呈漏斗样，人扶着耧炳摇动，从而将种子播种到地下。

粪箕子

犁铮

6. 特色农业景观

（1）**张山营水稻景观**　延庆区种植水稻有悠久的历史，张山营镇辛家堡村的有机稻田是延庆区目前唯一一块稻田。张山营镇辛家堡村海拔约 495 米。平均降水 420.3 毫米。土壤为褐土，村南为潮土，水稻土。交通十分便利，新旧 110 国道穿村而过。适宜农作物玉米、水稻种植，机井灌溉条件便利。

随着延庆生态环境的改善，辛家堡村的泉眼再度冒出水来，加上土壤富含硒元素，这为村里发展水稻种植奠定了基础。

（2）**新庄堡杏花村**　香营乡新庄堡村位于香营乡最东端，距离乡政府驻地 2 千米，背靠缙阳山，属于半山区。香龙路从村北山前穿过，香刘路从村前穿过，交通十分便利。村内环境优美，乡风文明淳朴，百姓安居乐业。村内有耕地 1 725 亩，鲜食杏 3 600 余亩，是

张山营水稻景观

新庄堡杏花村（1）

新庄堡杏花村（2）

新庄堡杏花村（3）

华北最大杏树基地。

1974 年北京市农林科学院开始到这里抓试点做品种改良嫁接，1987 年开始大面积种植杏树，因此新庄堡村被誉为"杏花村"，2014 年 6 月，成为北京农林科学院果树研究所示范性基地。

这里鲜杏品种多，有骆驼黄、葫芦、青蜜沙、偏头、红金榛、红荷苞、银白杏、串枝红等 160 个品种，早熟杏骆驼黄，最大的直径有 5 厘米左右，重达 90 克。每年 4 月中旬至 4 月底，香营乡新庄堡杏树基地100 多个品种的万亩杏花相继绽放，堪称一绝。6 月中旬，果实便进入成熟期，可持续采摘至 8 月中旬。

近年来新庄堡村依托杏树基地，通过举办杏花节、采摘节、观光骑游、摄影比赛等活动，吸引游客来此观光度假，多方位打造"杏花村"这一旅游品牌。

（3）张山营葡萄主题公园 延庆葡萄栽培历史悠久，以张山营镇最为出名。近年来，在原有栽培基础上发展了葡萄主题公园。葡萄主题公园位于张山营镇 110 国道以南区域，包括前庙村、后庙村、西卓家营村、西五里营村等。

张山营镇位于国家级自然保护区松山脚下，前瞰官厅水库，境内生态良好，是果品大镇。2010 年，该镇被中国果品流通协会葡萄分会授予"全国优质葡萄生产示范基地"。目前，全镇有

张山营葡萄主题公园

优质葡萄种植 1.3 万亩，年产葡萄 300 多万公斤。该镇还建起 800 亩的葡萄育苗繁育中心，有"红地球""黑奥林""里扎马特"等 5 个品种，获过全国金奖。

整个园区里展示的葡萄品种多达 1 014 种，除 400 多种是国内育成或原产品种外，其余来自日本、美国、法国、匈牙利、意大利等 40 多个国家。

2014 年世界葡萄大会在此召开。

7. 传统村落

（1）帮水峪村　位于延庆区八达岭镇西南部，南距北京 72 千米，北距延庆城区 14.9 千米，东临长城八达岭，西接河北省怀来县，属延庆区八达岭镇行政村。村域面积 10.8 平方千米，最高峰清水顶，海拔 1 239 米。全村总面积 10.8 平方千米，耕地总面积 1 224 亩，林地 973.6 亩。

帮水峪村有独特的自然资源、丰富的旅游资源和得天独厚的人文景观。帮水峪有季节河，上游源于石峡河、陈家堡河，河水从村中流过，村民便取依山傍水之意，称"傍水峪"。村落三面环山，平均海拔 605 米，植被丰茂，有成片的松、

帮水峪村

椴、桦、苦栎等多种乔灌木，其中有 300 年左右的古槐树 4 棵。还有遗存的古长城、泰山顶、奶奶庙、龙王庙等较多的历史遗迹。总的来说，帮水峪村旅游资源丰富，历史遗迹较多，具有发展旅游度假、生态观光产业得天独厚的条件。

（2）东门营村　东门营村隶属于延庆区张山营镇，位于延庆区张山营镇西南，距城区约 14.8 千米。毗连下营村、姚家营村，村南有 110 国道，村域面积 6.73 平方千米，东门营村"百世书香"座落于村东街西老村区 41 号，至今已有 200 余年。

东门营村

东门营村名字久远。嘉庆《隆庆志》中已有东门营堡之名，怀来卫、隆庆卫隶属中均有其名。明万历四十六年兴建东门营古城前已有东门营之名。现村中仍保留有关帝庙、阎王庙、真武庙、泰山庙四座庙宇。光绪《延庆洲志》有"马兰溪今洲，西北黑龙河也，距东门营不远"，并明确写到"上兰即马兰"。由此可见，东门营村历史久远。

晚清同治年间，村民孙寿龄去宣化府应试，一举中的。之后，孙老先生再没进考，在家办起教育，教人子弟。孙老先生故居，正房四间一过道，门道上方有"百世书香"木匾。孙寿龄老人一生，影响了村中几代人，

（3）永宁古城　永宁城建制始于唐代，明永乐十二年（1414 年）设永宁县于团山下，取《书经》"其宁唯永"之意。次年又置永宁卫附县郭，之后开始兴建十三陵，故有"先有永宁城，后有十三陵"之说。宣德五年（1430 年）筑城，周围六里十三步，移县、卫治于此，并徙隆庆左卫来附，永宁成为长城防御系统中的军事重镇。万历十七年（1589 年）重修 4 座城门，东称迎晖，西称镇宁，南称宣安，北称威远。古城为典型的北方方城格局，城内原设有县衙、永

永宁古城

宁卫、隆庆左卫、参府衙等衙府，以及鼓楼、钟楼和玉皇阁等。其中玉皇阁为永宁古城的标志性建筑，始建于唐贞观十八年（644年），高28.2米。城内十字大街东为善政街，西为广武街，南为阜民街，北为拱极街。以南北大街为界，东半城大小胡同15条；西半城大小胡同17条，后因战乱等原因大部分被毁。

2002年6月启动古城复建工程，城墙、玉皇阁、县衙、文庙、显化寺等一批重点古迹按原貌复建，同时建设明清风格的步行商业街、古文化一条街、手工作坊一条街等，古城规划总占地面积56.3万平方米。2003年7月开城迎宾，并举行了首届"古城文化节"。复建后的永宁北街长470米，街两侧有800余间商务客栈。临街店铺以经营药材、丝绸、制陶及古典家具为主。

（4）岔道村　岔道村隶属于延庆区八达岭镇，位于城区东南11.8千米，八达岭长城脚下，村域面积11.36平方千米，海拔约582米，全村290户。

岔道村已有450年历史，明代嘉靖三十年（1551年）筑岔道砖城，民逾千户，街市繁华。明人王士翘《西关志》载："八达岭为居庸之禁，岔道又为八达岭之藩篱。"古城内花岗岩石板路面，城隍庙、关帝庙、古驿站、临街店铺、客栈、四合院

岔道村

等文物古迹处处可见。1985 年，岔道城被确定为延庆县第一批重点文物保护单位，现为市级重点文物保护单位。

岔道地处三岔路口，春秋战国时期就有人类活动。因地势险要，成为历代重要交通要塞，军事要冲。元代大都至上都驿站从此通过。往西通至榆林、怀来、宣化，往北通至延庆、永宁四海，往东南通至北京，故名"岔道"，曾名三岔口，又名永安甸。

依托八达岭长城，岔道村的旅游服务业蓬勃发展，现 70% 的村民都在从事旅游服务。

8. 传统美食及制作

延庆水豆腐

永宁豆腐

（1）**延庆水豆腐**　水豆腐产自于由延庆区张山营镇的玉皇庙村。

水豆腐是豆腐和豆腐脑中间的一种状态。口感细腻，似粥，亦似凉粉。在制作上，浸豆前一定要把壳脱去并筛尽，这是豆腐特别滑腻的原因；在熬浆和放石膏前要反复冲浆，把豆泡彻底清除，这是豆腐特别嫩的原因。

（2）**永宁豆腐**　永宁豆腐是北京市传统的汉族名菜。从汉代起就有记载，在清朝时期成为宫廷贡品，曾经有过家家户户做豆腐的历史，以其独特的制作工艺、丰富的营养价值一直流传至今。永宁古城豆腐好吃远近文明，它的出名是得益于永宁的水、优质黄豆和精湛工艺。原料选自永宁当地绿色农产品基地的优质大豆。大豆不仅品种优良，而且不施化肥、农药，周围没有污染，是天然的无公害食品，富含铁、磷脂、纤维素和植物雌激素，与永宁古城的水配合加工豆腐，可谓造化使然。

永宁三面环山，山泉水从三面汇聚地下，含丰富的钙、铁、镁等矿物质，水的矿化度、总硬度非常适合豆腐加工。当地加工豆腐是用"酸浆"点豆腐，酸浆点出的豆腐更加细嫩柔滑，并且他们当地开发出豆腐宴，促进豆腐消费。永宁镇成立了豆制品产销协会，还注册了商标，申请了工艺专利，把一家一户的豆腐匠联合起来，统一生产和销售，壮大了市场竞争力。

永宁是座明清古城。自明代起塞外就流传着："南京到北京，要吃豆腐到永宁"。当地还有句关于豆腐的民谚："抬在案上是黄的，浑身上下是活的，刀子一拉茬口是细的，抓在手里是绵的，放在口里是细的，煮在锅里是韧的，油炸出来是虚的。"足见永宁古城豆腐品质非同一般。

（三）已消失的农业文化遗产

1. 特色农产品

（1）燕过红李。

（2）秋梨。

（3）野生猕猴桃。

（4）延庆贡稻　为清代贡品，丁家堡村蔡河两岸所产。

（5）龙王帽——窝蜂杏仁　明清贡品，产于永宁镇彭家窖村。

（6）康庄西瓜　清代贡品。

2. 特色农业物种

（1）**延庆贡稻**　为清代贡品，原产于丁家堡村蔡河西岸。

（2）**大红芒**　为农家水稻品种，已失传。

（3）**小红芒**　为农家水稻品种，已失传。

（4）**白磁**　为农家玉米品种，已失传。

（5）**紫根白**　为农家谷子品种，已更新换代。

（6）**牛元黄**　为农家谷子品种，已更新换代。

第 **3** 部分 附件

一、全球重要农业文化遗产名录

2002 年，联合国粮农组织（FAO）发起了全球重要农业文化遗产（Globally Important Agricultural Heritage Systems, GIAHS）保护项目，旨在建立全球重要农业文化遗产及其有关的景观、生物多样性、知识和文化保护体系，并在世界范围内得到认可与保护，使之成为可持续管理的基础。

按照 FAO 的定义，GIAHS 是"农村与其所处环境长期协同进化和动态适应下所形成的独特的土地利用系统和农业景观，这些系统与景观具有丰富的生物多样性，而且可以满足当地社会经济与文化发展的需要，有利于促进区域可持续发展。"

截至 2016 年 12 月底，全球共有 16 个国家的 37 项传统农业系统被列入 GIAHS 名录，其中 11 个在中国。

全球重要农业文化遗产（37 项）

序号	国家	遗产名称	批准年份
1	中国	中国浙江青田稻鱼共生系统 Qingtian Rice-Fish Culture System, China	2005
2		中国云南红河哈尼稻作梯田系统 Honghe Hani Rice Terraces System, China	2010
3		中国江西万年稻作文化系统 Wannian Traditional Rice Culture System, China	2010
4		中国贵州从江侗乡稻 - 鱼 - 鸭系统 Congjiang Dong's Rice-Fish-Duck System, China	2011
5		中国云南普洱古茶园与茶文化系统 Pu'er Traditional Tea Agrosystem, China	2012

（续表）

序号	国家	遗产名称	批准年份
6		中国内蒙古敖汉旱作农业系统 Aohan Dryland Farming System，China	2012
7		中国河北宣化城市传统葡萄园 Urban Agricultural Heritage of Xuanhua Grape Gardens, China	2013
8		中国浙江绍兴会稽山古香榧群 Shaoxing Kuaijishan Ancient Chinese Torreya，China	2013
9		中国陕西佳县古枣园 Jiaxian Traditional Chinese Date Gardens, China	2014
10		中国福建福州茉莉花与茶文化系统 Fuzhou Jasmine and Tea Culture System, China	2014
11		中国江苏兴化垛田传统农业系统 Xinghua Duotian Agrosystem，China	2014
12	菲律宾	菲律宾伊富高稻作梯田系统 Ifugao Rice Terraces，Philippines	2005
13	印度	印度藏红花农业系统 Saffron Heritage of Kashmir, India	2011
14		印度科拉普特传统农业系统 Traditional Agriculture Systems，India	2012
15		印度喀拉拉邦库塔纳德海平面下农耕文化系统 Kuttanad Below Sea Level Farming System，India	2013
16	日本	日本能登半岛山地与沿海乡村景观 Noto's Satoyama and Satoumi，Japan	2011
17		日本佐渡岛稻田 - 朱鹮共生系统 Sado's Satoyama in Harmony with Japanese Crested Ibis, Japan	2011
18		日本静冈传统茶 - 草复合系统 Traditional Tea-Grass Integrated System in Shizuoka, Japan	2013
19		日本大分国东半岛林 - 农 - 渔复合系统 Kunisaki Peninsula Usa Integrated Forestry, Agriculture and Fisheries System, Japan	2013
20		日本熊本阿苏可持续草地农业系统 Managing Aso Grasslands for Sustainable Agriculture, Japan	2013
21		日本岐阜长良川流域渔业系统 The Ayu of Nagara River System，Japan	2015

（续表）

序号	国家	遗产名称	批准年份
22		日本宫崎山地农林复合系统 Takachihogo-Shiibayama Mountainous Agriculture and Forestry System, Japan	2015
23		日本和歌山青梅种植系统 Minabe-Tanabe Ume System, Japan	2015
24	韩国	韩国济州岛石墙农业系统 Jeju Batdam Agricultural System, Korea	2014
25		韩国青山岛板石梯田农作系统 Traditional Gudeuljang Irrigated Rice Terraces in Cheongsando, Korea	2014
26	伊朗	伊朗喀山坎儿井灌溉系统 Qanat Irrigated Agricultural Heritage Systems of Kashan, Iran	2014
27	阿联酋	阿联酋艾尔与里瓦绿洲传统椰枣种植系统 Al Ain and Liwa Historical Date Palm Oases, the United Arab Emirates	2015
28	孟加拉	孟加拉国浮田农作系统 Floating Garden Agricultural System, Bangladesh	2015
29	阿尔及利亚	阿尔及利亚埃尔韦德绿洲农业系统 Ghout System, Algeria	2005
30	突尼斯	突尼斯加法萨绿洲农业系统 Gafsa Oases, Tunisia	2005
31	肯尼亚	肯尼亚马赛草原游牧系统 Oldonyonokie/Olkeri Maasai Pastoralist Heritage Site, Kenya	2008
32	坦桑尼亚	坦桑尼亚马赛游牧系统 Engaresero Maasai Pastoralist Heritage Area, Tanzania	2008
33		坦桑尼亚基哈巴农林复合系统 Shimbwe Juu Kihamba Agro-forestry Heritage Site, Tanzania	2008
34	摩洛哥	摩洛哥阿特拉斯山脉绿洲农业系统 Oases System in Atlas Mountains, Morocco	2011
35	埃及	埃及锡瓦绿洲椰枣生产系统 Dates Production System in Siwa Oasis, Egypt	2016
36	秘鲁	秘鲁安第斯高原农业系统 Andean Agriculture, Peru	2005
37	智利	智利智鲁岛屿农业系统 Chiloé Agriculture, Chile	2005

二、中国重要农业文化遗产名录

我国有着悠久灿烂的农耕文化历史，加上不同地区自然与人文的巨大差异，创造了种类繁多、特色明显、经济与生态价值高度统一的重要农业文化遗产。这些都是我国劳动人民凭借独特而多样的自然条件和他们的勤劳与智慧，创造出的农业文化的典范，蕴含着天人合一的哲学思想，具有较高的历史文化价值。农业部于 2012 年开展中国重要农业文化遗产发掘工作，旨在加强我国重要农业文化遗产的挖掘、保护、传承和利用，从而使中国成为世界上第一个开展国家级农业文化遗产评选与保护的国家。

中国重要农业文化遗产是指"人类与其所处环境长期协同发展中，创造并传承至今的独特的农业生产系统，这些系统具有丰富的农业生物多样性、传统知识与技术体系和独特的生态与文化景观等，对我国农业文化传承、农业可持续发展和农业功能拓展具有重要的科学价值和实践意义。"

截至 2016 年 12 月底，全国共有 62 个传统农业系统被认定为中国重要农业文化遗产。

中国重要农业文化遗产（62 项）

序号	省份	遗产名称	批准年份
1	北京	北京平谷四座楼麻核桃生产系统	2015
2		北京京西稻作文化系统	2015
3	天津	天津滨海崔庄古冬枣园	2014
4	河北	河北宣化城市传统葡萄园	2013
5		河北宽城传统板栗栽培系统	2014

（续表）

序号	省份	遗产名称	批准年份
6		河北涉县旱作梯田系统	2014
7	内蒙古	内蒙古敖汉旱作农业系统	2013
8		内蒙古阿鲁科尔沁草原游牧系统	2014
9	辽宁	辽宁鞍山南果梨栽培系统	2013
10		辽宁宽甸柱参传统栽培体系	2013
11		辽宁桓仁京租稻栽培系统	2015
12	吉林	吉林延边苹果梨栽培系统	2015
13	黑龙江	黑龙江抚远赫哲族鱼文化系统	2015
14		黑龙江宁安响水稻作文化系统	2015
15	江苏	江苏兴化垛田传统农业系统	2013
16		江苏泰兴银杏栽培系统	2015
17	浙江	浙江青田稻鱼共生系统	2013
18		浙江绍兴会稽山古香榧群	2013
19		浙江杭州西湖龙井茶文化系统	2014
20		浙江湖州桑基鱼塘系统	2014
21		浙江庆元香菇文化系统	2014
22		浙江仙居杨梅栽培系统	2015
23		浙江云和梯田农业系统	2015
24	安徽	安徽寿县芍陂（安丰塘）及灌区农业系统	2015
25		安徽休宁山泉流水养鱼系统	2015
26	福建	福建福州茉莉花与茶文化系统	2013
27		福建尤溪联合梯田	2013
28		福建安溪铁观音茶文化系统	2014
29	江西	江西万年稻作文化系统	2013
30		江西崇义客家梯田系统	2014
31	山东	山东夏津黄河故道古桑树群	2014
32		山东枣庄古枣林	2015
33		山东乐陵枣林复合系统	2015
34	河南	河南灵宝川塬古枣林	2015
35	湖北	湖北赤壁羊楼洞砖茶文化系统	2014
36		湖北恩施玉露茶文化系统	2015
37	湖南	湖南新化紫鹊界梯田	2013

（续表）

序号	省份	遗产名称	批准年份
38		湖南新晃侗藏红米种植系统	2014
39	广东	广东潮安凤凰单丛茶文化系统	2014
40	广西	广西龙胜龙脊梯田系统	2014
41		广西隆安壮族"那文化"稻作文化系统	2015
42	四川	四川江油辛夷花传统栽培体系	2014
43		四川苍溪雪梨栽培系统	2015
44		四川美姑苦荞栽培系统	2015
45	贵州	贵州从江侗乡稻 - 鱼 - 鸭系统	2013
46		贵州花溪古茶树与茶文化系统	2015
47	云南	云南红河哈尼稻作梯田系统	2013
48		云南普洱古茶园与茶文化系统	2013
49		云南漾濞核桃 - 作物复合系统	2013
50		云南广南八宝稻作生态系统	2014
51		云南剑川稻麦复种系统	2014
52		云南双江勐库古茶园与茶文化系统	2015
53	陕西	陕西佳县古枣园	2013
54	甘肃	甘肃皋兰什川古梨园	2013
55		甘肃迭部扎尔那农林牧复合系统	2013
56		甘肃岷县当归种植系统	2014
57		甘肃永登苦水玫瑰农作系统	2015
58	宁夏	宁夏灵武长枣种植系统	2014
59		宁夏中宁枸杞种植系统	2015
60	新疆	新疆吐鲁番坎儿井农业系统	2013
61		新疆哈密哈密瓜栽培与贡瓜文化系统	2014
62		新疆奇台旱作农业系统	2015

三、重要农业文化遗产管理办法

农业部第2283号公告

《重要农业文化遗产管理办法》业经2015年7月30日农业部第八次常务会议审议通过，现予公布，自公布之日起施行。

特此公告。

中华人民共和国农业部

2015年8月28日

《重要农业文化遗产管理办法》

第一章 总 则

第一条 为加强重要农业文化遗产管理，促进农业文化传承、农业生态保护和农业可持续发展，制定本办法。

第二条 本办法所称重要农业文化遗产，是指我国人民在与所处环境长期协同发展中世代传承并具有丰富的农业生物多样性、完善的传统知识与技术体系、独特的生态与文化景观的农业生产系统，包括由联合国粮农组织认定的全球重要农业文化遗产和由农业部认定的中国重要农业文化遗产。

第三条 重要农业文化遗产管理，应当遵循在发掘中保护、在利用中传承的方针，坚持动态保护、协调发展、多方参与、利益共享的原则。

第四条 农业部负责认定并组织、协调和监督全国范围内的重要农业文化遗产管理工作，省级以下农业行政主管部门不再搞层层认定。县级以上地方人民政府农业行政主管部门在本级人民政府领导下，负责本行政区域内重要农业文化遗产管理的申报、检查评估等相关工作。

第五条　农业部支持重要农业文化遗产保护的科学研究、技术推广和科普宣传活动，鼓励公民、法人和其他组织等通过科研、捐赠、公益活动等方式参与重要农业文化遗产保护工作。

第二章　申报与审核

第六条　重要农业文化遗产应当具备以下条件：

（一）历史传承至今仍具有较强的生产功能，为当地农业生产、居民收入和社会福祉提供保障；

（二）蕴涵资源利用、农业生产或水土保持等方面的传统知识和技术，具有多种生态功能与景观价值；

（三）体现人与自然和谐发展的理念，蕴含劳动人民智慧，具有较高的文化传承价值；

（四）面临自然灾害、气候变化、生物入侵等自然因素和城镇化、农业新技术、外来文化等人文因素的负面影响，存在着消亡风险。

中国重要农业文化遗产每两年认定一批，具体认定条件由农业部制定和发布。全球重要农业文化遗产的具体认定条件，按照联合国粮农组织的标准执行。

第七条　申报重要农业文化遗产，应当得到遗产所在地居民的普遍支持，完成基本的组织和制度建设，并提交以下材料：

（一）申报书；

（二）保护与发展规划；

（三）管理制度；

（四）图片和影像资料；

（五）所在地县或市（地）级人民政府出具的承诺函。

申报全球重要农业文化遗产，还应当按照联合国粮农组织的要求提交申请资料。

第八条　重要农业文化遗产的申报，由所在地县或市（地）级人民政府提出，经省级人民政府农业行政主管部门初审后报农业部。

跨两个以上县、市（地）级行政区域的重要农业文化遗产，由相关行政区域的人民政府协商一致后联合申报。

第九条　农业部组织专家按照认定标准对中国重要农业文化遗产申报项目进行审查，审查合格并经公示后，列入中国重要农业文化遗产名单并公布。

第十条 已列入中国重要农业文化遗产名单的，可以由遗产所在地县、市（地）级人民政府申报全球重要农业文化遗产。农业部按照联合国粮农组织的要求审查后择优推荐。

经联合国粮农组织认定的全球重要农业文化遗产，由农业部列入中国全球重要农业文化遗产名单并公布。

第三章 保护与管理

第十一条 重要农业文化遗产所在地县、市（地）级人民政府农业行政主管部门应当提请本级人民政府根据保护要求，积极采取下列保护措施：

（一）将保护与发展规划纳入本级国民经济和社会发展规划，将遗产保护所需经费纳入本级财政预算；

（二）通过补贴、补偿等方式保障重要农业文化遗产所在地农民能够从遗产保护中获得合理的经济收益；

（三）其他必要的保护措施。

第十二条 重要农业文化遗产所在地应当在醒目位置设立遗产标志。

遗产标志应当包括下列内容：

（一）遗产的名称；

（二）遗产的标识；

（三）遗产认定机构名称和认定时间；

（四）遗产的相关说明。

中国重要农业文化遗产标识由农业部公布。全球重要农业文化遗产标识由联合国粮农组织公布。

第十三条 重要农业文化遗产所在地应当在适宜地点设立遗产展示厅，宣传遗产概念内涵、重要价值、保护理念、名特产品、传统技术、景观资源、历史文化和民俗风情等。

第十四条 重要农业文化遗产所在地应当采取措施，确保遗产不被破坏，基本功能、范围和界线不被改变。

遗产基本功能、范围和界线确需调整的，由遗产所在地县、市（地）级人民政府按照原申报程序提出。

第十五条 重要农业文化遗产所在地应当通过展览展示、教育培训、大众传媒等手段，宣传、普及遗产知识，提高公众遗产保护意识与文化自豪感。

第十六条 重要农业文化遗产所在地应当建立遗产动态监测信息系统，监测遗产所在地农业资源、文化、知识、技术、环境等现状，并制作、保存档案。

第十七条　重要农业文化遗产所在地应当于每年年底前向农业部提交遗产保护工作年度报告。

遗产保护工作年度报告，应当包括下列内容：

（一）本年度遗产保护工作情况；

（二）遗产所在地社会经济与生态环境变化情况；

（三）下一年度工作计划；

（四）其他需要报告的事项。

遗产保护工作年度报告，应当经本级人民政府同意后通过省级人民政府农业行政主管部门提交。

第十八条　发生或者可能发生危及遗产安全的突发事件时，重要农业文化遗产所在地应当立即采取必要措施，并及时向省级人民政府农业行政主管部门和农业部报告。

第四章　利用与发展

第十九条　县级以上人民政府农业行政主管部门应当鼓励和支持重要农业文化遗产所在地农民通过挖掘遗产的生产、生态和文化价值、发展休闲农业等方式增加收入，积极拓展遗产功能，促进遗产所在地农村经济发展。

第二十条　对重要农业文化遗产的开发利用，应当符合遗产保护与发展规划要求，并与遗产的历史、文化、景观和生态属性相协调，不得对当地的生态环境、农业资源和遗产传承造成破坏。

第二十一条　对重要农业文化遗产的开发利用，应当尊重遗产所在地农民的主体地位，充分听取农民意见，广泛吸收农民参与，建立以农民为核心的多方参与和惠益共享机制。

第二十二条　遗产所在地的生态文化型农产品开发、休闲农业发展等商业经营活动以及科普宣传、教育培训等公益活动，经遗产所在地县、市（地）级人民政府指定的机构授权，可以使用重要农业文化遗产标识。

第二十三条　县级以上人民政府农业行政主管部门应当支持遗产所在地相关农产品申报无公害农产品、绿色食品、有机农产品和农产品地理标志等认证，支持遗产地发展休闲农业、建设美丽乡村和美丽田园等，促进遗产所在地农民就业增收。

第二十四条　全球重要农业文化遗产所在地应当积极参与国际交流与合作，配合联合国粮农组织开展相关活动，扩大遗产的社会影响。

第五章　监督与检查

第二十五条　县级以上人民政府农业行政主管部门应当对遗产保护情况进行监督，并开展不定期的检查评估。

第二十六条　因保护和管理不善，致使遗产出现下列情形之一的，重要农业文化遗产所在地应当及时组织整改：

（一）重要农业文化遗产所在地的农业景观、生态系统或自然环境遭到严重破坏，相关生物多样性严重减少的；

（二）重要农业文化遗产所在地的农业种质资源严重缩减，农业耕作制度发生颠覆性变化的；

（三）重要农业文化遗产所在地的农业民俗、本土知识和适应性技术等农业文化传承遭到严重影响的。

第二十七条　中国重要农业文化遗产受到严重破坏并产生不可逆后果的，或者遗产所在地因资源环境发生改变提出不宜继续作为中国重要农业文化遗产的，由农业部撤销中国重要农业文化遗产认定。

全球重要农业文化遗产的撤销，由农业部提请联合国粮农组织决定。

第六章　附　则

第二十八条　本办法自公布之日起施行。

四、中国重要农业文化遗产认定标准

一、概念与特点

中国重要农业文化遗产是指人类与其所处环境长期协同发展中，创造并传承至今的独特的农业生产系统，这些系统具有丰富的农业生物多样性、传统知识与技术体系和独特的生态与文化景观等，对我国农业文化传承、农业可持续发展和农业功能拓展具有重要的科学价值和实践意义。具体体现出以下 6 个特点：

一是活态性：这些系统历史悠久，至今仍然具有较强的生产与生态功能，是农民生计保障和乡村和谐发展的重要基础。

二是适应性：这些系统随着自然条件变化、社会经济发展与技术进步，为了满足人类不断增长的生存与发展需要，在系统稳定基础上因地、因时地进行结构与功能的调整，充分体现出人与自然和谐发展的生存智慧。

三是复合性：这些系统不仅包括一般意义上的传统农业知识和技术，还包括那些历史悠久、结构合理的传统农业景观，以及独特的农业生物资源与丰富的生物多样性。

四是战略性：这些系统对于应对经济全球化和全球气候变化，保护生物多样性、生态安全、粮食安全，解决贫困等重大问题以及促进农业可持续发展和农村生态文明建设具有重要的战略意义。

五是多功能性：这些系统或兼具食品保障、原料供给、就业增收、生态保护、观光休闲、文化传承、科学研究等多种功能。

六是濒危性：由于政策与技术原因和社会经济发展的阶段性造成这些系统的变化具有不可逆性，会产生农业生物多样性减少、传统农业技术知识丧失以及农业生态环境退化等方面的风险。

二、基本标准

（一）历史性

1. 历史起源：指系统所在地是有据可考的主要物种的原产地和相关技术的创造地，或者该系统的主要物种和相关技术在中国有过重大改进。

2. 历史长度：指该系统以及所包含的物种、知识、技术、景观等在中国使用的时间至少有 100 年历史。

（二）系统性

1. 物质与产品：指该系统的直接产品及其对于当地居民的食物安全、生计安全、原料供给、人类福祉方面的保障能力。基本要求：具有独具特色和显著地理特征的产品。

2. 生态系统服务：指该系统在遗传资源与生物多样性保护、水土保持、水源涵养、气候调节与适应、病虫草害控制、养分循环等方面的价值。基本要求：至少具备上述两项功能且作用明显。

3. 知识与技术体系：指在生物资源利用、种植、养殖、水土管理、景观保持、产品加工、病虫草害防治、规避自然灾害等方面具有的知识与技术，并对生态农业和循环农业发展以及科学研究具有重要价值。基本要求：知识与技术系统较完善，具有一定的科学价值和实践意义。

4. 景观与美学：指能体现人与自然和谐演进的生存智慧，具有美轮美奂的视觉冲击力的景观生态特征，在发展休闲农业和乡村旅游方面有较高价值。基本要求：有较高的美学价值和一定的休闲农业发展潜力。

5. 精神与文化：指该系统拥有文化多样性，在社会组织、精神、宗教信仰、哲学、生活和艺术等方面发挥重要作用，在文化传承与和谐社会建设方面具有较高价值。基本要求：具有较为丰富的文化多样性。

（三）持续性

1. 自然适应：指该系统通过自身调节机制所表现出的对气候变化和自然灾害影响的恢复能力。基本要求：具有一定的恢复能力。

2. 人文发展：指该系统通过其多功能特性表现出的在食物、就业、增收等方面满足人们日益增长的需求的能力。基本要求：能够保障区域内基本生计安全。

（四）濒危性

1. 变化趋势：指该系统过去 50 年来的变化情况与未来趋势，包括物种丰富程度、传统技术使用程度、景观稳定性以及文化表现形式的丰富程度。基本要求：丰富程度处于下降趋势。

2. 胁迫因素：指影响该系统健康维持的主要因素（如气候变化、自然灾害、生物入侵等自然因素和城市化、工业化、农业新技术、外来文化等人文因素）的多少和强度。基本要求：受到多种因素的负面影响。

三、辅助标准

（一）示范性

1. 参与情况：指系统内居民的认可与参与程度，需要有公示及反馈信息。基本要求：50% 以上的居民支持作为农业文化遗产保护。

2. 可进入性：指进入该系统的方便程度与交通条件。基本要求：进入困难较少。

3. 可推广性：指该系统及其技术与知识对于其他地区的推广应用价值。基本要求：有一定的推广价值。

（二）保障性

1. 组织建设：指农业文化遗产保护与发展领导机构与管理机构。基本要求：有明确的管理部门和人员。

2. 制度建设：指针对农业文化遗产所制定的《保护与发展管理办法》完成情况，要求包括明确的政策措施、监督和奖惩手段等。基本要求：基本完成《保护与发展管理办法》制定工作。

3. 规划编制：指针对农业文化遗产所编制的《保护与发展规划》完成情况，要求包括对农业文化遗产的变化、现状与价值的系统分析，提出明确的保护目标、相应的行动计划和保障措施等。基本要求：编制完成并通过专家评审。

参考文献

《北京百科全书·朝阳卷》编委会.2001.北京百科全书·朝阳卷 [M].北京：北京出版社.

《北京百科全书·丰台卷》编委会.2001.北京百科全书·丰台卷 [M].北京：北京出版社.

《北京百科全书·通州卷》编委会.2001.北京百科全书·通州卷 [M].北京：北京出版社.

北京地方志编撰委员会.2003.北京志·环境保护志 [M].北京：北京出版社.

北京地方志编撰委员会.2003.北京志·民俗志 [M].北京：北京出版社.

北京地方志编撰委员会.2003.北京志·文物志 [M].北京：北京出版社.

北京地方志编纂委员会.2008.北京志·商业卷·饮食服务志 [M].北京：北京出版社.

北京民间文艺家协会.2013.密云民俗 [M].北京：北京出版社.

北京市朝阳区地方志编纂委员会.2007.北京市朝阳区志 [M].北京：北京出版社.

北京市朝阳区地方志编纂委员会.2010—2015.北京朝阳年鉴 [M].北京：中华书局.

北京市朝阳区文化委员会.2014.朝阳文物志 [M].北京：文物出版社.

北京市房山区志编委会.1999.房山区志 [M].北京：北京出版社.

北京市丰台区地方志编纂委员会.2010—2015.北京丰台年鉴 [M].上海：中华书局.

北京市海淀区地方志编纂委员会.2004.北京市海淀区志 [M].北京：北京出版社.

北京市门头沟区地方志编纂委员会.2006.北京市门头沟区志 [M].北京：北京出版社.

北京市农业科学研究所.1973.北京市主要蔬菜品种介绍 [M].北京：农业出版社.

北京市通州区地方志编纂委员会.2003.通县志 [M].北京：北京出版社.

北京市通州区地方志编纂委员会 . 2010—2015. 北京通州年鉴 [M]. 北京：中华书局 .

北京市通州区文学艺术界联合会，北京市通州区文化委员会 . 2007. 通州文物志 [M].
　　北京：文化艺术出版社 .

北京市通州区文化委员会 . 2013. 潞阳遗韵 [M]. 桂林：漓江出版社 .

陈喆，张建 . 2009. 长城戍边聚落保护与新农村规划建设——以昌平长峪城村庄规划
　　为例 [J]. 中国名城，4：36-39.

代金光 . 2013. 张家湾葡萄果美色亮甜度高 [J]. 农产品市场周刊，28：42-43.

邓蓉，欧阳喜辉，佟亚东，等 . 2016. 北京地域特色农产品集萃 [M]. 北京：中国农
　　业出版社 .

刁立声，咪拉，杨荣兴 . 2011. 留住渐渐远去的山梆子戏 [J]. 北京纪事，5：91-93.

董恺忱，范楚玉 . 2000. 中国科学技术史 · 农学卷 [M]. 北京：科学出版社 .

段炳仁，等 . 2010. 北京古镇图志丛书 · 良乡 · 张家湾 [M]. 北京：北京出版社 .

房山农业志编委会 . 2010. 房山农业志 [M]. 北京：方志出版社 .

何卓新，王振华 . 2006. 北京文史资料精选 · 昌平卷 [M]. 北京：北京出版社 .

何卓新，郑亚娟 . 2006. 北京文史资料精选 · 密云卷 [M]. 北京：北京出版社 .

李梅，苗润连 . 2014. 北京昌平休闲农业与乡村旅游大观——以北京市昌平区流村镇
　　为例 [J]. 北京农业，2：20-25.

刘洪，等 . 2012. 房山磨盘柿气候资源优势分析 [J]. 安徽农业科学，40（33）：
　　16 275-16 278.

刘丽丽 . 2011. 北京郊区非物质文化遗产及其在乡村旅游中的利用研究 [J]. 首都师范
　　大学学报（自然科学版），12：56-62.

罗其花 . 2014. 密云县蜂产业发展存在的问题及对策 [J]. 绿化与生活，10：51-52.

孟凡贵 . 2014. 十三陵镇四大名宴的穿越 [J]. 北京农业，1：52-55.

裴文革 . 2005. 爱宕梨在北京通州的栽培技术 [J]. 中国果树，3：55-55.

宋晓宇，张建，沈静 . 2009. 北京京郊山区村庄规划方法探究——以北京市昌平区流
　　村镇老峪沟村为例 [J]. 中国名城，5：38-42.

孙连庆 . 2010. 北京地方志 · 古镇图志丛书：张家湾 [M]. 北京：北京出版社 .

孙晓玲，刘瑞涵 . 2012. 北京市密云县民俗旅游发展分析 [J]. 北京农学院学报，27
　　（3）：46-48.

孙仲魁 . 2015. 五音大鼓 [M]. 北京：北京美术摄影出版社 .

王岗 . 2007. 整合北京山区历史文化资源研究 [M]. 北京：北京燕山出版社 .

王建伟 . 2014. 北京文化史 [M]. 北京：人民出版社 .

王瑞波, 兰彦平, 周连第, 等. 2010. 北京密云水库库区板栗生产调查 [J]. 中国果树, 5: 68-69, 74.

王淑玲. 2004. 房山自然资源与环境 [M]. 北京: 中国农业科学技术出版社.

王占勇. 2006. 京畿古镇长沟 [M]. 北京: 北京燕山出版社.

王志刚, 周永刚, 钱成济, 等. 2014. 地方优质鸡品种的推广模式研究——以北京油鸡为例 [J]. 云南农业大学学报, 8 (1): 5-19.

王忠义, 李勋, 杨林, 等. 2011. 北京景观农业现状及对策建议 [J]. 北京农学院学报, 4: 63-65.

晓阳. 2003. 昌平旅游故事 [M]. 北京: 金城出版社.

晓阳. 2003. 昌平文物探寻 [M]. 北京: 金城出版社.

谢婷. 2013. 城郊型有机农产品基地发展研究——以北京蔡家洼基地为例 [J]. 湖北农业科学, 22: 5 656-5 661.

徐平. 2006. 山野清香——昌平有名的一饼三肉之康陵春饼宴 [J]. 农产品市场周刊, 18: 56-57.

延庆县志编纂委员会. 2006. 延庆县志 [M]. 北京: 北京出版社.

杨俊丰. 2007. 传承乡土村落特色的民俗旅游村规划建设研究——以北京市昌平区康陵村为例 [C]. 第十五届中国民居学术会议论文集.

杨鑫, 穆月英, 王晓东. 2016. 北京市蔬菜生产及其特征分析 [J]. 中国农学通报, 32 (13): 182-190.

叶盛东. 2008. 北京市现存清代建筑和残存遗址现状研究——以昌平区为例 [J]. 北京联合大学学报 (社会科学版), 6 (4): 78-84.

尹钧科. 2001. 北京郊区村落发展史 [M]. 北京: 北京大学出版社.

游子良. 2007. 京畿古镇长沟 (续) [M]. 北京: 北京燕山出版社.

于德源. 1990. 北京古代农业的考古发现 (续) [J]. 农业考古, 1: 91-97.

于德源. 1998. 北京农业经济史 [M]. 北京: 京华出版社.

于德源. 2014. 北京专史集成: 北京农业史 [M]. 北京: 人民出版社.

曾波, 徐忠辉, 高俊杰. 2011. 昌平区农业节水灌溉工程技术应用与发展模式探讨 [J]. 北京水务, 6: 48-50.

张大玉. 2014. 传统村落风貌特色的保护传承与再生研究——以北京密云古北水镇民宿为例 [J]. 小城镇建设, 30 (3): 1-8.

张萍. 2015. 北京市丰台区花乡: 形成以精神消费为主导的产业结构 [J]. 中国花卉园艺, 19: 26-27.

张天琪，胡俊，胡军珠，等 . 2015. 房山区柿子产业发展的 SWOT 分析及建议 [J]. 北京农业职业学院学报，29（6）：46-52.

张一帆，王世雄，孙素芬 . 2009. 北京农业名特资源集萃 [M]. 北京：中国农业科学技术出版社 .

张一帆，赵永志 . 2012. 北京农业上下一万年追踪 [M]. 北京：中国农业出版社 .

长辛店党委，长辛店镇政府 . 2012. 丰台区长辛店镇志 [M]. 北京：中国书籍出版社 .

赵京芬，胡佳续，宋传生，等 . 2011. 北京市丰台区主栽枣品种对枣疯病的抗试验 [J]. 中国森林病虫，5（3）：7-9.

周明源 . 2015. 北京市昌平区草莓产业现状、存在的问题及发展建议 [J]. 北京农业，10：135-137.